论文著向山林间

——中国林科院亚林所发展新十年
（2014—2024）

《论文著向山林间——中国林科院亚林所发展新十年（2014—2024）》编委会 编

中国林业出版社
China Forestry Publishing House

图书在版编目（CIP）数据

论文著向山林间：中国林科院亚林所发展新十年：2014—2024/《论文著向山林间——中国林科院亚林所发展新十年(2014—2024)》编委会编 . —北京：中国林业出版社，2024.10. --ISBN 978-7-5219-2887-7

Ⅰ. S7-24

中国国家版本馆CIP数据核字第2024E3Q822号

1964　　1974　　1984　　1994　　2004　　2014　　2024

责任编辑：刘香瑞

出版发行：中国林业出版社
　　　　　（100009，北京市西城区刘海胡同7号，电话010-83143545）
电子邮箱：36132881@qq.com
网址：https://www.cfph.net
印刷：河北京平诚乾印刷有限公司
版次：2024年10月第1版
印次：2024年10月第1次
开本：787mm×1092mm　1/16
印张：20.5
字数：354千字
定价：180.00元

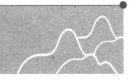

本书编写委员会

主　任　吴红军

副主任　贾兴焕　袁志林

委　员 （以姓氏笔画为序）

　　　　王开良　王发生　方学智　田晓堃　刘　泓　刘青华　刘毅华
　　　　江锡兵　汤富彬　李纪元　吴　明　吴红军　吴统贵　张守英
　　　　陆人方　陈光才　陈益存　林长春　卓仁英　周本智　袁志林
　　　　袁金玲　贾兴焕　殷恒福　栾启福　舒金平　薛　亮

编写组

主　编　吴红军

副主编　田晓堃

参　编 （以姓氏笔画为序）

　　　　王发生　刘　泓　刘青华　李迎春　杨莹莹　张守英
　　　　范妙华　欧阳彤　赵　艳　童杰洁　薛　亮

为新时代林学林业发展努力奋进

我国幅员辽阔，亚热带季风气候涵盖了秦岭淮河以南的大部分地区。如长江中下游的江苏、安徽、江西、湖南、湖北，江南丘陵地区的浙江、福建，还有云贵高原等部分区域。亚热带森林既是我国陆地生态系统的重要部分，又是绿色富民的钱库。

1964年，老一辈林学家吴中伦、侯治溥、陈建仁等经过实地考察和反复比较，建议在浙江富阳县红旗林场的基础上，建设中国林科院亚热带林业试验站。为此，林业部决定将南京林业研究所迁到富阳。1978年，试验站更名为亚热带林业研究所。

这个决策在我国林业和林业科学发展历史上具有重要的战略意义。

亚林所建立以来，围绕国家的林业需求和农民的绿色致富愿望，立足长江中下游地区，面向亚热带广大区域，选课题、搞攻关，把论文写在大地上，特别是在南方特色经济林、重要用材林树种以及生态保护修复领域取得了一系列成果，涌现出一大批有成就的深受人民爱戴的林业科学家，形成了"献身林业、严谨务实、自强不息、勇攀高峰"的亚林精神，为我国亚热带地区的生态建设、民生改善做出了重大贡献。

今年是亚林所建所60周年，亚林所的同志们编辑了《论文著向山林间：中国林科院亚林所发展新十年（2014—2024年）》一书，回顾成就、展现精神、激奋未来，这是亚林所人奉献新时代的合格答卷！

借此机会，我向亚林所建所60周年表示祝贺，向奋战林业科学第一线的科技工作者致敬，期盼亚林所百尺竿头更进一步，为新时代林学林业发展努力奋进，为实现人与自然和谐共生的现代化做出更大贡献！

尹伟伦

2024年9月于北京

前　言

1964年，亚林所的前身中国林科院亚热带林业科学研究站成立。经过60年的发展，亚林所始终以服务国家战略需求为使命，逐步形成用材树种育种与培育、竹资源培育、生态景观植物、森林生态与自然保护地、生态恢复工程、森林健康保护、经济林育种与培育、可食用林产品加工利用等八大创新研究方向。

在长期的科研实践和服务产业过程中，几代亚林人始终坚持"实"字当先，始终坚守"科研报国"，始终坚信"科研课题从实践中来，到实践中去"，形成了以实用技术和应用基础研究为特色的研究风格，在祖国亚热带山区、林区、基地、一线，树立了一块块亚林技术支撑的基地标牌，建设了一片片从亚林实验室走出去的良种示范林，形成了一项项写就在祖国大地山川的实用技术成果，充分彰显了亚林人"把论文著向山林间"的科研情怀。

近十年，亚林所经历体系优化和管理改革，现设有综合办、党群部、科技处、计财处、条资处等5个内设职能机构，15个研究组，2个创新小组以及成果转化中心、质检中心、试验林场3个支撑部门。全所现有在职职工167人，离退休职工139人。累计承担各类研究项目600余项，获科研成果50余项，主持或参与项目获国家级奖励4项、部省级奖励24项，65%以上的科研成果在20余个省（自治区）得到推广应用，以高水平创新成果科技支撑区域经济林、用材林、林下经济产业发展和生态建设高质量发展保护修复，有力保障了国家木材安全、粮油安全和生态安全。

在建所60周年这个特殊的时间节点，我们组织编写《论文著向山林间——中国林科院亚林所发展历程（2014—2024）》。作为研究所发展历程系列丛书，在写作体例上我们基本尊重了《中国林业科学研究院亚热带林业研究所发展五十年（1964—2014）》一书，在相关内容上体现一定的延续性，全书主要分为七篇，一是十年发展历程；二是科技创新，主要叙述了面向新时代林草事业发展需求布局的主要研究方向，研究内容和创新成果等；三是科技贡献，主要叙述了科技进步在促进产业增效、社会经济发展、人才培养等方面取得的成效；四是发展支撑，主要叙述人才团队、科研平台、科技产业、国际合作交流等方面情况；五是党建和精神文明建设；六是亚林人才，介绍近十年入所人员情况；七是媒体聚焦，撷取了十年来央级媒体关于亚林所的部分典型报道。

在本书编写过程中，全所各部门、全体职工和离退休职工积极参与，提供了大量的素材和资料，中国林科院档案室、富阳区融媒体中心提供了指导和帮助，在此一并表示衷心的感谢！

献林六十载，攀峰新时代。在建所60周年这样一个特殊的时间节点，我们愿将此书作为敬献给全体亚林人，以及所有关心支持亚林所事业发展的各界人士的一份薄礼。因时间仓促和编者水平所限，书中错漏之处，敬请给予谅解并指正。

本书编委会

2024年6月

目　录

- 为新时代林学林业发展努力奋进 ⋯⋯⋯⋯⋯⋯⋯⋯⋯⋯赵树丛
- 前　言
- 十年发展历程

　　第一章　打铁还需自身硬
　　　　　　——率先探索开展科研体系优化和学科团队调整 ⋯⋯⋯⋯ 3

　　第二章　锻造服务国家需求的使命自觉
　　　　　　——新时代国家队行动 ⋯⋯⋯⋯⋯⋯⋯⋯⋯⋯⋯⋯⋯ 11

　　第三章　聚焦主责主业，实现自立自强
　　　　　　——现代院所建设的必由之路 ⋯⋯⋯⋯⋯⋯⋯⋯⋯⋯ 17

　　第四章　镌刻十年发展新辉煌 ⋯⋯⋯⋯⋯⋯⋯⋯⋯⋯⋯⋯⋯⋯ 22

- 科技创新

　　第五章　生态保护与修复 ⋯⋯⋯⋯⋯⋯⋯⋯⋯⋯⋯⋯⋯⋯⋯⋯ 31

　　第六章　木竹育种与培育 ⋯⋯⋯⋯⋯⋯⋯⋯⋯⋯⋯⋯⋯⋯⋯⋯ 42

　　第七章　经济林与花卉 ⋯⋯⋯⋯⋯⋯⋯⋯⋯⋯⋯⋯⋯⋯⋯⋯⋯ 56

　　第八章　林木生物技术 ⋯⋯⋯⋯⋯⋯⋯⋯⋯⋯⋯⋯⋯⋯⋯⋯⋯ 71

- 科技贡献

　　第九章　科技贡献与服务战略成效 ⋯⋯⋯⋯⋯⋯⋯⋯⋯⋯⋯⋯ 83

　　第十章　科技服务典型成果 ⋯⋯⋯⋯⋯⋯⋯⋯⋯⋯⋯⋯⋯⋯⋯ 97

　　第十一章　科技服务典型案例 ⋯⋯⋯⋯⋯⋯⋯⋯⋯⋯⋯⋯⋯⋯ 102

　　第十二章　科研成果简介 ⋯⋯⋯⋯⋯⋯⋯⋯⋯⋯⋯⋯⋯⋯⋯⋯ 108

发展支撑

第十三章　人才与团队建设……127

第十四章　科研平台……132

第十五章　科技产业……156

第十六章　国际合作与交流……159

党建和精神文明建设

第十七章　党组织的建设……165

第十八章　群团统战建设……172

第十九章　院所文化……180

亚林人才

第二十章　十年间入所职工信息……191

第二十一章　荣誉榜……204

媒体聚焦

"竹林仙子"成为竹农共富好帮手……207

如何从"柿业大国"迈向"柿业强国"……209

科技储"油"丰钱库，共"桐"富裕走新路……212

食物多元化不能忘了薄壳山核桃……214

让全国油茶产区都种上科技油茶……216

向森林要食物，中国林科院亚林所把论文写在山林间……218

借科技之力催动山村巨变……220

四代油茶人70年接力攻关……223

为建设美丽中国增绿添彩（节选）……225

让更多绿色拥抱春天（节选）……226

打开森林粮库，让中国饭碗更丰富……227

三个国家级研究所见证农林业现代化之路（节选）……229

助推林草产业高质量发展……231

深入推进使命导向管理改革……232

向森林要食物，保障国家粮油安全……………………………………… 234
探索藏粮于林，践行大食物观……………………………………………… 236
我科学家破译油茶遗传密码………………………………………………… 238
利用科技手段，让木本油料树变为脱贫致富林………………………… 239
漫天杨絮年年来，只能任其飘扬？（节选）…………………………… 242
新配方就地转化：经济林剩余物"变废为宝"………………………… 243
科技为林长制改革添砖加瓦……………………………………………… 246

大事记

附　录

附表1　亚林所历任行政领导班子成员…………………………………… 268
附表2　亚林所历任党组织主要领导……………………………………… 269
附表3　亚林所历届学术委员会…………………………………………… 270
附表4　亚林所历届工会委员会、共青团、妇女委员会………………… 271
附表5　亚林所承担的主要国家重点科研项目…………………………… 272
附表6　获所级及以上荣誉称号先进集体、个人（2014—2023年）… 291
附表7　亚林所获得的授权专利…………………………………………… 297
附表8　亚林所起草标准…………………………………………………… 304
附表9　主要林木品种、新品种…………………………………………… 307
附表10　主要出版著作…………………………………………………… 310
附表11　主要获奖科技成果……………………………………………… 312

十年
发展历程

1964年，30多名南京林业科学研究所的专家、研究人员来到富春江边，彼时的富阳县红旗林场正式划归中国林科院，而依托林场而建的研究站，就是中国林科院亚热带林业研究所的前身。

犹记得2014年，亚林人回望50年发展历程：从几间简易办公平房到一幢幢办公、实验大楼；从怀揣卷尺铅笔走遍千山万水到身背现代仪器踏遍大江南北；从零星的林业研究到硕果累累的科研成果……看到老一辈亚林人艰苦奋斗创下的辉煌成就，亚林人感到万分欣慰和由衷的自豪。

时间的车轮来到了2024年，站在新时代的历史节点，回顾过去十年，亚林人以国家队的自觉，敏锐地把握历史的发展趋势，坚定自立自信自强，努力建功立业，为建设生态文明和人与自然和谐共生的中国式现代化探寻"亚林方案"。

从"我能做什么"向国家"需要做什么"的理念转变，亚林所通过体系优化、学科调整、现代院所建设、使命导向管理改革，进一步建立健全科技人才发现、培养、使用、管理激励机制，在更高层次上和更广阔的领域整合优化资源，向改革要红利。

峥嵘六十载，一代又一代亚林人凝聚"献身林业、严谨务实、自强不息、勇攀高峰"的亚林精神。即便明知林业研究少有轰动性成果，但深知看似微小抽象的研究成果背后，实实在在改变着百姓的生活、区域的生态、产业的兴衰。"身在山林间，胸中有丘壑"，这是亚林人献给祖国山河的深情。

面向未来，题定纲成。亚林人不敢停下奋进的脚步，肩负起新时代国家队的新使命，重整待发，乘势而进。

第一章
打铁还需自身硬
——率先探索开展科研体系优化和学科团队调整

党的十八大以来,习近平总书记就科技创新作出一系列重要论述,形成了系统、完整、开放的科技创新思想体系。中共中央、国务院先后出台了《关于深化科技体制改革加快国家创新体系建设的意见》、《深化科技体制改革实施方案》等系列改革文件。

为落实中共中央、国务院有关科技体制改革系列文件要求,履行新时代国家赋予林业行业的新使命,聚焦国家主要科技任务,提升亚林所科技创新实力,亚林所将学科方向和创新体系优化列为重点工作,成立了专项工作领导小组、工作组和监督组。在前期战略研究基础上,先后组织了不同学科专题座谈会、研究组长和青年专家座谈会,编写完成《亚林所面向2035学科发展方案》和《亚林所科技创新团队优化工作方案》。

第一节 深化改革是时代所需、发展所需

进入新时代,我国社会、经济、科技等各方面发生深刻变化,绿色、环保、共享等成为时代主题,满足人民对美好生活的向往成为新时代的重大任务,科技创新

成为推动高质量发展的重要力量，科技创新也迎来新的历史使命和战略任务。国家创新体系改革进入深水区，政府职能转变和机构改革成为促进发展的重要举措，新的创新格局业已基本形成。

一、国家科技体制改革对科研院所管理提出新要求

习近平总书记指出，必须切实提高关键核心技术创新能力，为我国发展提供有力科技保障。十八大以来，国家出台系列政策，从评价机制、人才管理、成果转化等方面对科研体制进行了全面改革。一是加强了科技创新统筹协调，打破了科技资源行业条块分离的局面，科技部集中资源围绕产业链部署创新链、围绕创新链完善资金链，聚焦国家战略目标，集中资源突破重大关键问题。二是深化科研院所改革，强化科技创新绩效考核，完善激励制度和分级责任担当机制，强化法人负责制。三是强调科技的创新性和成果的转化与应用。对于基础性研究，强调以原始创新为主；对于应用技术研究，强调服务于国民经济主战场，强调成果的实际应用。四是加强绩效管理，规范学术道德。国家在提高科技资源效率的同时，对科研院所的创新能力、创新布局等提出更高要求。

二、林业和草原局职能对行业科研单位提出新任务

国家林业局重组为国家林业和草原局，职能定位呈现出新变化。一是强化了生态系统的保护和修复，加强森林、草原、湿地监督管理的统筹协调，推进国土绿化。二是新增了以国家公园为主体的自然保护地体系建设，推动山水林田湖草整体保护、系统修复和综合治理。三是林业更侧重森林资源管理和生态系统质量提升，提高生态产品的供给能力。主管部门职能变化对行业科研院所的学科和创新体系发展提出了新要求。

三、新型科研院所建设对创新能力提出新需求

当前，科技竞争全球化日益明显，国内科技实力增长迅速。国家新的科技形势、行业新的需求和科技发展新趋势等给亚林所科技创新带来新的要求和压力。作为一个成立60年的行业公益性研究所，亚林所在创新方面仍然存在学科分散、研究目标不够聚集、科技成果显示度不高、传统学科优势面临强大冲击等问题，迫切需要加快发展，提升创新能力和效率，建设世界一流林业科研院所。

四、新的科技资源分配机制对获取发展资源提出新挑战

国家科技体制改革后,科技资源分配打破原有格局,各行业的科技资源由国家统筹分配,实现全面竞争、优胜劣汰。新的格局给行业科研单位尤其是弱势行业带来巨大的冲击,一方面是林业行业重大科技需求难以进入国家层面立项,另外一方面,科技项目、平台等资源要与中国科学院、综合性大学以及实力大增的地方林业院所同台竞争。科技资源减少,全国一盘棋竞争局面逐渐形成并成为常态,给亚林所带来新的压力和挑战。此外,亚林所面临大量科技创新领军人才退休,领衔争取国家科技资源的专家不足,将影响"十四五"时期乃至相当长时间的发展。

第二节 新时代赋予林业发展新的使命任务

生态文明和乡村振兴是新时代的基本国家战略,科技服务国家生态建设和林业产业发展是亚林所的主要任务,促进区域林业产业和生态提质增效需要突破困难立地适生良种和高经济效益良种创制、典型生态保护修复、森林质量精准提升、林产品价值提升等关键技术。

一、林业生态提质需要突破保护与恢复关键技术

亚热带区域是我国生态保护和恢复的重要区域,区域内存在多样的典型生态环境,石质山地、盐碱地、污染地亟待生态恢复。典型生态系统保护需要阐明森林、湿地、石漠化等典型生态系统结构与功能,探索自然保护地体系开发保护技术,服务生态文明建设;受损生态系统修复需要明确典型生态逆境形成机制,研发受损生态系统修复与恢复工程技术,构建健康优美人居环境。

二、林业产业增效需要突破良种和高值产品研制关键技术

产业发展需要创制优质林木良种,需要加强林业遗传资源发掘、揭示重要性状的遗传变异规律、突破林木生物技术育种技术;需要选育一批困难立地、工业废弃地适生用材树种、观赏树种;需要培育速生优质的用材树种、适于人居环境美化的观赏林木等具有优异商业价值的树种;需要开展森林病虫害防控、人工林高效培育、天然林结构和功能优化研究,提升森林质量;需要提升林产品价值,尤其是加

强可食用、高附加值林产品的研发，形成绿色高效加工技术，服务乡村振兴和健康中国战略。作为林业科研国家队，亚林所需要为亚热带林业产业和生态提质增效提供更为有力的科技支撑。

第三节 学科调整方向和布局

一、总体思路

立足国家公益一类研究所的定位，针对"亚热带林业产业和生态提质增效"的技术需求，发挥学科优势，强化生态保护与恢复、森林资源培育和经济林3大重点领域，构建和完善现代林木育种创新技术链、全产业技术支撑链、林业生态恢复工程技术链3个技术创新链条，在8大方向突破良种品质调控—林木/环境互作机理—生态化培育基础理论和关键技术，为国家生态建设和产业发展提供新品种、新技术和新产品，发挥我所在亚热带林业科技发展中的主导与核心作用。

二、具体思路

（一）立足所情、发挥优势

作为公益一类行业研究所，亚林所发展形成了多学科、多树种的创新体系，但鉴于人力少、任务重的现状，坚持有所为有所不为，通过"收缩、转型、强化、新增"等多种措施优化布局和资源配置。

发挥种质资源、育种技术、育种人才与团队积累等方面的优势。一是强化林木遗传育种等传统学科优势，为区域生态恢复、环境美化、产业发展选育新资源。二是以良种为纽带，协同推进森林培育、生态恢复等学科发展。

（二）强化重点、突破难点

在传统马尾松、国外松等用材树种，油茶、山茶花等经济树种育种与培育优势的基础上，进一步强化在木（竹）遗传育种与培育、经济林、区域典型生态恢复与保护等领域研究的优势。

围绕良种品质调控—林木/环境互作机理—生态化培育技术关键问题，突破林木关键性状遗传调控机制、典型生态系统演变规律、林木—环境互作机制等关键理论和林木生物技术等定向育种、森林资源生态高效培育、生态保护与修复、林特资源高值利用等关键技术。

（三）构建链条、布局未来

通过整合、重组等方式，进一步充实特色优势学科，构建遗传育种基础理论、传统育种、生物技术育种相结合的现代林木育种创新链，良种创新、高效培育、绿色利用为一体的产业创新链，抗逆资源选育、恢复工程技术、规划设计、生态功能评价为一体的生态恢复工程支撑技术链。

着眼未来科技趋势和行业需求，增强优势领域研究链条。如基于生物工程和生物信息学的林木定向育种、基于物联网和大数据的精准栽培、受损生态系统服务功能恢复、生物多样性与保护生物学等。

第四节 系统布署，整体推进

一、制定学科发展方案和团队优化方案

2016年起布局创新体系调整工作，针对国家科技计划管理改革、科技部绩效评估改革试点和"十三五"任务，开展了亚林所改革与发展战略研究工作，成立领导小组、咨询专家组、指导小组3个专项工作组和1个汇编研究专家组。2017—2018年，针对新时代国家对林业的新要求，根据国家林草局职能改变，进一步深化改革，研究编制《着眼2030：亚林所科研体系布局研究》报告，开展了创新体系设置调整方案研究。2019年，根据主题教育活动整体要求和中国林科院关于推进学科优化调整的工作部署，正式启动了学科方向优化和创新体系调整工作，成立了创新体系布局调整实施方案推进工作组及纪检监督组，并成立由所党政班子成员组成的领导小组。2019年上半年，在前期工作基础上，主要以梳理主攻方向和创新体系框架结构为重点，先后组织召开所内不同学科专题座谈会、研究组长和青年专家座谈会、学术委员会扩大会议等进行研讨；8月至10月上旬，邀请所外专家专题论证、学术委员会扩大会议讨论、3次所行政班子会和2次党委会研究、所长书记专题汇报、党委书记专题汇报，于2019年10月制定印发了《亚林所面向2035学科发展方案》和《亚林所科技创新团队优化工作方案》。方案明确了此次科技创新体系布局为3大重点领域（生态保护与恢复、森林资源培育和经济林）、8大创新方向（用材树种育种与培育、竹资源培育、生态景观植物、森林生态与自然保护地、生态恢复工程、森

林健康保护、经济林育种与培育、可食用林产品加工利用），设立15个创新团队（研究组）和少量青年创新团队（青年研究小组）。同时，方案还明确了研究组至少5人组成，青年研究小组至少3人，研究组内设创新岗位和辅助岗位。

二、科技创新团队组建情况

2019年10至2020年1月，根据学科发展方案和优化工作方案要求，组织完成科技创新团队调整聘任工作。按照双向选择、自由组合、集体竞聘研究组及岗位的原则，由研究组牵头人代表研究组进行答辩，创新团队优化评聘工作组进行资格审核，组织了由中国林科院林业所、林化所、热林所、亚林所及华东师范大学、浙江农林大学等相关专业专家组成的评审会进行现场评审，经所长办公会研究、党委会审定等程序，共组建14个创新研究组［天然林生态、湿地生态（自然保护地）、生态修复、林木遗传育种与培育、林木种质资源改良与经营、特色林木资源育种与培育、竹资源培育、景观植物育种与培育、木本油料育种与培育、木本粮食育种与培育、林木分子生物学、林业微生物、森林健康保护、可食用林产品加工利用］和3个青年创新小组（人工林生态、山茶功能基因组、食用林产品质量安全）。2020年3月，14个研究组和3个青年创新小组完成任务合同书签订工作，合同书中明确了研究组主要研究方向、近期科研工作重点、远期发展计划与目标、人才培养方案、平台建设和运行计划以及研究组预期成果、中期考核指标和期满考核指标等。

三、创新团队组建初步成效

（1）学科方向进一步优化、团队力量加强。此次创新团队组建由原来21个团队调整为14个创新研究组和3个青年创新小组，主要是对研究力量弱的研究方向进行整合加强，即竹子方向由原来3个团队整合为1个团队，加工方向由2个团队整合为1个；对存在重复交叉的研究方向进行合并，即人居环境团队与石漠化团队合并为生态修复团队；对研究方向非亚林所主流方向的研究组进行撤销，即撤销林业资源管理和药用植物两个方向；对个别队伍庞大、研究方向跨领域的研究组进行精简，即木本油料树种组分出工业原料树种和石漠化生态防治方向；调整后的研究组主攻方向明确清晰，团队力量不断加强，研究团队平均人数由原来的4.5人增加到现在的6.7人。

（2）团队人员结构进一步优化。此次团队调整，17个团队中有8个团队负责人为新聘,即新聘首席专家 3 人、责任专家 2 人、青年首席专家 3 人,基本为中青年专家,团队负责人年龄进一步优化;团队人员组成既有科研创新岗位人员,也有从事科研助理和财务助理工作的科研辅助人员,还有负责推广工作的人员,人员结构进一步优化。

(3)强化年轻人培养。此次团队组建尝试在部分研究方向下设置青年创新小组,青年小组研究方向与所在研究组总体一致,侧重前沿性基础理论和前沿技术研究,聘任 3 名青年首席专家,进一步加强年轻人的培养;为保障创新团队运行和管理,培养青年领军人才,制定出台《亚林所研究组管理办法》,明确组长负责制及相应岗位职责,根据需要设置副组长,协助组长管理研究组,共有 10 个研究组聘任了副组长,强化对青青年领军人才的培养。

第五节 探索优化保障体系

一、建立学科群和创新中心

为加强学科发展规划、学科交叉协同创新、重大项目争取、重大成果集成、学术交流及实验平台运行管理等,根据设置的 14 个研究组和 3 个青年创新小组中长期战略规划和学科发展布局情况,设置 4 个学科群。同时,根据国家和行业发展的要求,结合各学科发展现状和现实需求,围绕关键技术瓶颈和现有基础,集成组装重大科研成果和申报重大奖励,联合运行科研创新平台,组建若干协同创新中心,已组建协同创新中心有中国林科院防护林研究中心、石漠化研究中心、亚热带重金属污染植被修复中心、中国林科院亚林所竹子国际合作与协同创新中心。

二、建立完善考核体系

为公平公正评价我所科技人员个人业绩情况,亚林所于 2011 年制定出台《亚林所科技人员岗位业绩考核办法》,2012 年修订拆分出台《亚林所科研创新岗位工作人员考核办法》和《亚林所科研绩效津贴管理办法》,根据实际情况于 2015 年、2018 年、2022 年修订完善《亚林所科研绩效津贴管理办法》,极大地调动了科技人员积极性,提高了团队科技创新能力,科研业绩数量和质量逐年提升;在此基础上,为加强科技创新团队的管理和考核,充分调动其积极性和创造性,2022 年制定

《亚林所科研创新团队考核办法》，采取定性和定量考核方式，对科研创新团队进行中期考核和聘期考核。

三、建立支撑保障体系

根据全所工作性质和发展需求，统筹布局创新、管理、支撑保障3大体系。创新体系已优化为3大重点领域、8大创新方向、14个研究组和3个青年创新小组；管理体系于2020年5—7月完成优化调整，设立了综合办公室、党群工作部、计划财务处、科技管理处、条件建设和资产管理处等5个职能管理部门，部门负责人及内部人员聘任到位。围绕创新体系和管理体系需要，提供条件支撑与服务工作条件，探索建立支撑保障体系，由1个服务部门、1个测试分析中心、1个成果转化基地和1个推广示范基地组成。

第二章
锻造服务国家需求的使命自觉
——新时代国家队行动

"国家队"是亚林所最为显著的身份标识，是激励全所干部职工不断奋发有为、勇攀科技高峰的永恒动力。面临新形势新挑战，如何深化对国家队职责使命的认识，提升创一流业绩的能力水平，是全所职工的必修课，且必须修好。这就要解决好以下的"国家队"三问。

第一节 "国家队"是什么？

要回答好这个问题，其实并不是很容易，就像在不同的画师笔下，同一个人物总是会被刻画出不同的形象，展示不一样的神态特征。但是，当一个集体需要以一个统一的形象出现的时候，这个形象应该是被大家所公认的，或者在探索的过程中被大家所不断认同的。为此，亚林所在深入学习领悟习近平总书记关于科技强国、国家战略科技力量等重要论述基础上，围绕职责定位、形势任务、重大行动等内容，广泛深入地开展了"国家队"再认识再提升大讨论，并形成了《中国林科院亚林所"国家队"再认识再提升大讨论共识》。这个共识，实际上就是亚林人共同的"国家队形象"

（1）身为"国家队"，要心系"国家事"，肩担"国家责"。亚林人在思想上、行动上紧跟中央和国家战略部署，从全国大局出发，从行业战略需求出发，心怀"国之大者"，切实担负"国家队"的责任，履行"国家队"的使命，为实现高水平科技自立自强做出应有贡献。

（2）适应新形势，要清醒认识差距，不惧严峻挑战。当前，国内外形势复杂多变，国内同行业院校发展迅猛，项目、人才等竞争越发激烈，亚林人清醒认识到基础创新成效不显著、国家级重大成果和国家层面科技创新领军人才缺乏等核心差距，补短板强弱项，直面竞争，不惧挑战。

（3）展现新作为，要聚焦国家战略，服务行业发展。作为国家战略科技力量，亚林人聚焦"双碳"目标、木材安全、生态安全、乡村振兴等国家战略的科技需求，紧密结合产业发展的重大应用技术要求，瞄准产业发展技术需求，做到战略引领、产业融合、研有所用。

（4）迎接新任务，要发扬实干传统，增强工作实效。作为身处基层的国家单位，亚林所继续在基础研究领域加强创新攻关的同时，强化实用应用技术方面的优势，坚持勤勉踏实精神、实干作风和实用传统，干实事求实效，彰显勇于担当的优良作风和良好口碑，提升社会贡献。

（5）展示新风貌，要强化人才队伍，提升人员素质。人才是"第一资源"，亚林所进一步加快领军人才的引培和青年拔尖人才的培育，开展创新、管理和支撑队伍的教育培训，旨在建设一支格局大、思想深、视野宽、能力强、情商高、活力足的干部队伍。

（6）适应新时代，要优化体制机制，提升保障能力。亚林所持续探索建立与主责主业相适应的激励机制，完善薪酬绩效体系改革等制度，优化科技资源配置，进一步增活力、促和谐、强激励，提高"国家队"应有保障水平。

（7）争取新突破，要重视科技创新，彰显行业贡献。科技创新是核心任务，亚林所加强顶层设计，探索新形势下科技创新高效组织建设模式，加强联合，凝聚力量，协同发展，在基础创新和重大关键技术研发方面实现高亮点突破，全力冲击国家级奖励。

（8）凝聚新动力，要坚持团结奋进，共创科技自强。全所职工坚持以集体为先、以事业为重、以贡献为荣，积极践行"亚林精神"，主动作为，积极奋斗，全所一盘棋，上下齐努力，凝聚全所职工奋进力量，为科技自立自强再创新辉煌。

第二节 "国家队"应该怎么干？

新时代，亚林所作为林业科研"国家队"担负着新的战略任务，同时面临新挑战，迫切需要开展全面系统的"国家队"再提升。以习近平新时代中国特色社会主义思想为指导，贯彻落实党的二十大精神，坚持科技是第一生产力、人才是第一资源、创新是第一动力，坚持问题导向，坚持守正创新，坚持系统观念，突出传统优势，以"提升科技创新能力"为核心，开展"五大行动"，夯实"两项保障"，力争解决创新人才领军实力不强、重大科技创新成效不显著、开拓创新精神不够等问题，实现重大关键技术、重大奖励、国家级人才三大突破，奋力创建整体水平国内领先、优势领域世界一流的研究所。

努力取得一批重要林草科技成果，在国家层面领军人才培养、服务国家战略和行业任务成效、重大科技创新成果、科技成果转化、全国文明单位创建等方面取得重要成绩。在科研任务、科技产出、职工精神和物质文明等方面有明显提高。一是在科技创新能力方面，面向我国亚热带地区，聚焦生态保护与恢复、森林资源培育和经济林3大重点领域，在优势树种、优势领域牵头国家级项目，在基础研究、关键技术等方面取得重大突破和重要进展，实现省部级及以上重大奖励的突破。二是在人才队伍竞争力方面，力争培养1~2名国家级科技领军人才，2~3名省部级及以上行业领军人才，3~5名传统优势学科领域中青年学术带头人，强化优势领域的领先地位。三是在科技服务成效方面，面向乡村振兴、粮油安全、"双碳"目标等国家重大战略和需求，在林业产业和生态建设方面贡献亚林力量；积极主动争取牵头或参与做好国家林草局中心工作的科技支撑。加强基层科技服务，力争到2025年末，科技成果转化年实际到位资金较2020年翻一番。四是在支撑保障条件方面，进一步优化平台布局，提升平台现代化水平和管理能力，争取突破国家级平台。创新科研组织方式，集中力量突破重点攻关任务和国家级奖励，形成良好的科技创新环境。构建办公、数据管理、资源共享等信息化管理模式。营造更加追求奉献、开拓创新、团结向上的工作氛围。

第三节 "国家队"行动的主要任务是什么？

一、科技创新领发展行动

（1）明确创新主攻方向。在明确主责主业基础上，聚焦生态保护与恢复、森林资源培育和经济林3大重点领域，围绕国家重大战略和行业需求，巩固并提升主要用材树种、经济林树种育种与培育研究优势，强化非木质资源利用、区域典型生态系统保护与恢复、林业碳汇等创新方向。

（2）布局重点基础研究。以强化国家自然科学基金申报为抓手，在油茶、山茶、柿子主要经济性状形成，木本植物次生代谢，林木微生物共生，竹子笋材发育和林木抗重金属，松树等主要用材树种生长、抗性机理以及可食用林产品品质和质量等领域产出原创性成果。

（3）实现关键性技术突破。围绕粮油安全、"双碳"目标等战略需求，积极争取"十四五"国家重点研发计划和浙江省项目，研究突破主要树种生物育种、数字化育种、林木精准轻简生态高效管理技术、区域典型生态系统保护与恢复和林业碳汇提升等重大关键技术，创制重大用材和经济林宜机良种、生态产品。

二、科技支撑显担当行动

（1）服务国家战略。主动对接国家林草局各司局、各省相关厅局，持续做好国家林草局定点帮扶县支撑工作，服务乡村振兴、粮油安全、国家公园等战略，强化林木良种推广、轻简栽培、森林质量提升、受损系统恢复等成果集成示范，为国家和地方生态建设决策提供高质量的咨询建议报告，提升支撑贡献成效和影响力。

（2）服务地方需求。继续发挥我所经济林、林下经济等领域在服务浙江、安徽、上海、江西、贵州和广西等区域林业产业发展的优势，结合长三角一体化发展、共同富裕等重要工作，开展经济林、林下经济、美丽乡村建设等方面的规划设计和技术应用。依托亚林所现有资源，打造林业科普宣传教育品牌。

三、人才队伍强雁阵行动

（1）加大领军人才引培。围绕我所传统优势学科，引进领军人才、学科带头人和杰出青年骨干，并一人一策强化支持。通过邀请知名专家论证研究方向、顶层设计成果、优先配置资源、举荐学术任职等具体举措，加大杰出人才的培养力度。

（2）重点培养青年拔尖人才。实施青年英才工程，精准选择一批创新潜力大、工作激情足的青年科研骨干，制定逐级培养方案，探索研究生所内所外双导师培养模式，在项目资源配置、国内外进修交流等方面给予更多支持；建立职能部门与人才的常态化沟通联络机制，为人才成长营建良好氛围。

（3）加强管理和支撑队伍建设。加强管理支撑部门业务能力提升，建立常态化学习机制；强化管理支撑队伍与业务主管部门、省级相关部门的沟通及联络，落实下基层责任，通过"下沉"锻炼与"上挂"学习相结合的方式，提升管理人员服务科研的能力和效率。

（4）深化创新团队建设。开展创新团队中期评估，围绕重点学科领域发展，逐步调整优化团队结构。探索基于实施国家重大项目、重大任务组建阶段性协作团队。加强研究生思政教育与科研能力培养，提升研究生队伍的综合素质。

四、成果转化惠民生行动

（1）加大成果凝练。在木本粮油、珍贵用材树种、生态保护修复、特色林木资源等方面加强成果梳理与凝练，形成奖项申报清单，提出顶层设计、提前布局、多方培育、协同组织等成果凝练方案，培育重大标志性成果；针对性加大科技成果的宣传展示力度。

（2）提升科技成果转化成效。积极通过交易平台作价挂牌、成果授权和区域集成转化等形式，推动拥有自主知识产权的科技成果的转移转化。完善有利于促进科技成果转化的绩效考核评价体系。

（3）国有资产保值增值。加强国有资产管理，改进国有资产管理方式，提高国有资产的使用效率；加强对所属企业和参股企业监督管理，确保经营性资产的保值增值。

五、精神文明铸雄魂行动

（1）强化党建引领。加强习近平新时代中国特色社会主义思想教育，筑牢干部职工思想基石；以身边事身边人教育引导党员干部在国家队行动中发挥先锋模范作用。

（2）献礼60年所庆。总结凝练"亚林系列精神"；加强典型事迹的宣传，激发奋进力量，做好所庆系列活动筹备和实施；浓厚全员参与全国文明单位创建的氛围，抓好关键环节关键任务，以优异成绩迎接建所 60 周年。

（3）强作风提能力。加强干部职工大局意识、奉献意识、规矩意识、团结协作和文明有礼意识的教育；强化干部职工开拓创新、对外交流、调查研究、攻坚克难、应急处突、决策落实等综合能力提升，展示国家队良好风貌。

第三章
聚焦主责主业，实现自立自强
——现代院所建设的必由之路

新时期，国家战略对林草行业提出新要求，全球科技高速发展对林业科技创新提出新挑战，高质量经济发展对国家级科研院所提出新任务。作为林业行业国家战略科技力量重要组成部分，亚林所在服务国家生态文明建设、林草高质量发展方面仍然存在诸多不足，一是科技创新的主责主业不够突出，科技创新优势不明显；二是创新与应用结合不够，服务林草行业发展和国家战略需求不到位；三是各类支撑保障条件不足，创新资源要素围绕主攻方向的配置不充分；四是治理机制不能满足科技创新的新需求，创新方向"转向调头"难。

作为林业系统唯一国家级使命导向管理改革试点单位，亚林所近年来通过开展使命导向管理改革试点，进一步明确职责定位，增强使命意识和履职能力，促进解决制约单位履行职责使命的体制机制障碍，取得一批重要科技成果和制度成果，提升整体科技创新和行业支撑能力，力争打造成国家战略科技力量的标杆院所。

一、工作思路与目标

以习近平新时代中国特色社会主义思想为指导，全面贯彻党的二十大精神，聚焦"四个面向"，坚持问题导向，以服务国家和区域木材安全、粮油安全和生态安全为使命，以解决亚热带森林、湿地保护与修复等生态建设和经济林与林下经济、木（竹）材、花卉种苗等林业产业发展中的重大基础性、战略性、前瞻性问题为主责主业，以提升林草科技创新水平和支撑国家战略能力为绩效目标，通过实施三项改革任务、三项机制创新，依托上级部门三项监督保障措施，优化自主治理机制，进一步提升国家队使命意识和履职能力，努力取得一批重要林草科技成果和管理制度成果，形成可复制可推广的"国家使命导向亚林模式"，把亚林打造成为国家林草战略科技力量的一面旗帜。

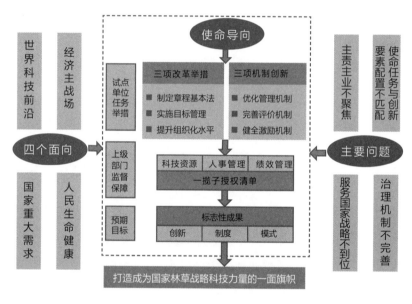

总体思路图

二、主要任务举措

（一）制定章程"基本法"，明确使命导向

一是制定章程，明确其"基本法"的地位。按照中央关于分类推进事业单位改革的指导意见及其相关配套文件精神，以上级批复的三定方案为基础，在广泛、充分征求相关主管部门意见基础上，制定覆盖主责主业、机构建设与创新体系机构、运行管理基本模式、科技创新事业发展与科技服务工作等主要内容的《中国林科院亚热带林业研究所章程》，并以章程为基本大纲，指导日常运行和改革发展。

二是明确战略任务，提出使命导向清单。在主责主业框架下，就如何更好地发挥国家战略科技力量的作用，明确新时期亚林所在林草科技前沿创新、重大技术突破、人才培养和科技服务等方面的战略任务，提出使命导向清单，指导中长期高质量发展。

（二）明确创新方向，设立绩效目标

一是基于主责主业，明确科技创新的主攻方向、重大任务。围绕国家、行业和地方重大需求，确定以亚热带区域生态保护与恢复、森林资源培育、经济林3大领域为主攻方向，以支撑亚热带油茶、核桃、柿等经济林产业，松、栎、椿等用材林产业发展，以及亚热带典型天然林和人工林、滨海和城市湿地、污染地和石漠化困难立地等生态系统保护和修复为3项重大任务，服务乡村振兴、粮油安全、生态安全和"双碳"目标等国家战略。

二是围绕创新方向，提出试点期标志性成果。围绕科技创新的主攻方向和重大任务，以提升科技创新水平和支撑国家战略能力为绩效目标，力争在科技创新、组织模式、人才队伍等方面取得标志性成果。

（三）优化资源布局，提升科研组织化水平

一是优化学科方向与内设机构。围绕科技创新主攻方向，优化本所经济林、森林资源和生态保护修复学科的具体研究方向；以提高科技创新效率为核心，优化内设机构，组建高水平的支撑体系和管理体系。

二是聚焦主攻方向，强化人才培养。聚焦科技创新主攻方向，分学科、分层次精准选拔一批学术思维活跃、创新意愿强、学科专业互补的中青年科研骨干，量身定制培养方案；本所牵头的重大项目中设置由40岁以下科研骨干担任"副主持"角色，强化青年科学家项目申报，加快青年人才培养；支持青年科技人才到国（境）外高水平科研机构开展学习培训和合作研究，提升青年科技人才国际活跃度和影响力。

三是优化科研资源布局。进一步完善各类平台运行机制，加强统筹管理和资源配置。在生态方向统筹现有4个生态站共建共享，争创国家级野外台站；在森林资源培育和经济林方向，统筹现有重点实验室、工程中心、创新联盟等平台的管理，争创木本粮油国家技术创新中心。

四是构建协同攻关组织新形式。充分发挥统筹力、组织力，围绕油茶、松树、栎树等优势树种，以重大项目为载体，从育种、培育到加工组建协同创新团队；围绕育种和生态等优势学科，以学科群为载体，聚焦智慧育种、碳汇功能提升等重大学科问题，开展协同攻关。

（四）优化管理机制，提高自主管理水平

一是制定科学的决策责任制度。不断优化所长办公会和党委会议事规则，提高行政决策效率和重点工作执行成效；完善学术委员会工作细则，邀请所外同行知名专家担任学术委员会委员或名誉委员，强化委员履职，充分发挥学术委员会在科研方向把关、学术评价和人才培养中的重要作用；强化职代会日常调研和专题研究，并加强其在学科发展方面的建言献策作用。

二是制定完善的管理制度。以《中国林科院亚热带林业研究所章程》为基础，聚焦提高自主管理水平、优化科研管理机制，结合"放管服"、"破五唯"等重点科技管理改革举措，制（修）订科研、人事、薪酬等方面相关制度，专题形成试点工作管理制度优化清单。

三是建立健全体系化内控机制。不断优化完善分事行权、分岗设权、分级授权、"三重一大"事项集体议事决策机制，并建立重大事项工作督办制度机制；以六大业务领域为主，形成涵盖科研活动各个环节的内控体系，并开展内部控制风险评估。

（五）突出使命导向，完善评价机制

一是优化单位内部考核评价方式。以"能力、质量、贡献"为导向，配套修订科研、管理及支撑体系人员考核办法。建立定性"同行评议"与定量"科学计量分析"相结合、符合林业科研规律的分类科研评价指标体系和评价程序规范；建立目标考核和服务对象满意度测评相结合的管理、支撑评价体系，提升单位自主管理服务效能。

二是构建科学的创新团队评价机制。围绕使命任务，制定注重实绩贡献的科研团队评价办法，探索实行团队负责人负责制，实现个人与团队的协同发展。对承担国家重大科技任务的科研骨干和在科技成果转化等方面作出突出贡献的科研人员，在专业技术职称评审和岗位聘用中给予倾斜。

三是提出内部绩效管理评价体系。认真完成改革试点的自评价工作，采用用户评价等方式做好绩效运行监控，建立全面覆盖、结果导向、责任清晰的内部绩效管理评价体系。

（六）强化使命和贡献，健全激励机制

一是强化使命和贡献激励。强化考核结果运用，以薪酬绩效改革为契机，建立基于使命任务、分类考核评价和聘期考评相结合的绩效工资分配机制。按照国家有关规定，制定重大贡献奖励办法，表彰做出突出贡献的团队和个人，发挥牵引作用。

二是建立高层次人才薪酬政策。对于承担国家重大科技任务的科研骨干，试行项目工资制或协议工资；按国家规定执行高层次人才绩效工资总量单列政策，加大所本级对从事基础研究科研人员的绩效工资保障力度。

三、改革标志性成果

（一）在优势学科领域，围绕主要树种科技创新取得重大突破

一是围绕油茶、山茶、竹子、松树等优势经济林、用材林树种，创制高产高抗宜机的国家级良种3个，授权植物新品种22个。

二是突破主要用材林、经济林树种良种创新、高效培育、绿色利用为一体的产业创新链，并获得省部级及以上奖励。

三是在用材林、经济林重要树种基因组学、污染地和石漠化困难立地生态修复和碳汇功能提升机理等特色学科方面取得新进展。

四是持续支撑亚热带油茶、松树、甜柿等林业产业发展，积极服务长三角一体化、钱江源—百山祖国家公园建设，在服务国家战略方面贡献"亚林智慧"。

（二）建立协同创新科研组织模式

充分发挥单位的统筹力、组织力，围绕油茶、松树、栎树、椿树等优势树种重大任务科技需求，以重大项目为载体，统筹科技资源，从育种、培育到加工，从研发到应用，集合优势学科力量组建协同创新团队，推动取得重大创新成果。

（三）创新人才队伍建设体系

以用好用活人才为目标，构建引进、培养、使用、服务、考评、激励"六位一体"人才培养及考评激励机制。通过推进科研领军人才、青年英才培养计划，管理支撑人才能力提升计划等3项人才计划，打造科研、管理及支撑3支高质量人才队伍，培养领军人才、青年人才等省部级及以上人才，引导各类人才人尽其才、才尽其用、用有所成，为实现高水平林业科技自立自强提供有力人才支撑。

科研院所使命导向管理改革是强化国家战略科技力量建设，加快形成使命导向的战略科技力量体系，建构起引领未来的新型举国体制的关键举措。要从战略和全局的高度，从改革和创新的维度，从引领和示范的角度来认识、把握、开展科研院所使命导向管理改革试点工作。

亚林所把使命导向管理改革试点提出的"硬举措"和所文化、创新环境的"软条件"充分结合，让使命导向管理改革从"国家需要"和"上级部署"升华为本所及全体科技人员的"精神追求"和"行动自觉"。把试点工作的具体工作内容、举措、方案与正在实施的"国家队"行动和全国文明单位创建、践行"林科精神"和"亚林精神"等重点工作紧密挂钩、有机推进。

第四章
镌刻十年发展新辉煌

林业承担着构筑生态屏障、提供生态服务、创造绿色价值等多重功能,是乡村振兴、粮油安全、长江经济带发展和长三角一体化发展等国家战略的重要支撑。要充分发挥林业生态和产业功能,对林业科技在资源培育利用、生态保护修复等方面守正创新提出了更高要求。

作为国家队,近十年来,亚林所紧紧围绕国家战略,坚持面向世界科技前沿、面向经济主战场、面向国家重大需求、面向人民生命健康,主动适应新的发展形势和要求,优化学科布局、强化科技创新,十年发展亮点纷呈。

一、全面构筑党建引领促发展格局

(一)党员干部政治意识显著增强

亚林所党委坚持以习近平新时代中国特色社会主义思想为指导,深入开展"两学一做"学习教育、"不忘初心、牢记使命"主题教育,进一步增强党员干部"四个意识",坚定"四个自信",坚决做到"两个维护"。

(二)党委政治保障作用突出

坚持以"服务中心、建设队伍"为主线,聚焦精准扶贫、国家公园等国家战略,推动疫情防控、科技扶贫、创新体系优化、内设机构调整等"三重一大"事项科学民主决策,充分发挥把方向、管大局、促落实的作用。

(三) 科研氛围更加风清气正

深入贯彻落实中央八项规定，开展常态化宣传教育，发挥正反典型的示范警示作用，巡视巡察反馈问题全部得到整改，建立重点关键环节的监督机制，营造全面从严治党良好氛围。

(四) 党建与精神文明成果丰硕

推动党建工作制度化建设，"一棵树"党支部工作法成为国家林草局创新党建品牌，党员代表获国家林草局演讲比赛一等奖，连续以总分第一的成绩获评"中国林科院十佳党群活动"，获首届"中国林科院十佳党课"第一名，通过"先进职工之家"复评，持续保持"浙江省省级文明单位"称号。2021年被列为国家级文明单位培育对象。

二、全力支撑重大战略和林草中心工作

(一) 精准扶贫

在河南省光山县司马光油茶园，应用"长林"系列良种发展油茶2.7万亩，覆盖6个村41个村民组，年产值近亿元，帮扶1831名贫困人口，成为全国示范样板。在广西龙胜县、罗城县，贵州荔波县、独山县等定点县，累计派出专家175人次，建立油茶、甜柿、油桐等高质量特色产业示范基地4300余亩，优质种苗年产20万株以上，带动1700多户产业脱贫，人均年收入增加2000元以上，获"广西壮族自治区脱贫攻坚先进集体"、"中国林科院科技扶贫先进集体"称号，8人被评为中国林科院科技扶贫先进工作者。在贵州独山，辐射带动发展乡村油桐种植产业基地2万亩，扶贫案例被国家林草局推荐至国务院扶贫办，合作对象获"全国乡村振兴青年先锋标兵"、"全国五四青年奖章"、"全国向上向善好青年"等荣誉称号。

(二) 乡村振兴

围绕重点产业带，打造乡村振兴林业科技支撑模式。推广南方松脂材两用高效栽培、珍贵彩色树种培育、竹菌和竹药复合经营等林业产业技术27项，示范面积50多万亩。通过林业特色村镇建设、珍贵彩色健康林规划、污染土壤治理等技术助力杭州市富阳区、安徽省安庆市等长三角地区农村环境提升，打造"一村一树"景观重塑等林业科技支撑乡村振兴新模式。

(三) 国家公园和自然保护地建设

探索支撑钱江源百山祖国家公园地役权改革，推动国家公园地役权改革由量向

质转变，完成了国家公园内 26000 余棵树木的蚧虫防治工作，保障国家公园生态安全，牵头编写的《长江经济带生态保护科技创新行动方案》由国家林草局发布，参与起草了《长江经济带生态保护修复与农林业绿色发展建议》，牵头组建了长三角生态保护修复协同创新中心，并在国家公园建设、自然保护地调整和示范区产业发展等方面发挥了重要科技支撑作用。

（四）油茶产业发展

全产业链支撑我国油茶产业发展，制定实施《中国林科院亚林所支撑油茶产业发展三年行动工作方案》；支撑湖北省随州市、贵州省黔东南州油茶产业发展规划；牵头起草行业标准《油茶》；骨干参与编制《油茶产业发展实用技术手册》；遴选出 16 个主推品种和 56 个区域推荐品种。高效支撑浙江常山油茶"智慧苗圃车间"建设，提高苗木生产效率 20%，年育苗能力达 500 万株；参加国家粮食局主办的"践行大食物观 保障粮食安全"宣传活动，油茶作为典型案例得到央视频道宣传，油茶专家作为代表登上央视中国农民丰收节活动舞台；累计推广应用油茶良种 18 个，覆盖全国新造林的 80% 以上，产量较原有水平提高 5 倍以上；发明的油茶芽苗砧育苗技术繁殖苗木超过 30 亿株，推广面积达 3000 万亩。

（五）林长制改革

打造"聚升林长智，助力林长制，实现林长治"合作模式，与全国林长制改革试点安徽省安庆市开展全域林长制科技支撑合作，实施合作项目 20 项，转化森林培育、生态监测、环境治理等先进适用技术 15 项，系统培训各级林长达 100 人次，通过上述方式，全面提升试点区域林业科技支撑水平，实现技术领先、成果转化、产业长效、林长善治，试点县域和项目合作区域林业产业科技贡献率 10% 以上，有力助推林长制改革顺利实施。

（六）科技服务林改

聚焦南方集体林权制度改革科技需求，助力浙江省江山市，江西上饶市广丰区、九江市武宁县，福建邵武等地开展油茶、毛竹、杉木、马尾松等主导产业发展，建立各类科技服务林改特色示范基地 20 余处；以浙江省江山市为重点，开展全地域全领域科技服务林改工作，全市 87% 以上行政村建成县级以上绿化示范村，林业产值跻身全国 20 强，建成全国县级区域最大的木门加工制造基地，实现了林业经营从单一经营到林苗一体化、林下复合经营的多元化发展，林业增收对农民收入增长的贡献率达到 45%。

三、聚集主责主业，全面提升科技创新水平

（一）科研项目和成果数量质量取得"双突破"

近10年，承担各类科研项目380余项，合同经费近6亿元。其中，主持"抗松材线虫病松树新品种设计与培育"等科技创新2030—生物育种重大专项项目2项；主持南方速生林木新品种选育、特色经济林生态经济型品种筛选等国家重点研发项目8项、课题9项；"十三五"和"十四五"连续牵头浙江省林木育种专项。获得国家自然科学基金33项，其中优青项目1项。获各类奖励36项，其中国家级奖励3项（参加）、省部级奖励33项，"樟科植物萜类化合物多样性形成机制"获中国林科院重大科技成果奖。起草标准37项，其中国家标准3项；审（认）定良种66个（国家级3个）；获授权发明专利120件；授权植物新品种15个；主编论著27部，发表论文1065篇，其中高质量论文250篇。

（二）应用基础研究成果不断涌现

成功组装了全球首个染色体级别的高质量油茶基因组图谱，使油茶基因组学研究和分子改良育种迈入全新的发展阶段；研发了油茶油脂性状早期预测技术，准确率达到64.39%~75.03%，为油茶油脂性状分子辅助育种奠定基础；首次绘制了山苍子染色体水平基因组图谱，为樟科树种复杂的系统发育关系提供了新的证据，揭示了精油香味多样性的分子机制，揭示了盐碱地共生真菌二倍体杂合优势形成机制，相关研究结果发表在《Nature Communications》上；揭示了微生物提高苗木氮素吸收和耐盐性方面的独特机制，提出了创制新型菌剂的策略；构建了食用人工林产品安全精准筛查和确证技术，实现了污染物多目标同步检测。

（三）科技支撑行业发展能力显著加强

油茶等木本粮油树种从种质资源保育、新品种创制、良种繁育、高效丰产栽培到优质安全产品加工等全产业链技术取得了重要进展，完成了首个林木种质资源遗传资源编目——油茶遗传资源编目，审定了我国第一批油茶杂交良种，油茶育苗初步实现智能化。薄壳山核桃良种在我国黄淮地区推广50万亩，成为山区产业发展的"摇钱树"。构建了马尾松、国外松高世代良种丰产和壮苗繁育、大径材和脂材兼用林高效培育及可持续经营关键技术体系，马尾松抗性育种取得重要进展，授权新品种1个。木荷、椿树、栎树等珍贵阔叶用材树种良种化造林取得突破，集成沿海防护林体系构建与功能提升、滨海湿地保育等技术，在长三角地区推广20多万亩，

构筑了沿海绿色生态屏障。研创了重金属重度污染地绿色生态修复技术体系，在安徽、浙江等省多地示范应用，取得良好效果。

（四）智库作用发挥突出

主动对接国家林草局相关司局重点工作，参与国家农业科技发展战略智库项目和中国工程院战略咨询项目，编写《向森林要食物：加快油茶产业高质量发展的建议》《践行习近平生态文明思想，为全面推行"林长制"提供有力科技支撑》《推动长江经济带森林资源保护与林业产业协同发展的建议》《关于系统布局科技支撑，全面提升"林长制"建设成效的建议》《践行大食物观——关于全面推进我国木本粮油产业发展的建议》等政策建议报告20余项，分别发表在《农科智库要报》《国家林草局简报》，或被主管部门采纳。亚林所专家参加全国政协专家协商会，围绕"大食物观"建言献策。

四、加强人才队伍建设，提高组织效能

（一）人才队伍整体水平逐渐提升

截至2024年8月，亚林所具有博士学位人员由2014年的69人增长到100人，正高级职称人员由16人增长到27人，副高级及以上人员占创新体系人员总量的55%；现有博士生导师13人，硕士生导师31人，导师队伍比2014年增长32%。管理和支撑部门人才队伍结构不断优化，干部队伍建设逐渐形成年龄结构梯次配备，所班子和中层干部继续朝着年轻化方向发展。

（二）加大各类人才计划和荣誉推举力度

入选省部级人才称号（计划）人数增长明显，先后60余人次获得"庆祝中华人民共和国成立70周年"纪念章、省部级百千万人才、全国生态建设突出贡献奖先进个人、全国绿化奖章、浙江省农业先进工作者、浙江省万人计划领军人才、浙江省"三八"红旗手、中国林科院杰出青年、中国林业青年科技奖等称号或荣誉。

（三）积极推进人才交流和培养

制定人才培养体系化推进清单，挂图作战，不断提升培养质量。10年来，在职职工获博士学位10人，硕士学位3人；32人到所外开展博士后研究。先后15名青年科技人员到国外进行半年以上访学，100余人次开展短期学术交流。

五、不断优化体制机制，改善创新环境

（一）深化使命导向管理和事业单位改革

作为林业系统唯一国家级使命导向管理改革试点单位，围绕主责主业和主攻方向，制定实施方案，通过实施三项改革任务、三项机制创新，依托上级部门三项监督保障措施，改进、优化、完善自主治理机制；开展中央级科研事业单位绩效评价工作，顺利通过了国家林草局科技司组织的部门评价和科技部评价，工作得到上级部门领导肯定。

（二）创新体系结构优化调整

落实国家机构改革和科技体制改革新要求，通过"收缩、转型、强化、新增"等方式，完成创新体系布局及调整，围绕森林资源培育、经济林、生态保护与恢复三大领域组建了15个研究组和2个青年创新小组；开展研究组中期评估，并运用中期评估结果对部分学科群和研究组负责人进行了优化调整。

（三）加强内控管理和制度建设

制（修）订行政事项议事规则、党委会议事规则等系列议事决策规章制度，完善了绩效考核、项目资金管理等方面政策，在规范集体决策、资产管理及资金监管、落实"放管服"等方面发挥重要作用；启动实施薪酬绩效改革，完成职能部门调整和后勤、试验林场改革，明确了各岗位职责和考核要求，调动了后勤、林场人员工作积极性和主动性；成立实验室管理办公室，提升支撑服务成效；建成覆盖全所主要职能的办公自动化系统。

六、加强条件建设，强化平台支撑

（一）平台数量持续增长，运行质量稳定提升

新增国家林草局柿工程技术研究中心等平台15个；亚热带林木培育重点实验室获局评估"优秀"；生态定位站等创新平台运行机制进一步优化，40%的省部级平台在主管部门组织的评估中获优良以上成绩；质检中心深度支撑国家林草局科技司林产品安全工作；大型仪器设备开放共享工作连续三年在科技部组织的评估中获得"良好"评价。

（二）科研设施条件获得提升

完成国家林草局油茶工程技术研究中心精深加工中试基地、国家油茶核心种

质（浙江）资源库建设；完成钱江源森林生态系统定位站、贵州普定荒漠生态系统定位站、华东沿海防护林生态系统定位站建设，各定位站投入使用后均取得良好成效；开展森林防火基础设施建设，提高森林防火"监防救"能力；所部工作、生活环境改善，完成研究生公寓、职工食堂、科研楼等旧房的修缮改造和院区安全设施改造。

七、聚焦民生实事，提高干部职工幸福感获得感

完善职工保险体系。积极争取成功加入浙江省机关事业养老保险、医疗保险（含生育保险）、工伤保险，解决职工后顾之忧。积极争取地方政策。获批设立浙江省博士后工作站，享受相应补助经费；关爱青年职工，落实住房公积金补贴，经人才认定后可享受购房优先摇号政策；改善离退休活动中心、职工文体场所等民生设施，组织疗休养、体检以及走访慰问等形式，增强干部职工的归属感和幸福感。

科技创新

科技兴则林草兴，林草兴则生态兴，生态兴则文明兴。科技创新是亚林所最核心的主责主业，也是亚林所实现使命导向型发展，发挥国家战略科技力量的"国家队"应有作用的必由之路。近年来，亚林所深入学习领会习近平总书记关于科技创新的重要论述精神，聚焦国家对林草事业发展的新定位，围绕人与自然和谐共生的中国式现代化和生态文明建设，凝练形成生态保护与修复、木竹育种与培育、经济林与花卉、林木生物技术四大学科群，攻关共性关键技术难题，积极探索科技创新与产业融合的有效实践，通过加强原始科技创新和应用技术研发，人才培养和基地建设，组织承担了国家重大专项、重点研发等一大批国家和省部级重要项目，取得了一项又一项重大科技成果，为推动我国林业科技事业高质量发展贡献了智慧和力量。

山的那边是海！展望未来，亚林所将进一步加强林业科技与创新工作，提高科研成果转化应用能力，为实现林草事业高质量发展做出更大贡献。

第五章
生态保护与修复

生态保护与修复学科群布局建设人工林生态、天然林生态、湿地生态（自然保护地）、生态修复等4个研究组。

第一节　人工林生态

亚林所人工林生态研究是以南方丘陵山地带和海岸带等生态屏障中典型人工公益林和商品林生态系统为对象，基于生态站和长期实验基地，综合运用无人机、红外光谱、数值模拟等技术，多尺度研究人工林生态系统空间结构、功能与效益动态变化，应用生态站网大数据，开展生态系统环境—结构—过程—功能机理研究；系统研究公益林主导功能生态经营技术，商品林多目标、多功能经营技术；速生珍贵大径材林培育和经营技术，服务亚热带地区森林质量精准提升和重点生态工程建设。

以实现公益林生态功能提升和商品林生产力与生态功能双赢的目标，10来来，亚林所人工林生态学研究得到快速发展，先后主持国家重点研发项目2项、国家自然科学基金项目7项、省部级项目近20项，发表学术论文100余篇；获得梁希林业科学技术奖二等奖、三等奖各1项，浙江省科技进步奖三等奖2项；起草行业标准1项，地方技术标准4项。

一、学科发展成就

(一) 沿海防护林体系研究

依托生态站和长期实验基地,开展沿海防护林水、土、气、生等方面长期定位监测,构建全要素、多尺度、多过程精细化的观测体系,开展沿海防护林生态系统水、气、土、热、光等环境因子的研究监测和防护林生态系统植被动态变化、植物生理生态学、防护林防护效益等方面的研究工作,探明了氮沉降对水杉防护林生理特性、生态化学计量学内稳性及其维持机制、结构多样性和生态功能提升的影响。相关研究成果在《Forest ecology and management》、《Agricultural and Forest Meteorology》等期刊发表论文 7 篇,同时,华东沿海防护林生态站 5 年运行评估获得优秀。

(二) 人工林质量精准提升技术研究

结合我国森林经营、精准提升等生态工程,以生态防护林为主要对象,以养分循环为主线,主要开展基于养分生态位的树种配置机理和林分结构多样性提高的养分循环机制等,研发低效防护林主导功能的生态恢复技术、由商品林变更为公益林的生态功能可持续维持技术、自然保护地中人工林生态系统"天然林化"经营技术等,系统集成了杉木低效林功能提升技术,完善了麻栎人工林培育技术,相关研究成果获浙江省科技进步奖三等奖。

(三) 服务国家重大战略及行业产业发展开展的工作及成效

为服务"双碳"目标和国家公园建设,开展钱江源、百山祖国家公园,长三角森林碳汇监测及功能提升研究,研究典型森林生态系统植物多样性对土壤有机碳固存的影响,研发以固碳增汇为目标的人工林质量提升技术,准确测算了钱江源国家公园人工林生态功能,核算了长三角地区近 20 年(1998—2018 年)森林植被碳储量,并预测了 2030 年和 2060 年的年均碳汇量。同时,针对长三角区域制约森林碳汇提升的关键问题,提出了"提升森林碳汇能力,拓宽实现碳中和绿色路径"的建议,助力"双碳"目标一体化实现。

二、学科发展展望

人工林提质增效技术一直是林业科研的研究热点,在新时代,人工林生态学发展面临着前所未有的机遇和挑战,研究成果具有广阔的应用前景。

接下来,亚林所人工林生态学研究将面向亚热带重大林业生态工程,以物质

（养分）循环为关键，以结构调控为主要手段，开展环境—结构—过程—功能机理的研究，揭示全球气候变化背景下人工林生态系统结构和功能的内在耦合机制和环境调控机制，研创由商品林变更为公益林的可持续维持技术、自然保护地中人工林生态系统"天然林化"经营技术，提出水肥生物调控、水平和垂直结构优化、经营模式构建与管理等技术，实现多功能人工林经营技术领域的重大突破，为亚热带人工林生态工程建设提供技术支撑，服务国家公园建设、自然保护地建设和"双碳"目标，为我国林业可持续发展提供坚实的科学基础。

第二节　天然林生态

天然林保护作为生态文明建设的基础性工作和长期任务，被赋予重大的历史使命，天然林生态学研究将为我国天然林保护修复和国家生态文明建设提供重要科技支撑。

亚林所天然林生态研究，除开展传统亚热带典型森林生态系统重要过程、格局和功能研究外，重点面向天然林生态学基础理论和应用技术开展研究。近10年来，亚林所天然林生态研究紧跟国际生态学科发展前沿，密切结合国家和行业发展需求，主要开展亚热带典型森林生态系统结构、碳氮水循环、生态系统服务功能监测和评价等研究，关注人为干扰、土地利用变化、气候变化对森林生态系统影响及应对，重点关注森林生态系统碳汇、森林多功能经营管理、生态产品价值实现、森林康养与人类福祉等基础和应用研究，为充分发挥森林"四库"功能提供科技支撑。

一、学科发展成就

近10年来，亚林所天然林生态研究承担国家级、省部级科研项目约25项，其中包括国家"十二五"、"十三五"、"十四五"科技支撑（重点研发）项目专题5项、国家自然科学基金项目5项、国家林草局林业行业专项及948项目3项等，重要科研项目包括"低效笋用竹林更新改造和健康维持技术研究与示范"、"养分回收与利用的生态化学计量特征"、"经营方式对短周期竹林生态系统碳储量及其组成的影响机制"、"林分管理对杉木人工林物质循环过程及功能的影响"、"长江三角洲区域生态观测站长期观测数据收集与整编"、"支撑竹子高速生长的根系拓扑学基础"、"干旱驱动毛竹新碳分配的'押注对冲'策略及新竹死亡机制研究"、"钱江源国家公园和黄公望森林公园森林康养资源及保健效应"等，取得以下重要研究进展：

（一）干旱胁迫对亚热带典型森林植被的生理生态影响

选择亚热带典型人工林树种杉木、马尾松和毛竹为对象，分析了不同水分、养分条件下植物根系的形态建成和觅养策略，探究根系可塑性与植物生长、养分积累和光合产物分配方式之间的关系，系统揭示了森林植物应对复杂水养供养状况的生理生态机制，对提高植物的土壤空间和土壤资源利用效率具有重要意义。

依托钱江源森林生态站和长期截雨干旱试验平台，开展长期干旱对毛竹光合参数、气孔导度和水分利用效率影响研究，进一步阐明了通过调整林分年龄结构的措施，可逐步减少老竹磷的损失，为干旱胁迫下毛竹的生存指明了方向。采用非靶向代谢组学分析的液相色谱—质谱联用技术（LC-MS），对毛竹年生长周期内代谢产物对干旱的响应进行了研究，揭示了毛竹对干旱胁迫生理响应的生物学机制。

（二）生物质炭配施对亚热带典型森林的生理生态影响

依托钱江源森林生态站中的生物质炭添加长期试验平台，开展生物质炭—根系互作对森林增汇减排及其激发效应的敏感性研究，成果对深入理解生物质炭输入的变化规律、稳定机理及其与土壤相互作用具有重要意义。

为探明生物质炭—根系互作对森林树种根系形态和生长的影响，开展生物质炭添加对马尾松和杉木生长的影响效应研究，表明生物质炭添加通过增加细菌生物量和土壤酶活性优化根系形态并扩大根际区域，低生物质炭添加在促进林木生长和可持续发展方面有重要影响。开展生物质炭添加对毛竹林原位土壤碳矿化研究，表明生物质炭添加对土壤有机碳矿化呈现显著的负激发效应，并显著增加土壤有机碳储量，低生物质炭添加在竹林增汇减排方面效果优良。开展生物质炭与氮肥配施对雷竹林土壤的影响研究，发现生物质炭与氮肥配施可显著提高植物氮需求和土壤有效氮，且提高氮利用效率、缓解土壤酸化等生态功能显著。

（三）森林重要康养环境因子时空动态及康养效应

依托钱江源森林生态站、钱江源国家公园等平台和基地，开展亚热带典型森林类型康养资源和康养环境调查，挖掘重要康养因子，分析本区域森林康养资源特点以及康养潜力。发表《长三角森林植被空气负离子监测报告》，首次从森林空气负离子时空差异的角度提出了开展森林康养活动的时间和季节规划的建议；首次证实了森林植物对空气负离子的正向效应。

选择亚热带不同性状植物30余种，分析植物挥发性有机物（BVOCs）释放类型和浓度，开展BVOCs释放生理机制及其环境效应研究，阐明典型植物BVOCs释放时间动态特征及其对环境胁迫的响应机制。

在森林群体尺度上，选取毛竹林、针叶林（杉木林）、阔叶纯林（楠木林）和常绿阔叶混交林等亚热带典型森林类型，开展空气负离子浓度和BVOCs定位监测，为森林康养基地建设、康养项目设计和康养活动规划提供重要科学依据。

同时，与相关森林医学机构合作，开展亚热带常绿阔叶林康养环境对老年高血压病人辅助治疗的医学实证研究，为森林的康养服务和环境利用提供了直接证据。

（四）弃营对毛竹林土壤有机碳积累和固存的影响机制

针对毛竹林弃营现状及发展趋势，在中国东南部选取40个不同弃营年限的毛竹林样地，开展弃营对毛竹林土壤有机碳积累和固存的影响机制研究，阐明了弃营对毛竹林土壤有机碳储量、组成和来源的影响及环境驱动机制。该项成果从微生物角度探析了弃营毛竹林土壤有机碳的变化，研究结果不仅对深入理解陆地生态系统土壤碳循环和评价弃营毛竹林在减缓全球变暖的作用具有重要科学意义，而且可为日益扩展的弃营毛竹林可持续管理战略的制定提供科学依据，以实现弃营毛竹林新的经济和生态平衡。

10年来，亚林所天然林生态研究团队发表研究论文70余篇，其中SCI论文约30篇，出版专著4部，获授权发明专利2件；培养正高职称2人次、副高级人才4人次，浙江省"新世纪151人才工程"第二层次人才1人，博士硕士研究生约20人。

在基地建设方面，进一步完善国家林草局钱江源森林生态站建设，自2018年以来，在国家林草局组织的陆地生态系统定位观测研究站年度考评中，连续获"优秀"等次，在国家陆地生态系统定位观测研究站综合评估（2017—2021年）中，被评为"优秀站"，并获通报表扬。

二、学科发展展望

亚林所天然林生态研究紧跟国际生态学研究热点，顺应国家和行业对天然林保护需求，未来将在天然林生态系统重要过程和格局、天然林生态系统服务及其价值实现、天然林保护修复技术等方面开展以下研究工作：

（一）进一步深化全球变化对亚热带天然林系统影响研究

开展干旱胁迫、人为经营干扰等对亚热带典型森林生态系统碳氮水循环影响研究，厘清气候干扰与森林生态系统抗性和弹性关系，重点关注干旱等环境胁迫、生物质炭添加、经营方式改变等对典型森林生态系统结构、过程和功能的影响机制；提出应对气候变化、适应环境变化的森林生态系统构建和改造技术体系。

（二）开拓天然林生态服务与人类健康研究

在亚热带典型森林生态系统长期定位观测基础上，拓展对天然林森林生态服务功能评价及生态产品价值核算研究，阐明森林环境与人类健康的相关关系，分析森林康养因子变化动态、发生规律及其对人类生理、心理健康影响及其机制，全面评价森林生态系统服务及其价值；开展森林康养规划和康养产品设计研究，为贯通森林生态产品价值实现途径提供科技支撑。

（三）开展亚热带天然林保护和恢复理论和技术研究

以本地区国家公园和其他自然保护地为重点区域，研究分析我国东部天然林群落分布、保护现状及其功能地位，阐明天然林退化动态及环境和人类干扰驱动机制，分析退化天然林固碳等环境效应，研发亚热带东部地区天然林保护修复技术。

第三节 湿地生态（自然保护地）

2002 年，亚林所在土壤生态、植物生态和水环境研究基础上，组建了湿地生态研究组，以我国亚热带海岸湿地和城市湿地为主要研究对象，结合湿地保护与恢复工程，开展湿地生态系统时空变化过程与环境要素的关系、受损湿地生态系统修复、健康湿地生态系统科学利用与管理等研究。2003 年 12 月，建成中国林科院杭州湾湿地生态系统定位观测研究站，2005 年纳入国家林业局陆地生态系统观测研究网络。2011 年建设了国家林业局杭州西溪湿地生态系统定位观测研究站。2019 年增加自然保护地研究职能。

湿地生态研究组目前拥有固定研究人员 7 人，分别从事土壤生态学、动物学、环境科学、植物生态学等专业，另有流动研究人员（研究生）10 多人，客座研究人员多名。近 10 年来，共获得国家、省部级和地方研究项目 60 多项，获得湿地生态有关研究成果 4 项，主持起草浙江省地方标准 3 项，发表论文 70 多篇，出版专著 3 部，团队获得浙江省林业局"全省林业科技工作成绩突出集体"（2022 年）称号。

一、学科发展成就

（一）湿地演变与资源监测

系统开展了杭州湾及浙江省滨海湿地演变与资源监测研究。以杭州湾滨海湿地为研究区，基于1973—2015年的Landsat长时间序列遥感影像，提取每五年的滨海湿地信息，分析了42年间杭州湾滨海湿地土地覆盖变化，阐明杭州湾湿地资源变化的自然和人为因素；开展了1986—2016年浙江沿海湿地土地覆盖类型动态变化监测，明确了土地覆盖变化频度空间分布特征及土地覆盖发生变化的具体时间，重建了浙江滨海湿地类型历史变化等。研究内容获国家林业公益行业专项（1项）和浙江省—中国林科院合作重大项目（2项）资助，成果获得2013年度浙江省科技进步奖二等奖1项，为全面掌握全省湿地生态系统构成、分布与动态变化，及时评估和预警生态风险提供基础。

（二）滨海湿地生物地球化学过程

基于"双碳"目标，开展了我国滨海盐沼湿地土壤有机碳、铁的价态与形态以及铁结合态碳的分布格局与调控因子；定量评估了盐沼湿地土壤有机碳密度、总有机碳储量和铁结合态碳的贡献。研究内容获国家自然科学基金项目（2项）、浙江省自然科学基金项目（2项）和浙江省领雁项目（课题1项）资助，并负责编制了《浙江省碳达峰碳中和科技发展蓝皮书》湿地碳汇内容。研究成果加强了人们对滨海盐沼湿地生物地球化学循环过程的认识，服务了滨海湿地生态系统的恢复和管理。

（三）滨海湿地水鸟迁徙与栖息地恢复

通过在杭州湾湿地开展长期的水鸟环志和卫星跟踪，获取了鸻鹬类在东亚—澳大利西亚之间的迁徙路线和关键停歇地，验证了杭州湾湿地在全球鸟类迁徙通道的关键节点和重要地位；通过开展国际合作，补充并完善了在蒙古国栖息的鸻鹬类在我国沿海地区的迁徙路线和停歇地，同时发现了经过我国内陆地区前往南亚越冬的迁徙路线；结合杭州湾湿地鸻鹬类、雁鸭类等水鸟的野外观测和卫星跟踪，开展了水鸟栖息地恢复的试验研究，并在上海崇明东滩鸟类国家级自然保护区和浙江杭州湾国家湿地公园建立了超过6000亩的水鸟栖息地恢复示范区。在濒危物种研究和保护方面，首次精确统计了卷羽鹈鹕东亚种群的数量，为卷羽鹈鹕东亚种群的保护和壮大提供科学技术支撑。研究内容获国家重点研发计划项目（任务1项）资助，认定成果3项，起草《滨海湿地水鸟栖息地恢复技术规程》浙江省地方标准1项，有力支撑了我国滨海湿地水鸟栖息地的保护和修复。

（四）外来生物入侵与防控

针对滨海湿地及围垦区外来植物加拿大一枝黄花和互花米草入侵对滨海湿地生态系统的危害的问题，展开了滨海湿地外来植物入侵机理和控制技术研究。系统研究和建立了综合利用化学防治和本地植物替代方法进行入侵植物防治的技术系体系，提出了草甘膦等除草剂的最佳喷施季节和浓度；明确了替代入侵植物的主要本地植物种类及其配置方法和技术，并以此申报国家发明专利1件。研究内容共获得3项国家自然科学基金、1项浙江省自然科学基金项目和1项浙江省基础公益研究计划项目资助，为入侵植物治理实践奠定了坚实的基础。

（五）人工湿地构建

针对长三角地区河湖湿地、滨海地区微咸水以及农村生活污水等净化需求，在系统研究了自然湿地土壤—植被系统氮磷储量分配特征、削减过程及截留效应基础上，开展了人工湿地基质、植物配置及微生物强化研究。起草《人工湿地处理分散点源污水工程技术规程》浙江省地方标准1项，编制《浙江省湿地生态修复技术指南》1份。研究成果为浙江省乃至长三角地区人工湿地、农村生活污水、河湖水质净化机理研究及其推广提供理论和技术基础。

（六）自然保护地生态管理

围绕建立以国家公园为主体的自然保护地体系过程中生态管理需求，开展了浙江省30余处湿地类型自然保护地整合优化、湿地公园总体规划、自然资源和生物多样性调查、外来入侵生物普查、建设工程生态影响评价和生态系统服务功能提升等研究和示范，涉及浙江省主要河流、湖泊、滨海、沼泽、人工湿地等5大类型的代表性湿地生态系统。以杭州湾滨海湿地和西溪城市湿地生态系统为例，研究湿地生态系统监测和评估指标体系，提出湿地生态监测体系构建技术，成果应用于浙江杭州湾、杭州西溪、浦江浦阳江等国家湿地公园以及景宁望东垟高山湿地自然保护区。研究内容争取横向科技服务项目40余项，起草《湿地公园生态管理技术规范》浙江省地方标准1项，获得全国林业优秀工程咨询成果一等奖1项，浙江省林业优秀工程咨询成果二等奖2项和三等奖1项。

二、学科发展展望

亚林所湿地生态研究组将围绕国家生态安全与生态文明建设需求，进一步加强人才队伍和科研基地建设，立足于我国长江三角洲经济发展与环境资源矛盾突出区域，继续凝练科学问题，明确湿地生态系统的结构、功能、演替与生物多样性维持机制，研发自然保护地保护和恢复、规划与监测评估等技术，围绕湿地生态过程与恢复技术、景观规划与生态设计、自然保护地监测评估三大领域展开学科建设工作。

第四节 生态修复

党的十八大把生态文明建设纳入社会主义现代化建设总体布局中，确定了生态文明建设的战略地位。生态系统保护与恢复是生态文明建设的重要组成内容，更是林草行业的重要职能。亚热带地区水热资源充沛，红壤区、石漠化区水土流失问题突出，矿区及工业区污染严重，导致水土环境污染，是生态保护与修复的重要区域。为适应形势发展需要，亚林所在人居环境工程研究组的基础上于2020年组建了生态修复研究组，深入开展亚热带地区典型脆弱生态系统的评价与修复规划、生态系统退化过程及驱动机制、植被修复与管理技术研发及效益评价等研究。

近年来，围绕脆弱生态系统修复与管理，团队主持承担了国家重点研发计划场地污染土壤成因与治理技术专项课题、典型脆弱生态系统保护与修复重点专项专题、国家自然科学基金面上及青年项目、浙江省重点研发计划等重点项目10余项，取得了显著的研究进展。

一、学科发展成就

（一）水源地低效林结构优化与净水功能提升技术

聚焦饮用水源地森林的水质净化作用，针对人工纯林、低效公益林的水质净化等生态功能低效问题，生态修复研究组在"十三五"国家重点研发计划"典型脆弱生态系统保护与修复"专项项目子课题"低效防护林群落空间结构优化与水质净化技术"、国家自然科学基金青年基金"基于氮氧双同位素解析大气沉降氮在典型水源林的迁移转化过程"、国家林业公益性行业专项"长三角水源区面源污染林业生态修复技术研究"等支持下，进行了系统研究，研发出以水源地林区水土流失型面源污染发生机制、低效林复层结构配置及经济型地表植被营建、集水区植被缓冲带耦合塘渠—湿地高效削减水体污染物等关键技术为主体的长江经济带低效人工林结构优化与净水功能提升技术，在浙江、江苏和上海等地推广应用37000余亩，经济、生态和社会效益显著，有力支撑了区域水环境生态工程建设。相关成果发表论文 50 余篇（其中 SCI 收录 10 余篇），出版著作 1 部，获授权发明专利 4 件，获得浙江省"科技兴林奖"一等奖。

（二）金属矿区及重度污染土地生态修复与安全利用技术

金属矿区及周边土壤重金属污染严重，严重威胁生态环境、人居质量及人民健康，是长江经济带生态保护与修复的重点对象，而我国针对金属矿区及重度污染土壤的生态修复技术和标准相对匮乏。生态修复研究组在"十三五"国家重点研发计划"场地污染土壤成因与治理技术"专项项目课题"锑矿生态破坏区土壤基质改良材料与生态修复技术"、国家自然科学基金面上项目"竹炭促进沙柳镉转运和积累的生理生态机制"、国家自然科学基金青年基金项目"微纳米富磷生物炭强化苏柳修复矿区重度镉污染土壤机制研究"、浙江省重点研发计划"重金属污染土壤修复材料与技术的研发与应用"等重点项目资助下，开展了系统研究，并取得重大进展。建立了高准确度的木本植物重金属修复潜力综合评价方法，筛选出一批重金属重度污染土壤修复的优新树种，如黄连木、纳塔栎、亮叶桦等，揭示了树木对重金属的吸收转运过程和调控机制；创制了农林废弃物源生物炭基土壤调理剂，研发了高效土壤调理剂—优新树种联合修复技术；研发出修复用途特色苗木生产模式为主的重金属重度污染土地安全利用模式，优选出重金属污染土壤修复的复层群落配置模式，开发了铜矿尾矿区生态修复与景观营建一体化模式等关键技术；集成了金属矿区及重金属污染地生态修复营建技术体系，主持起草地方标准《重金属污染立地生态修复林营建技术规程》，在湖南郴州、安徽铜陵、浙江杭州等地建立示范林 2300 余亩。相关成果在《Journal of Hazardous Materials》、《Journal of Applied Ecology》等专业期刊发表 SCI 论文 30 余篇，其中 2 篇连续入选 ESI 高被引论文，获授权发明专利 1 件。成果可为长江经济带重金属污染的生态修复提供技术支撑和指导规范，具有较强的实践价值。

（三）滨海盐碱地土壤改良及景观林营建技术

滨海盐碱地面积巨大，具有水涝、盐渍、瘠薄等胁迫特征，是沿海生态建设和人居环境质量提升的难点。在浙江省重点研发计划、省院合作项目等支持下，生态修复研究组针对浙江滨海盐碱地植被恢复及乡村景观提升问题，筛选出盐碱地植被恢复优良植物材料 20 多种，研发出重度盐碱地"生物炭基"土壤调理剂及其施用技术，形成重度盐碱地土壤"微区改良"快速植被恢复技术，优选出盐碱地生态修复的生态经济林营建模式，提出了浙东平原乡村"四旁"景观林带营建技术；并在杭州湾、黄浦江沿岸以及江苏东台等地沿海防护林营建、改建过程中推广应用。起草浙江省地方标准《弗吉尼亚栎规模化繁育及造林技术规程》和《乡村人居林营建技术规程》，为浙东平原乡村绿化提供技术规范。

（四）喀斯特石漠化山地人工促进植被恢复技术

依托贵州普定石漠生态系统国家定位观测研究站，研究人员在"十一五"科技支撑"石漠化综合治理与植被恢复技术"专题、"十三五"重点研发专项"石漠化地区抗逆能源植物筛选与生物能源林质量评价技术研究"、国家自然科学基金面上项目"石漠化裸岩引发环境异质响应及其对植被恢复的影响"、国家自然科学基金青年项目"喀斯特露石土壤斑块优势灌木火棘实生苗定居机制研究"等项目的资助下，针对人工促进植被恢复存在的适宜造林树种缺乏、造林成活率保存率低、恢复质量与效果不理想、可持续性差等问题，以我国西南石漠化问题突出的滇东、黔中、桂西3个典型石漠化区为研究区域，开展跨气候带与行政区划的石漠化植被恢复特征和人工促进植被恢复技术研究。相关技术成果的应用，有效减少了水土流失，促进了我国石漠化区的植被恢复与生态建设。在《Catena》、《Plant Biology》、《中国岩溶》等国内外期刊发表科技论文20余篇，起草林业行业标准2项，获国家发明专利4件（其中国际发明专利1件），获得第十届（2019年）梁希林业科学技术奖科技进步二等奖。

二、学科发展展望

随着生态文明建设的深入和国家"双碳"目标的提出，生态修复学科迎来了新的发展机遇。在新的形势下，生态修复学科迫切需要从生态修复的前期诊断规划、生态修复材料与技术研发、生态修复工程的后期监测评价，形成一套系统化、可推广复制的技术解决方案，特别注重乡土植物资源的深入挖掘与选育，结合生物地球化学循环理论，优化土壤改良与植被恢复技术，构建起生态修复全链条技术体系。

在生态修复关键过程和环节上，生态修复研究组将持续关注植物适应性性状解译、困难立地土壤—植物根际互作过程、土壤高效改良材料研发、低成本的地下—地上耦合的困难立地植被群落和高效培育体系构建等内容，建立生态修复场地长期监测平台，强化修复过程的生态系统服务功能的科学评估。通过持续的科研积累，生态修复学科将在新时代的背景下，在国土绿化和生态增汇方面发挥支撑作用，为建设生态文明8和美丽中国做出更大的贡献，促进亚热带地区生态、经济和社会的协调发展。

第六章
木竹育种与培育

木竹育种与培育学科群布局建设林木遗传育种与培育、林木种质资源、特色林木资源育种培育、竹资源培育4个研究组。

第一节 林木遗传育种与培育

林木遗传育种是研究森林遗传理论和树木改良方法的一门传统学科，随着现代科学技术的发展，特别是分子生物学技术的迅猛发展，当今林木遗传育种学正在不断拓展深化并显示出新的活力。林木育种成果将带动林木种业的革命，林木培育技术与良种良法的推进对于森林产量和质量提升具有举足轻重的作用。近十年来，亚林所分子辅助育种和高效栽培技术是林木遗传育种与培育研究领域的主要研究方向。

一、学科发展成就

（一）马尾松育种与培育

（1）马尾松高世代育种技术。自"十三五"开始，亚林所林木遗传育种与培育研究组围绕速生、优质和抗松材线虫病等制定了多目标的高世代育种策略，推进全国马尾松进入第3代育种阶段，并先后得到了浙江省林木新品种选育重大专项、中国林业科学研究院基本科研业务费重点项目和江西省林业科技创新项目等资助。根据二代育种亲本生长、花期同步性和遗传距离等选配杂交亲本，创制杂交组合 160余份。"十四五"期间，研究组主持了国家重点研发计划"南方速生林木新品种选育研究"项目，设置"马尾松高抗高生产力新品种选育研究"课题，构建高效精准的育种技术体系，提升我国马尾松良种质量和育种技术水平，保障国家木材安全及林业高质量发展。

（2）马尾松良种丰产和壮苗培育技术。"十三五"期间，团队主持了国家重点研发计划"马尾松高效培育技术研究"项目，设有"马尾松良种丰产及壮苗繁育技术研究"课题，创新提出了动态更替式的马尾松矮化种子园建园技术，基于遗传增益评价精选花期同步的建园无性系，并提出了矮化修剪、养分管理和激素促产等为核心的种子园丰产技术，良种产量整体上提高了 21.3%，解决了采种难、种子产量和遗传增益低的关键技术瓶颈。出版专著《马尾松种子园》。为解决马尾松优质壮苗问题，团队还深入开展了马尾松轻基质容器苗精准化和菌根化育苗技术研究，优化了马尾松育苗轻基质配方、控释肥养分配比和施用量，平均苗高和地径生长量分别比对照提高了 15.4% 和 9.2%。

（3）马尾松抗松材线虫病育种。2015 年以来，团队开始了马尾松抗松材线虫病育种研究，在科技创新 2030—生物育种课题、国家自然科学基金项目和浙江省重点研发项目等支持下，收集疫情重灾区优良抗性候选树，并依据松脂性状与抗性的关系，从淳安县姥山林场国家马尾松种质资源库选择抗性候选树，安徽省林业科学研究院徐六一研究员还惠赠了部分抗性马尾松无性系，在临海嫁接保存，经过连续 3 年强度接种松材线虫和后续长期观测，筛选出抗性无性系 16 个，构建马尾松抗性种质收集库 20 亩。此外，基于全基因组选择育种技术，完成了马尾松全基因组的 SNPs 筛选，整合抗病候选基因，成功合成了马尾松 100 K 液相芯片。研究成果"马尾松高生产力高抗良种选育和种子园矮化丰产技术"分别获第二十二届（2022 年）浙江省"科技兴林奖"一等奖和第十三届（2022 年）梁希林业科学技术奖科技进步三等奖。出版专著《马尾松抗松材线虫病遗传改良》。在开展马尾松抗性育种的同时，团队还深入开展马尾松抗松材线虫病生理和分子机理研究。

（4）马尾松多功能高效培育技术。团队主持了"十三五"国家重点研发计划"马尾松高效培育技术研究"项目，在 4 个方面取得了重大进展：一是突破了马尾松种子园良种丰产和壮苗培育关键技术，有效满足了马尾松大径材和材脂兼用林等造林良种需求；二是初步构建了马尾松大径材高效培育技术体系和模式；三是在材脂兼用林高效培育技术和模式上取得重要进展；四是构建了马尾松可持续经营技术。"十四五"期间，团队主持了国家重点研发计划"马尾松人工林多功能培育技术"项目，提高了林分生产力和大径级材出材率，并显著提升碳汇能力和综合效益，降低松材线虫病发生率，有力服务我国木材安全、生态安全、"双碳"目标和乡村振兴战略。

（二）杉木良种选育与培育

（1）杉木高世代育种技术。"十三五"以来，在浙江省林木新品种选育重大科技专项"速生建筑用材树种高世代良种选育"课题和中国林业科学研究院基本科研业务费重点项目"杉木优质高抗良种选育研究"等专题资助下，亚林所林木遗传育种与培育研究组在杉木三代种子园中开展了新种质创制。"十四五"期间，"杉木优质高效双系杂交新品种选育研究"被列为国家重点研发计划，团队还承担浙江省林木新品种选育有关专题，针对杉木高增益良种市场递进需求及增益提升关键技术瓶颈，系统开展杉木第三代育种亲本子代遗传增益评价，先后从三代种子园子代测定林、杂交子代测定林和无性系测定林中选择出优良单株126个，营建了杉木第4代育种群体，开启了浙江省第四轮杉木育种研究。同时，补充收集了国内杉木中心产区的三代优树无性系种质49份、红心杉二代优树无性系种质16份和铁心杉优树种质18份，丰富了杉木育种资源。

（2）杉木杂种优势创制和利用。基于高世代轮回选择策略开展杉木多目标性状的优良亲本选择，团队采用等位酶技术和生理学方法等，优化了杉木杂交育种亲本选配方法，加强优异性状聚合杂交，先后创制杂交新种质300余份。近10年来，审（认）定省级杉木良种8个，其中C25-3×B109-3杂交组合4个，在龙泉建立了杉木多重双系种子园40亩。

（三）珍贵用材树种和乡土阔叶树的育种与培育

（1）木荷育种与培育技术。木荷属山茶科木荷属常绿大乔木，为我国亚热带地带性常绿阔叶林主要建群种，不仅是主要的高效生态防护和生物防火树种，而且是重要的优质用材树种。从2001年开始，研究团队启动了木荷育种，加强与浙江、福建、江西和重庆等地科研和生产单位的协作，同时开展配套的育林技术研究。近十年来，研究先后得到国家重点研发计划、浙江省林木新品种选育重大专项、江西省林业科技创新项目等的资助。在木荷种源试验和优良种源选择的基础上，进一步开展木荷优树的增选，在浙江龙泉共计嫁接保存优树无性系903个，构建了我国最大的木荷育种群体，被认定为省级林木种质资源库，并在江西信丰和福建华安备份保存。对保存的种质进行生长、开花性状及遗传多样性等系统评价，构建了包括115个优树无性系的核心种质，为我国木荷长期育种奠定了坚实的物质基础。技术成果"木荷育种体系构建、良种选育和高效培育技术"分别获第九届（2018年）梁希林业科学技术奖二等奖和2019年度浙江省科学技术奖二等奖。出版专著《中国木荷》。

（2）柏木育种技术。团队接受了"十三五"、"十四五"浙江省林木新品种选育重大专项柏木育种任务，在浙江、四川、重庆、湖南、湖北、贵州等地，以珍贵用材品种为培育目标，大规模开展优树选择，为柏木长期育种和杂交亲本选配奠定了坚实基础。技术成果"柏木良种选育和繁育关键技术及应用"分别获第二十一届（2021年）浙江省"科技兴林奖"科技创新类一等奖。

（3）红豆树和赤皮青冈等育种与培育。红豆树、南方红豆杉、浙江楠、闽楠和赤皮青冈等皆是我国南方特色的珍贵用材造林树种，针对这些珍贵树种种质资源稀少濒危、良种缺乏、育苗和栽培技术落后等问题，团队通过10余年的协作攻关，构建了较为完善的良种选育和高效培育技术体系。研究成果"红豆树和楠木等珍贵树种种质发掘利用与高效培育技术"于2022年通过由浙江省林学会组织的科技成果评价，有力支撑了国家储备林、森林质量精准提升、生态修复等林业重大工程等建设，尤其是有力支撑了《浙江省新植1亿株珍贵树五年行动计划（2016—2020年）》；技术成果"南方红豆杉多元化培育与利用关键技术及应用"获第十二届（2021年）梁希林业科学技术奖科技进步二等奖。出版专著《南方红豆杉多元化培育与利用》和《四种南方珍贵树种培育技术》。此外，与浙江省建德市合作完成的技术成果"建德市珍贵树种发展成效与推广"获第二十三届（2023年）浙江省"科技兴林奖"推广应用类一等奖。

二、学科发展展望

进入新世纪，以基因组学、蛋白组学等为代表的前沿技术迅猛发展，推动了林木遗传育种学科的快速发展。森林多目标经营理论得到广泛应用，森林多功能利用研究得到日益重视。林木良种培育正向多目标、多途径，及高产、优质、高抗的方向发展。

接下来，亚林所林木遗传育种与培育研究组团队首先要突破马尾松人工林大径级材、提质增汇和林下仿野生栽培等多功能培育技术，提高其生态和经济等综合效益，降低松材线虫病发生率，服务我国木材安全、生态安全和"双碳"目标，助力乡村振兴；同时，急需研究提出楠木、赤皮青冈和南方红豆杉种子园矮化丰产，以及红豆树和赤皮青冈扦插育苗产业化技术，突破组培苗培育技术瓶颈，加速珍贵树种育成良种的推广应用；还要开展以适地适品种造林为核心的森林质量精准提升和快速增汇关键技术研究，促进形成健康优质、系统稳定和生物多样性丰富的森林生态系统，不断为森林质量精准提升、"碳中和"战略目标实现和山区林农增收提供技术支撑。

第二节　林木种质资源

林木种质资源是国家的重要战略资源，是遗传多样性和物种多样性的基础，关系到国家的生态安全和经济社会的可持续发展，同时也是国家科技体系建设及科技创新的一项重要保障。林木种质资源为林木育种提供基因来源，促进林木遗传改良，提高林木生产力和适应性。针对我国林木种质资源丰富，但存在收集保存不足、评价利用不够等问题，亚林所林木种质资源研究组以亚热带地区重要用材、生态和经济树种为主要研究对象，分阶段开展了一系列卓有成效的种质资源收集、评价以及优新良种选择培育技术利用研究。亚林所林木种质资源研究团队是国家级林木种质资源科研支撑、保存和研发的亚热带地区一级节点，对国家林木种质资源库负责。其中湿地松、火炬松、无患子和椿树等种质资源评价、创新及良种开发应用技术成果支撑了我国中北亚热带地区90%以上的资源应用和良种建设，引领相关科技创新和发展，处于国内行业领先水平。

一、学科发展成就

（一）综合成果

亚林所林木种质资源研究组以高效经济、生态建设树种的种质资源发掘、收集、创新、评价与利用为主线，开展林木重要性状遗传变异规律研究和优异种质资源的选育。主持了一系列国家级种质资源调查和研发项目。牵头组建了国家林草国外松工程技术研究中心、国外松国家创新联盟、椿树国家创新联盟等省部级科研平台。目前已经建立起亚热带地区主要用材、经济树种编目信息及其种质资源简易特征信息数据库，完成湿地松、椿树、无患子和含笑等主要种属高质量基因组序列测序和组装，系统阐明了重要经济、观赏性状的遗传变异规律。在国内外核心期刊发表论文 100 多篇，其中 SCI 一区 TOP 期刊论文 20 多篇，出版和参与出版专著 10 部，获授权发明专利 30 多件，起草行业标准、地方标准 4 项，选育相应种属优异种质资源 100 余份，获得国家林草局授权新品种 10 余个、国家或省级林木良种 30 多个，鉴定、认定成果 10 余项，获得省部级奖励 5 项。近年来，亚林所林木种质资源研究组在湿地松、火炬松基因组、表型组等基础研究方面获得重大进展，在良种选育应用方面成果显著，整体达到国际先进水平。

（二）基于育种群体的表型和分子选择育种体系

根据松树育种群体的表型和基因型特征，开拓了松树转录组、基因组等大数据育种体系，基于全基因组关联分析（GWAS）和全基因组选择（GS）的分子标记辅助育种技术得到进一步完善，为精准高效国外松育种体系建设奠定了基础。总结近 10 年成果，完成"国外松多目标育种群体构建关键技术及应用"技术成果鉴定，总体达到国际先进水平。以林木种质资源中较为重要的木材、叶片叶色和生理等表型为研究对象，利用室内近红外光谱技术，探索林木种质资源表型的快速鉴定方法。揭示了林木表型对光谱吸收和反射的响应机制，筛选了多种林木目标表型的重要光谱特征波段，明确了不同表型近红外光谱最佳的样品采集位置、时间和采集强度，并利用偏最小二乘法以及多元显著相关算法，创建了近红外光谱的快速预处理以及目标表型的重要光谱特征快速筛选体系，为构建鲁棒性精准估测模型奠定了理论基础。首次系统挖掘湿地松 TPS 基因，鉴定了 3 个新的 TPS 基因。松脂是萜烯类化合物的混合物，萜烯合成酶（TPS）是萜类化合物合成最关键的酶，决定了萜类化合物的多样性，鉴定湿地松 TPS 基因功能可以为精准调控松脂合成研究奠定基础。TPS 功能鉴定依赖组学检测、生物信息分析技术及分子验证手段。首次发布湿地松三代全长转录组，并利用生物信息学方法鉴定 52 个 TPS 候选基因，基于 240 个样本的转录组数据分析结果显示 8 个基因在未成熟木质部中表达，并与相关产物量呈现正相关关系。克隆并揭示 8 个基因的功能，通过同源比对鉴定 5 个已知功能的 TPS。

（三）松杉经营培育

综合评价关键技术措施影响湿地松目标林（材）种生产的效应，制订优化的目标林（材）种培育模式。重点调查了中龄林间伐强度试验效果，跟踪观测不同强度间伐后至下次间伐前采脂木产脂量水平、中大径材目标树因竞争解除的生长加速效果。随着间伐强度的提高，对保留立木的生长和产脂量有不同层次的提高，其中活立木保留株数为 1000 株 / 公顷的效果最佳，可提高单株年平均材积生长量 16%、年平均胸径生长量 14%、单株产脂量 83%。通过单株材积生长量和产脂量综合评价得出，林分密度在 1000 株/公顷时，整个林分的生产力达到最优。

（四）可食用林产品选育

香椿广泛分布于全国 22 个省份，已有 2300 多年的栽培历史。香椿是我国传统优质用材，被誉为"中国桃花心木"；椿芽、椿皮、椿籽等均富含蛋白质、维生素、微量元素、多酚、黄酮素等营养和药用成分，具有抗氧化、抗菌、降血糖、降脂、抗癌等功效。由于其兼具较高的材用、菜用和药用价值，香椿产业市场发展前景广阔。亚林所林木种质资源研究团队选育了椿秋红等香椿良种，微量元素、蛋白质等含量高，品种产量比对照品种提高 20%，核心营养成分含量比对照品种提高 20%。此外，针对目前香椿产业发展现状和问题，围绕基地建设、苗木繁育、品种改良、产品研发和加工、标准建设、市场推广、品牌建设、产业布局、产业规划等对乡村振兴做全方位支撑。

（五）皂素原料林建设

建设了全国首个龙山林场无患子国家种质资源库，选育了无性系种子园等良种，其中'亚新 1 号'无患子获得省级良种审（认）定，支撑了贵州独山县科技帮扶工作，以及湖南省石门县无患子种质资源库建设等。

二、学科发展展望

种源安全关系到国家安全，种质资源发掘、收集、创新、评价与利用是国家战略，也是林学学科的核心科学问题。亚林所林木种质资源研究组已经成为我国亚热带地区林木种质资源性状评价和优良种质挖掘应用的核心团队，在湿地松、火炬松、椿树、无患子和含笑等主要种属的资源保存和良种化应用上处于国内领先水平，部分达到国际先进水平，支撑了相应树种在南方的主要资源库和良种建设。在新的历史时刻，亚林所林木种质资源研究组将在种质评价与利用上快步踏入生物大数据和生物智能时代，努力在体现生物特征各层级的组学和体现数据处理利用的大模型领域，站在学科发展的制高点上。

第三节　特色林木资源育种与培育

亚林所特色林木资源育种与培育研究团队紧紧围绕国家木材安全、乡村振兴和共同富裕战略需求，针对山苍子、油桐、栎树良种缺乏的问题，开展精准定向育种与示范推广研究。

近十余年来，团队在国家重点研发专项、国家林业局"948"项目、"十一五"国家科技支撑专题、国家自然科学基金项目、浙江省"十三五"和"十四五"重大专项等资助下，重点对山苍子、油桐和栎树开展良种选育研究。构建了山苍子高质量染色体级别基因组图谱，揭示了山苍子特有基因簇TPS32s、MYB-ADH精准调控柠檬醛的高效合成；解析了油桐抗枯萎病的分子机制，为种质精准评价和创制提供了理论基础，成果发表在《Nature Communicaitons》等期刊。开发出主效功能成分高通量无损早期评价模型，以及关联分子标记辅助早期精准鉴定技术，依托"亲本选择—优株选择—无性系选择"育种技术体系，选育出高产功能性山苍子良种5个、高产油桐良种2个和新品种2个。同时突破了良种规模化高效繁育技术和高效栽培技术，产量较传统模式提高5倍以上。繁育良种壮苗5万余株，在浙江、广西、江西、重庆等省、市营建良种试验示范林10万亩，辐射推广50万余亩，带动当地林农就业，有效助力乡村振兴。

一、学科发展成就

（一）山苍子功能性良种选育

山苍子在乡村振兴和健康中国等国家重大战略中具有重要作用，但面临功能性品种缺乏、精准育种技术及理论基础薄弱等难题，亚林所特色林木资源育种与培育团队研究揭示了山苍子主要功能成分合成的分子机理，突破了高产高品质精准育种关键技术，定向选育了山苍子"香玲珑"系列良种5个，研发了系列产品，构建了全产业链技术体系，促进了产业全面升级。

团队绘制了首个山苍子高质量全基因组图谱，揭示了樟科植物萜类化合物多样性形成机制；构建了涵盖功能性状高通量无损评价复合模型；解析了种质资源功能性状变异规律和遗传多样性，构建核心育种资源群体；建立了山苍子规模最大、资源最丰富的种质资源保存体系，共收集和保存我国12个省（自治区、直辖市）的368份种质资源，建立了省级种质资源库2个。

上述研究成果是在国家重点研发计划项目、林业行业重大科技专项、国家自然科学基金和浙江省林木"十三五"和"十四五"新品种选育重大项目等10余项的支撑下完成，为木本次生代谢产物研究提供了技术平台，为柠檬醛、芳樟醇等萜类活性物质生物合成和开展林源次生代谢产物相关的精准育种提供了理论基础。其中，"绘制首个山苍子基因组图谱"被科学网评为2020年中国农业科研32大"亮点"之一，"樟科植物萜类化合物多样性形成机制"荣获2022年中国林科院重大科技成果奖（自然科学类）。同时，团队选育的全国首个山苍子良种——"香玲珑"系列良种在我国南方10余个省份示范推广，对促进林业产业发展、林业行业科技进步和经济社会发展都起到了重要引领和带动作用。

（二）油桐抗枯萎病高产良种选育

油桐产业发展在我国南方贫困山区脱贫攻坚和乡村振兴中起到了重要作用。油桐现在总面积76万公顷，年产桐油42万吨，年产值20亿元。但油桐规模化种植面临枯萎病（俗称桐瘟）的危害，已在全国南方8个省份90多个县市发生蔓延，全国60%以上的油桐林都爆发了枯萎病，经济损失上亿元，严重制约了油桐产业的发展。亚林所特色林木资源育种与培育研究团队筛选出抗枯萎病高产良种2个和新品种3个，在油桐主产区应用推广，支撑南方贫困山区油桐产业健康发展，助推脱贫攻坚和乡村振兴。

研究团队选育出高产良种'金盾油桐'和抗枯萎病砧木良种'金砧1号'，建立了快速直观的"油桐抗枯萎病植株快速筛选技术"，解决制约油桐规模化健康发展的瓶颈问题；形成抗病品种配套嫁接技术，解决砧穗亲和力问题，具有高成活、低成本、零感病的特征；发现抗病油桐品种根际显著富集了枯萎病病菌的天然拮抗菌，揭示抗病品种抗枯萎病作用方式。

研究成果"油桐抗枯萎病家系选育技术及应用"荣获第十一届（2021年）梁希林业科学技术奖科技进步二等奖。选育的抗枯萎病千年桐砧木良种'金砧1号'和高产接穗三年桐良种'金盾油桐'辐射推广至贵州、广西、重庆等地，累计营建油桐抗病示范林8万余亩，带动示范区2000余户就业，户年均收入增加2万~4万元。山区林农走上了共"桐"富裕之路。

（三）栎树材用良种选育

开展了国外栎树引进和国内栎树培育的研究。其中国外栎，从20世纪90年引进25种国外栎树近60份种质资源，并开展多年多点不同生态区造林试验，取得了多项实用性强的成果。选育出纳塔栎、柳叶栎、舒玛栎、水栎、弗栎等国审良种共5个。娜塔栎、柳叶栎已列入上海市公益林主要造林树种推荐目录（第二批）；娜塔栎、舒玛栎等于2018年被列为江西省"四化"建设主推树种之一。良种及培育技术成果已在我国上海、江苏、江西、浙江、安徽、湖北、河南等地进行了一定规模的应用推广，助力我国南方新时代林业建设。

关于国内栎的培育，研究团队在浙江淳安富溪林场建立全国首个栎树国家级林木种质资源库，收集保存栎类4个属30个种3750份种质资源，其中白栎资源350份，麻栎资源240余份。利用简化基因组测序技术对我国13个天然居群中158个白栎个体获得的459564个高质量单核苷酸多态性（SNPs）进行遗传多样性和遗传结构分析。利用全基因组重测序技术对23个种源196个麻栎个体进行遗传多样性和遗传结构分析。麻栎存在4个不同的遗传群体，其中东部和中西部的种群之间存在显著的遗传分化。针对栎树自然状态下生长慢、育种周期长等不利因素，团队筛选了5个速生、分枝少、出材率高的优良栎树种源。

构建了麻栎、白栎等多种栎树组培、扦插技术体系，初步解决了栎树无性繁殖技术问题，为栎树无性系选育提供技术支撑，有利于提高苗木质量，推动苗木生产推广。目前已建立栎树良种示范样板基地近万亩以上，建立规模化苗木繁育基地10处，繁育苗木百万株以上，已辐射推广应用十余万亩以上，大力助力我国新时代林业建设。

二、学科发展展望

山苍子、油桐和栎树等特色林木资源产业发展方式由粗放、单一、低产、低效逐步向精细、综合、高产、高效转化，但由于基础薄弱，仍存在着资源紧缺、生产力和质量较低、综合利用效率不高等问题。因此，加强山苍子、油桐和栎树等特色林木资源集约化、规模化、规范化高效培育技术和资源高值化利用技术研究，对于林业产业的快速发展、我国生态文明建设均具有重要的意义，具有广阔的应用前景。

因此，亚林所特色林木资源育种与培育研究团队将继续紧紧围绕服务国家战略和人民生命健康需求，针对山苍子、油桐、栎树良种资源短缺、高效培育技术欠缺、高值化利用技术创新不足等突出问题，从关键性状形成机制研究、新品种定向培育与种质创新、高效栽培模式与技术创新、提取物高值化应用等方面入手，以支撑国家战略储备资源及其产业发展为目标，充分发挥科技在产业发展中的引领与支撑作用，支撑国家重大战略和行业发展，提升团队科技创新能力和竞争力，为乡村振兴事业添砖加瓦。

第四节 竹资源培育

竹类植物具有笋用、材用、炭用、纤维用、饲用、药用等多种多样的用途和功能，还是生物固碳和生态防护重要植物资源，并为许多野生动物提供了食物和栖息地，是我国乃至全世界非常重要的植物类群。随着全球环保意识的提升，竹子材料因其速生、高产、可降解等特征受到国际社会的认可，2019年以来，中国政府同国际竹藤组织共同发起"以竹代塑"倡议，发布了"以竹代塑"全球行动计划（2023—2030），旨在减少塑料污染、维护地球生态环境。

亚林所自成立伊始，就着手开展竹类植物的基础科学和开发利用研究。竹类研究机构先后经历了"毛竹研究队"、"毛竹试验站"、"毛竹队"、"安吉服务队"、"竹类研究室"等变革，并根据时代发展和体制改革优化的需要，于2019年成立竹资源培育研究组。近10年来，国内外经济、社会、生态等方面发生一系列变化，面临许多新的挑战，亚林所的竹类研究在相关项目的资助下，陆续开辟了一些新的领域，研发了一批新技术成果，在多个省份和地区进行了推广，同时培养了一批青年科技人才。

一、学科发展成就

（一）竹资源库建设及遗传育种

自1974年开始，亚林所以安吉竹博园为基地，开展竹类植物种质资源库的营建工作，陆续开展竹子资源库建设50年，在此期间累积了丰富的理论知识和实践技术，出版了《中国刚竹属》、《中国珍稀竹类》、《浙江植物志》等多部图书，竹种园营建技术在浙江、福建、广东、江西、安徽、广西等省份推广。同时，在浙江安吉、广东茂名、福建华安、福建永安和浙江临安等地技术支撑建设近10个竹种园，收集和保存国产竹类植物500多种，包括珍稀濒危竹类40余种，发现或命名一批竹类植物新种。其中，安吉竹博园作为国内外竹类科研、教学和生产基地的建设典范，受到国内外同行的高度赞誉。在资源库建设的基础上，选育出"黄秆乌哺鸡竹"和"元宝毛竹"两个国审品种，并且在国内外进行了推广栽培，产生良好的经济、生态和社会效益。

利用竹子资源领域的技术优势，开展竹子常规育种技术和分子细胞育种技术的研究。亚林所竹资源培育研究组通过20多年的探索，建立了开花亲本竹的圃地移栽、精细抚育、亲本矮化、专用肥料等配套技术体系，提升了开花结实质量、延长了花期，配置了近20个杂交组合，实现单一杂交组合的子代规模达598个；对杂交群体进行分子水平和表型水平的鉴定，首次开展了重要性状的遗传变异分析，初步筛选出生物量大、耐寒性好、纤维品质优良的无性系并申请了新品种保护；并以大群体为材料，深入开展遗传连锁图谱构建和QTL定位，旨在挖掘重要性状的遗传基础，为定向选育优良种质奠定基础。

同时，基于分子育种途径实现竹类植物种质创新的目的，攻克了竹类植物通过愈伤组织实现植株再生的难题，在国际上率先构建了以孝顺竹、粉单竹为代表的丛生竹愈伤组织培养与植株再生体系，以毛竹、红竹为代表的散生竹体细胞胚胎发生与植株再生体系，并实现了外源基因的遗传转化。两大体系的建立不仅解决了制约竹类植物转基因育种的瓶颈问题，而且在竹子功能基因验证、细胞培养、细胞突变、细胞融合与杂交等细胞工程育种领域开辟了应用前景。

研究组主持了国家"十四五"重点研发计划项目课题"竹子高效植株再生和遗传转化"、"优质纤维用竹种质资源选育"等；国家自然科学基金项目"基于体细胞胚胎发生的毛竹遗传转化体系构建"；国家林草局引进国际先进林业科学技术项目（948项目）"竹类植物种质创新关键技术引进"；浙江省重大科技专项项目"竹子优质、抗逆转基因新品种创制"等。

（二）竹林生态价值及功能发挥与维护

研究组通过解析竹子克隆生长特性及其生态学意义、竹子应对气候变化的响应机制，提出竹林扩张控制技术。同时，通过研究影响生态敏感区、失管竹林生态系统健康的主要因素，构建竹林生态价值与功能评价体系。

结合国家自然科学基金、中国林科院院所基金、浙江省重点研发专项等项目的实施，重点开展竹林界面区入侵机制研究，提出竹林扩张控制技术；揭示竹林土壤种子库与地上植被关系及其主要驱动因子，提出竹林地上植被和生态功能恢复技术。

明确了失管毛竹林植物演替规律和稳定性特征，创新集成了毛竹林扩张控制技术。针对失管毛竹林稳定性下降、强烈扩张等影响区域生态系统稳定性和生态安全等问题，探明了毛竹林下主要木本植物种类、数量和时空分布特征，筛选出了毛竹林下良好生长的乔木树种；明确了林地失管植被演替过程对主要优势树种和毛竹功能性状、建成成本、土壤性状等的影响，而优势树种则通过改变其叶片功能性状，增加叶面积，从而提升碳利用水平和调节叶片建成成本来适应林下光、水和养分资源竞争加剧的生态适应机制，创新集成了林地干扰、长周期伐竹、优势树种定向留养为主的毛竹林下植物更新促进技术和界面区分类定向管理的毛竹林扩张控制技术。

（三）毛竹大径材培育研究与示范

利用浙江省重大科技项目、中国林科院基金项目、中央财政推广项目和浙江省、福建省林业局科技项目，系统开展了"毛竹—土壤—大气连续体"研究，提出了以毛竹伐桩灌水为基础的毛竹大径材培育、毛竹林无水源节水灌溉与抗旱等技术，并在浙、闽、赣、湘、皖、黔等毛竹主产区推广应用超5万余亩，对促进毛竹大径材林、毛竹风景林的建设提供重要支撑。研究成果获第七届（2016年）梁希林业科学技术奖二等奖。

（四）笋用丛生竹种苗快繁技术研究与产业化示范

在"十二五"国家科技支撑计划农村领域项目专题、"十三五"国家重点研发计划项目专题、科技部国家农业成果转化项目和浙江省科技计划项目等支撑下，系统研究了麻竹、绿竹的组培快繁技术体系，并在福建永安林业股份有限公司建立了国内首条年产20株竹苗的丛生竹组培生产线，制定了《丛生竹高效繁殖技术与容器育苗技术规程》，为西南地区和三峡库区麻竹、绿竹产业的发展提供了重要支撑。

（五）竹基食用菌筛选及其竹林下仿野生栽培

近年来，竹资源培育团队开创了竹子利用的新领域——竹材的生物（食用菌）利用。利用国家林业行业专项、浙江省—中国林科院省院合作项目、宁波市科技创新2025重大专项等6个项目，围绕团队主要研究方向，依托丰富的竹林及竹材废弃物资源，研发食用菌竹质基质发酵处理方法，筛选出一批适合林下种植的竹基食用菌（竹荪、大球盖菇、羊肚菌、黑皮鸡枞菌、竹耳等），构建了食用菌竹林下适生环境，创新食用菌野外种植方法和模式，提出了竹荪、大球盖菇两步法栽培技术，创新了羊肚菌避免高温危害的生境构建和竹耳竹林下立体种植技术。提出了竹荪、大球盖菇、羊肚菌等主要食用菌的竹林下仿野生栽培技术，创新不同食用菌种类的季节搭配、空间立体搭配模式，提高单位面积的年度产值和效益。根据不同类型食用菌的特点，开展了鲜菇保鲜或干制技术研究，研发出竹荪烘干和大球盖菇、羊肚菌、黑皮鸡枞菌、竹耳等鲜菇保鲜和简单加工技术，延长了菌菇产品的销售期，有助于竹林下食用菌产业的发展,为竹乡的振兴和共同富裕奠定了基础。该成果已在核心期刊发表论文10篇,获授权国家发明专利2件;起草地方标准1项;举办培训班50余期,受训林农3500人次;培养研究生4名,累计建立试验示范林50余公顷,推广面积超过4000多公顷,增加竹林经济效益120000元/公顷以上。研究成果将为国家乡村振兴和共同富裕提供重要的支撑。

(六)毛竹原竹纤维的物理制备技术研究与"以竹代塑"应用

利用安吉县绿色竹产业创新服务综合体重点研发项目,与安吉竹能生物质能源厂合作研发了基于物理方式的环保友好型毛竹原竹纤维提取技术,研发了原竹纤维制备的刨切机、高频震荡三素分离机等关键设备,获得2件发明专利授权,并在一次性纤维餐盒、可降解膜、可降解花盆、竹纤维填充被、竹纤维袜子和食品级用纸等"以竹代塑"产品开发方面开始大规模应用,具有广阔的应用前景,对提高毛竹材价格和促进毛竹资源的发展具有重要作用。

二、学科发展展望

社会在发展,人类在进步,竹类植物的科学研究和推广应用需要适应当前及未来的社会变化,特别是针对我国竹产业发展出现的"瓶颈"难题,迫切需要科技的强力支撑,因此,亚林所竹资源培育研究组在当前及今后相当长的时期内,需要重点开展以下工作:首先是以重要竹种为对象,重点开展竹子产量和品质形成基础机制研究,针对竹材、竹笋重要性状改良,开展竹子育种技术和育种体系构建,培育适宜"以竹代塑"的竹子优良品种;其次要针对生态脆弱区和保护地竹林,开展竹林生态系统稳定性维护和恢复基础理论与技术研究;还要加强人才培养,加大对竹材加工新产品的开发。

第七章
经济林与花卉

经济林与花卉学科群布局建设景观植物育种与培育、木本油料育种与培育、木本粮食育种与培育、可食用林产品加工利用4个研究组。

第一节 景观植物育种与培育

亚林所景观植物团队紧密围绕生态修复与环境美化的实际需求，深入挖掘山茶、兰花等景观植物的优质新资源，解析其观赏功能基因，并进行分子设计育种研究。通过这些努力，团队明确了观赏性状的遗传基础，成功创制出多个优新品种，并研发了绿色栽培与养护技术。经过近十年的不懈努力，在山茶、兰花、紫薇等木本花卉育种与培育方面取得了一系列显著成果，为推动花卉产业的发展和社会的进步做出了重要贡献。

在"十三五"期间，团队围绕山茶、兰花、杜鹃花等特色优势种质资源，围绕野生种质原地及异地保护、濒危机制、多样性、进化机制、繁殖生物学、观赏性状评价、核心群体构建、古树健康监测技术、繁殖技术等展开研究，同时在杂种培育及倍性新种质创制方面进行探索研究。进入"十四五"阶段，团队整合资源，建立了木本花卉种质资源库，对收集到的种质资源进行分类、鉴定和保存，并启动了一系列科研项目，对木本花卉的生物学特性、遗传多样性等进行研究。

经过多年发展,团队加强了技术创新,研发了多项木本花卉繁殖和栽培技术。同时,与企业和地方政府合作,推动木本花卉的产业转化,如开展山茶、兰花等规模扩繁、轻简栽培一体化、标准化技术研究;金花茶、兰花等林下栽培技术研究;年宵花产品花期调控技术及生理机制研究;产品质量认证体系建立等。关注木本花卉的可持续发展和学科建设,通过人才培养、国际合作等方式,提升学科的整体水平。

一、学科发展成就

(一)创制一批山茶花新品种

针对我国山茶花新优品种育种目标不聚焦、培育技术创新不够、品种与市场转化不紧密等问题,团队开展了特异种质创制、四季芳香耐寒新品种创育、遗传转化体系构建等系统研究。通过种间、种内杂交和实生选择方式,创制四季开花、芳香、耐寒、特异花色等山茶花新种质175份,审定省级品种2个,获植物新品种授权17件。研究技术获得国家发明专利6项、申报发明专利4件;获得软件著作权6件;发表论文15篇,其中SCI 8篇;茶花新品种与新技术推广面积1100亩,扩繁山茶花新优品种170万株。

(二)推动山茶和其他景观植物新品种测试

团队承担国家林草局标准制修订项目和浙江省标准化试点项目"山茶属植物品种测试省级标准化试点",推动国家林草局依托我所于2017年建立山茶油茶植物新品种测试站,2021年升级为国家林草植物新品种测试中心(杭州)。自2019年起,参与山茶、油茶植物新品种现场审查30余次,审查山茶新品种200余个。2016年主持起草行业标准《植物新品种特异性、一致性、稳定性测试指南 罗汉松属》,作为第二起草单位起草行业标准《植物新品中特异性、一致性、稳定性测试指南 红豆杉属》。

(三)解析了山茶花基因组图谱及观赏性状的选育机制

成功构建了高质量的山茶(耐冬)基因组图谱,该图谱包含2.8 Gb的拼接基因组,涵盖15个染色体连锁群,Scaffold N50达到175 Mb。同时,对山茶的部分物种和观赏品种进行了基因组重测序,揭示了与性状相关的遗传变异。在此基础上,开发了一套包含24000多个高质量SNP标记的系统,用于品种演化与性状关联分析。此外,建立了山茶属植物的功能基因组技术体系,解析了观赏和经济性状的分子机制。通过发掘和鉴定，确定了与山茶花型、花色、花期等性状相关的等位基因，并指导了分子选育工作。研究发现，花发育基因和小 RNA 基因的相互作用，共同参与了山茶重瓣花内轮花器官的发育。研究明确了山茶花红色和黄色色素的呈色物质分别为花青素和槲皮素，并鉴定出黄酮醇合酶和花青素还原酶是影响花色变异的关键基因。通过遗传转化技术，成功创制了具有花色和叶色变异的新种质。基于这些研究成果，不仅创建了山茶观赏性状的分子选育技术体系，还促进了杂交育种后代早期选择的实现。

（四）金花茶资源高效利用与产业示范

发表金花茶新种 3 个，即富宁金花茶（*Camellia mingii*）、喙果金花茶（*C. rostrata*）和长柄红山茶（*C. zhaiana*）；整合转录组学、代谢组学与基因功能研究，明确金花茶花瓣黄色形成的遗传基础，构建基因共表达调控网络，发掘出 CHS、FLS、F3'H、DFR、UFGT、MYB111 等关键基因；通过金花茶远缘杂交、回交获得杂种，创制金花茶新种质，选育黄色新品种；基于优化施肥配方、土壤微生物及金花茶净光合速率，创建珍贵阔叶树—金花茶（"双珍"模式）高效林下种植模式 2 种；构建金花茶规模扩繁、盆栽及林下种植标准化技术体系；在国内外率先建成金花茶有机转换认证栽培面积 5500 亩（366.67 公顷）；基于食品毒理学检测标准中的 4 项指标，证实金花茶花瓣为无毒物质，研发了金花茶冻干花原粉、片剂、颗粒制剂、胶囊、化妆水等大健康产品 10 种。发表论文 33 篇；申请发明专利 8 件（授权 4 件），软件著作权 2 件；起草林业行业标准 3 项、地方标准 3 项；获新品种权 3 个，登记新品种 1 个。建立产业化示范基地 7 个，3 年累计推广示范 8160 余亩，育苗 1955 万株，新增产值 4.445 亿元，极大地促进了金花茶产业发展。"金花茶种质资源高效栽培及利用技术"于 2021 年通过中国林学会成果评价，并获第十二届（2021 年）梁希林业科学技术奖科技进步二等奖。

（五）制定山茶花培育技术标准

团队先后起草林业行业标准《山茶花盆栽技术规程》、《金花茶栽培技术规程》、《金花茶》，浙江省地方标准《木本观赏花卉培育技术规程 第 1 部分：高杆山茶花培育技术规程》等，推动了我国茶花栽培标准化水平。

（六）古树名木健康评价

采用木质检测仪对古树年轮进行了无损检测；采用弹性波树木断层成像仪对古树进行无损检测，建立了古树树干隐蔽性空腐等级评价与监测路径；采用木质检测仪检测方法，在浙江富阳、桐乡、长兴、金东和上虞，四川、重庆、深圳等地，完成 10 个物种 500 余株古树名木的树龄检测。承担浙江省省院林业科技重点项目"古树名木健康精准评估与绿色修复应用示范"，开展古树名木树干空腐进程与生长势评估、古树名木健康精准评估指标体系构建、古树名木绿色修复与复壮应用示范等，为浙江省古树名木健康的高效精准评价与修复复壮，提供新的方法。

二、科技创新平台

2018 年 10 月 26 日，国家林草局批复同意依托亚林所组建山茶花工程技术研究中心，涉及花卉种质资源、遗传育种、基因组、重要观赏性状功能基因挖掘、花卉栽培、花卉利用等专业领域。

山茶花工程技术研究中心承担各类项目 22 项，其中国家重点研发课题 2 项、子课题 2 项，国家自然科学基金面上项目 2 项，国家林草标准项目 2 项，植物新品种与专利保护应用项目 5 项，浙江省农业新品种重大专项花卉育种专项课题 1 项、子课题 3 项，省院其他项目 5 项。同时，山茶花产业国家创新联盟于 2018 年 9 月 28 日获批，同年 12 月 8—9 日在广东肇庆召开联盟成立大会，该联盟依托单位为亚林所，重点任务是针对山茶花产业的重大技术需求，借助现代物联网、营销新方式和栽培设施，研发新品种、新技术、新产品、新标准，拓展新用途，推广降碳实用技术，推进技术创新及系统集成示范，促进生产技术、创新能力、产品质量和品牌价值的不断提升。

三、学科发展展望

我国园林植物资源极为丰富，被誉为世界"园林之母"。在乡村振兴国家战略的背景下，高质量建设"美丽中国"是各级政府积极推进的重要生态文明工程。亚林所景观植物团队将从服务国家战略，服务市场，服务产业、服务花农的需求出来，拓展园林植物与花卉种类，从以乔木类园林植物与木本花卉为主，逐步扩展到乔木、灌木、草本兼顾的多样化格局。在科研工作中，团队将传统育种方法与现代分子辅助育种技术相结合，同时加大对田间育种设施水平提升的投入。紧跟产业发展技术需求，及时调整优化科研方向，主动适应市场变化，确保科研成果能够有效服务于产业实际。通过这些努力，团队力争在新时代背景下，让花卉产业更加繁荣，让花卉的美丽更加动人，为建设"美丽中国"贡献力量。

第二节　木本油料育种与培育

目前全国木本油料种植面积已经超过 2 亿亩，和草本油料种植面积 1.9 亿亩相当，但木本油总产仅为草本油总产的 1/10，主要原因是良种应用比例低，最新栽培技术应用不广，导致木本油料平均单产低。团队已精选出高产，适应性广的良种及配置栽培方案，结合营养诊断和水肥一体化技术，在油茶主产区得到逐步应用，出现高产稳产典型，为全面提升产量提供技术支撑。2013—2015 年，为摸清我国油茶遗传资源家底，系统开展了"全国油茶遗传资源调查编目"工作，由亚林所主编出版了《中国油茶遗传资源》。该书重点分析了中国山茶属油用物种及种内遗传变异多样性，系统描述了中国重要油用物种的资源特点、地理分布、植物学特征、籽油特性及保存保护与利用现状，还采用图文混编方式收录介绍了 1380 份中国现有主要选育资源，是我国首部林业树种遗传资源类书籍。

针对我国油茶、薄壳山核桃、香榧等木本油料树种良种匮乏、高效栽培技术滞后、加工利用创新不足、果壳等剩余物利用不高等产业现状，2019 年，亚林所联合国内 10 家单位申报并获批国家重点研发计划项目"特色经济林生态经济型品种筛选及配套栽培技术"，重点在茶、油茶、核桃、板栗、枣、枸杞等经济树种中筛选出一批区域通用或专用型品种以及适宜机械化、轻简化和抗性强的特色良种，促进特色经济林产业从良种创制到栽培应用环节的高效转化，推动产业增效和高质量发展。

此外，团队开展以油茶果壳、山核桃果壳、板栗果壳、松疫木、芒秆等林业剩余物资源化栽培食药用菌、堆肥化和基质化育苗等技术研发和产业化应用与推广，成果分别在浙江、安徽、江西等地 10 余家企业和林场生产和应用。

面对当前油茶主栽品种采摘宜机性差、土壤及水肥管理粗放、采摘人工成本不断升高等问题，2019—2023 年，团队组织谋划并获批"油茶和板栗优质轻简高效栽培技术集成与示范"、"油茶、元宝枫和沙棘优质高产新品种创制与精准栽培技术"国家重点研发课题 2 项，获批"油茶宜机化品种选育及配套栽培模式研究"、"丘陵山地油茶采收技术装备研发"中国林科院院基金项目 2 项，以期为油茶优高产新品种选育、适宜采摘机械研发、轻简化栽培模式形成和水肥一体化高效栽培提供技术支撑。

一、学科发展成就

2013—2023年,亚林所木本油料研究团队主持国家重点研发专项项目、课题,国家基金、浙江省育种专项、省重大、省院合作、省推广、中国林科院院基金重大等各类项目60多项,针对山核桃、香榧、薄壳山核桃等南方特色干果长期以来良种缺乏、繁育困难、结实迟、产量低等问题,开展了系统研究,丰富了干果栽培理论,扩大了栽培区域,推动了产业的发展,加快带动农民脱贫致富。"南方特色干果良种选育与高效培育关键技术"项目获2015年国家科技进步奖二等奖。

成功组装了全球首个染色体级别的高质量油茶基因组图谱,揭示了油茶物种进化历史及其种子高油脂、高不饱和脂肪酸含量的驯化机制,建立了油脂性状早期选择技术体系。这一研究成果,使油茶基因组学研究和分子改良育种迈入全新的发展阶段,为未来解析油脂产量、品质、功能性成分及抗性等重要性状的分子基础提供了重要支撑。

对油茶杂交子代22个家系1000余份样本的种仁含油率、脂肪酸成分进行了连续8年的跟踪测定,比较了家系间油脂性状的遗传差异,分析了杂交亲本的配合力、油脂性状的遗传力和杂种优势的差异,以及随树龄增长的变化规律,筛选出适用于油茶高产优质杂交育种的优良亲本和杂交组合。这一研究成果,改变了油茶杂交育种中亲本仅依据表型性状互补等随机选配的现状,使油茶杂交育种迈入全新的发展阶段,为未来高产、优质杂交育种提供了重要的理论指导和技术支撑。

在薄壳山核桃抗病及坚果品质机理方面取得较好进展,初步明确了薄壳山核桃抗黑斑病分子机理,筛选出1个关键基因并明确其功能,为薄壳山核桃抗病品种早期筛选及分子育种奠定基础;明确了多酚含量极端品种不同发育时期种仁代谢物变化,解析了薄壳山核桃多酚合成代谢通路,筛选到5个关键结构基因和1个转录因子,为利用基因工程手段改良薄壳山核桃品质提供了依据。

构建了油茶、薄壳山核桃主要品种资源的分子身份证,面对同名异物、同物异名等现象,为品种鉴别、品种追溯等提供分子水平鉴别技术支撑。同时还开展了油茶水肥一体化,油茶、薄壳山核桃轻简化、省力化栽培模式研究。

在林业剩余物利用方面突破了竹材多元醇液化技术,研创了聚氨酯硬泡、软泡、半硬泡等系列聚氨酯产品,成功实现"以竹代塑"。同时,解决了经济林果壳、马尾松木屑等剩余物高效生物降解技术难题,研创了经济林果壳、马尾松木屑、森林采伐和抚育剩余物高效栽培香菇、秀珍菇、大球盖菇和茯苓等关键技术，突破了马尾松疫木安全利用技术障碍。攻克了以经济林加工和经营剩余物为主的高温有氧发酵技术，发酵产品广泛应用于育苗基质、有机肥、土壤改良剂等领域。成果在20余家企业和林场推广和应用。

研究团队长期技术支撑国家良种基地6个，负责油茶、薄壳山核桃国家创新联盟、工程中心等6个平台的日常事务；团队专家十年来积极参加科技部"科技列车行"、国家林草科技大讲堂、国家科技特派员工作；积极参加浙江省林业局"特色经济林科技推广服务团队"、"林业科技周"等科技活动和林业科技展，先后赴全国十多个省市开展木本油料树种提质增效现场指导与培训，累计培训林农20000多人次；为落实《加快油茶产业发展三年行动方案（2023—2025年）》，团队专家先后赴广西、贵州、重庆、湖北、河南、湖南等多地开展技术指导与服务，技术支撑贵州黔东南、湖北黄冈申报国家油茶奖补项目。选育的'长林53号'、'长林4号'和'长林40号'油茶国家良种被国家林草局列为主推品种，先后在江西、广西、湖南、湖北、安徽、贵州等10多个省份累计推广900余万亩。

十年来，团队先后获授权国家发明专利26件；审（认）定普通油茶良种5个，油茶杂交新品种4个，浙江红花油茶品种4个，薄壳山核桃品种3个、山核桃品种4个，香榧新品种2个；起草国家、行业和团体标准等20余项；发表学术论文200多篇。

二、学科发展展望

党的二十大报告指出，要"树立大食物观"、"构建多元化食物供给体系"。当前森林食物成为继粮食、蔬菜之后的我国第三大农产品，全国森林食物年产量超过2亿吨，而经济林又是森林食物的主力军。林木基因资源挖掘、定向育种、分子辅助快速育种也逐步成为林木种业新趋势，新技术的应用促使经济林学科发展日新月异，对林业科研工作者提出了更多更大的挑战。

面对木本粮油树种良种缺乏、栽培技术落后引发的低产低效、精深加工技术不足、产品附加值低、林业剩余物利用率不高和产品缺乏市场竞争力等问题，亚林所木本油料研究团队将不断融合新技术新方法，加强团队和人才梯队建设，着重开展木本油料树种多性状聚合高产品种选育、种质资源数智化与高效挖掘、重要性状（生长、产量、品质、抗性）形成的遗传基础和调控机制研究、全基因组选择育种技术研究、林业剩余物资源化和无害化利用等，为发展新质生产力，实现乡村振兴和共同富裕，保护城市和乡村生态环境助力。

第三节　木本粮食育种与培育

2014—2019 年，亚林所木本粮食树种研究组主要开展柿、栗类、山桐子等种质资源收集保存与评价、良种选育、杂交育种及新种质创制、分子标记辅助育种，以及高效栽培技术研究与示范推广等工作，先后承担国家科技支撑专题、农业农村领域专项、国家林业局"948"项目、局推广项目、浙江省农业（果品、林业）新品种选育重大科技专项等国家和省部级课题。在全国范围内调查收集了大量的柿、栗类等种质资源，并进行扩繁和定植，在国家林木良种基地浙江省兰溪市苗圃等建成规模化种质资源圃，开展生物学特性、农艺性状等观测和评价，育成一批良种和新品种，持续开展杂交育种并创制一批优新种质，研究形成柿、栗良种配套的优质高效栽培技术体系，良种及栽培技术成果在浙江、福建、云南、广西等地得到大规模的推广应用，并取得良好成效。

2019 年亚林所组建木本粮食育种与培育研究组。近几年来主要围绕柿、栗类、山桐子等经济林树种产业提质增效和高质量发展，开展优新种质资源发掘利用，良种选育、杂交育种及新种质创制，重要经济性状形成及调控机制研究，分子育种，轻简高效栽培理论基础与园艺化栽培技术研究等。主持国家重点研发计划、国家自然科学基金项目、浙江省农业（果品、林木）新品种选育重大科技专项、局推广等国家和省部级项目、课题（子课题）。在柿、栗类、山桐子、木姜叶柯等种质资源收集与评价利用、全基因组解析与遗传进化、风味品质性状形成及调控机理、远缘杂交与杂种优势利用、良种选育和新种质创制、病害防控以及轻简高效栽培理论基础与应用技术研究等方面取得了大量研究成果。其中，柿、栗类等相关研究成果受到国内外同行的广泛关注，并推广应用至亚热带地区乃至全国。

一、学科发展成就

近年来，亚林所木本粮食育种与培育研究组以柿、栗类、山桐子等优势特色经济林树种以及厚朴、木姜叶柯等药用植物为对象，针对产业中优质高抗良种缺乏、栽培技术落后、育种和栽培理论基础薄弱等关键问题，系统开展优异种质资源收集评价和发掘利用、重要经济性状形成与调控机理解析、现代化高效育种技术体系构建、杂交育种及新种质创制、优良品种选育和应用，以及轻简化高效繁育和栽培管理技术研究与集成应用等，取得了一系列丰硕的成果。

（一）种质资源收集保存与精准评价

在国家林木良种基地浙江省兰溪市苗圃、庆元县国有永青林场等地建立了南方最大、遗传多样性最丰富的柿、栗、山桐子种质资源圃，总面积 600 余亩，调查收集和保存国内外柿种质 800 余份、栗种质 400 余份、山桐子种质 150 余份，共 1350 多份。对 300 多份柿、栗种质特色功能成分以及重要农艺性状等进行了系统和精细评价，筛选出有重要育种价值的优良种质 60 多份，为后续新品种选育、杂交育种以及性状遗传改良奠定了坚实的基础。

（二）基因组测序及高效育种技术体系建立

获得柿（6n）、油柿（2n）高质量基因组，填补同源 6 倍体基因组空白；成功构建了柿、锥栗首张高密度遗传图谱；获得与柿、栗甘涩、顶腐病抗性、淀粉、糖等重要农艺性状紧密相关的功能标记；依托多组学评价建立了甜柿口感品质预测模型，挖掘出滋味差异代谢物；研发形成传统育种与胚抢救、分子辅助选择相结合的甜柿快速遗传改良体系，缩短育种周期 5~7 年。基本明确了栗属杂交后代主要农艺性状的遗传变异规律，鉴定并筛选出与栗果实糖—淀粉合成代谢密切相关的关键基因。构建了木姜叶柯主要药效成分类黄酮、根皮苷和三叶苷检测技术体系。

（三）甜柿优良品种及其砧木品种选育

结合基因组测序、倍性育种等技术，选育出极具推广价值的甜柿优良鲜食品种'太秋'、'富有'、'亚林 35 号'、'亚林 46 号'等，其中，'太秋'甜柿口感风味极好，品质优良，效益显著高于其他传统种植业，2018 年入选"中国最受关注的水果品种 10 强"。同时，研究组选育的'亚林柿砧 6 号'等 4 个甜柿广亲和性砧木，率先攻克了国内甜柿嫁接砧木技术难关，使优质甜柿品种能广泛应用于生产，极大地支撑了我国甜柿产业的快速发展。2023 年，'亚林柿砧 6 号'获得首届浙江省知识产权奖二等奖。

（四）栗类优良高产良种选育

以不同熟期、高产稳产、风味品质好、耐贮藏、抗性强、适宜加工等为目标，通过持续多年多点试验，选育早、中、晚熟优质高产锥栗省级审定良种 3 个。其中'早香栗'成熟期特早，品质优良，盛果期亩产高达250公斤以上，效益提高2~3倍；锥栗'YLZ 1号'和'YLZ 14号'分别为糖炒加工专用型和极晚熟品种，盛果期亩产高达300公斤以上，市场需求大，经济效益十分显著。

（五）柿高效培育技术体系

阐明了柿果顶腐病为生理性缺钙症及其发病规律，揭示了顶腐病发病机理，建立柿果顶腐病防控管理监测系统，形成一套较为有效的防治方案，将发病率从40%降低到5%以下。建立了柿轻基质容器育苗体系，研发提出柿高产园土壤矿质元素适宜值及推荐科学施肥方案；研发出'太秋'甜柿避雨栽培技术，基本解决了果面污损问题；建立甜、涩柿早中晚熟品种配置方案，延长柿果供应期90天。在此基础上，形成一套柿优质高效栽培技术体系，制订了栽培技术规程。

（六）栗类高效栽培技术研究

筛选出'早香栗'、'YLZ 1号'等7个锥栗主栽品种和'毛板红'、'处暑红'等8个板栗主栽品种的最佳授粉组合配置，坐果率提高30%以上；研究形成了一套集良种应用、品种配置、密度控制、树体管理、土壤改良、科学施肥、林地套种等技术的锥栗高效生产技术体系，起草林业行业标准《锥栗栽培技术规程》，在生产中推广应用增产20%~30%；形成一套以容器大苗培育、品种配置、标准化整地、轻简化管理为核心的板栗良种配套栽植技术体系。

研究组先后承担国家科技支撑计划专题、国家重点研发计划课题和子课题、国家自然科学基金面上和青年项目、林业科技成果国家级推广项目、浙江省农业（果品、林木）新品种选育重大专项课题和子课题、浙江省公益基础类研究项目、浙江省林业科技推广项目及中国林科院院所基金重点、面上和青年项目等累计30多项。选育柿、栗国家和省级审（认）定良种13个，新品种授权4项；起草国家、行业、地方及团体标准8项，申请并授权发明专利、软件著作权近20件；在国内外期刊发表科技论文70余篇，出版专著1部。获浙江省知识产权奖二等奖1项、科技进步奖三等奖1项，获梁希林业科学技术奖科技进步二等奖、广西科技进步奖三等奖、浙江省"科技兴林奖"一等奖等奖项。目前团队在柿、栗研究和技术应用方面总体处国内先进水平，尤其在传统选择育种、杂交育种和优质高效栽培领域处于国内领先、国际跟跑水平。

成果和技术应用推广面向全国，服务国家战略、林草工作大局和地方林业产业发展。依托研究组选育的柿、栗系列良种以及形成的轻简优质高效栽培技术等一系列成果，在全国 20 个省（市）示范推广 20 余万亩。其中，以'亚林柿砧 6 号'嫁接的'太秋'甜柿，园内售价 50~80 元 / 公斤，盛产期亩效益高达 8 万~10 万元，建成"一亩山万元钱"高效栽培模式，涌现了一批甜柿年收入 70 万~100 万元，甚至 200 多万元的种植大户；在云南保山建立甜柿优质丰产示范林 5000 亩，辐射推广 10 万亩，亩增效益 20%~30%，亩均收入 1.2 万元；在赣南苏区实现甜柿种植仅 4 年亩收入 4000 多元，贫困户年增收 2200 元，甜柿成为江西乡村振兴产业。在浙江、湖北、安徽、江西等地合作建立锥栗新品种优质高效生产示范基地以及锥栗、板栗低产林改造试验示范基地 5000 余亩，成果和技术辐射推广 5 万亩，增产增效 30% 以上。开展技术培训 50 余次，培训基层技术人员和林农 3000 人次以上，技术支撑国家级林木良种基地 2 个，规模化加工企业 2 个，年收益上亿元，带动农民就近就业增收。

2020 年，国家卫健委将山桐子油纳入普通食品管理后，各地山桐子发展掀起了新高潮，在安庆、贵州等地的邀请下，团队相继承担了"山桐子和甜柿良种扩繁与栽培示范"、"贵州甜柿和山桐子种苗创新"、"山桐子种质资源挖掘与利用"和"山桐子高效栽培研究"等项目。在中国林科院、贵州省林业局的大力支持下，开展大规模子代测定和无性系区试，为选育高产山桐子良种做积极准备，为西南油库建设夯实底层科技基础。目前，在贵州、安徽等地建立高效示范林 5000 余亩，示范林山桐子树体优美、满山翠绿、桐花浪漫、山河喜披"中国红"，成为当地靓丽的风景，生态效益显著，每亩收益 3000 元，在提升"绿水青山"颜值中做大了"金山银山"价值，激发当地农民心回家、人回乡、力回引，开发山桐子产业。

同时，团队还积极发展药用植物资源评价与利用。"厚朴野生种群遗传多样性及繁育关键技术"获得 2014 年度浙江省科学技术进步奖三等奖；中国林业科学研究院、国家林草局分别组织专家认定了"民族珍贵药材木姜叶柯优质资源收集及评价"、"木姜叶柯特异种质挖掘及定向培育技术"科技成果；起草中国林学会团体标准《木姜叶柯栽培技术规程》；浙江省科技厅组织专家认定了科技成果"黑果枸杞驯化繁育关键技术研究及高效示范"等。

甜柿、锥栗、山桐子逐步发展成了多省精准扶贫、乡村振兴和共富的重要产业，中央电视台、新华网、人民网、光明日报、经济参考报、浙江卫视、浙江日报等媒体报道团队相关事迹 50 多次，首席专家龚榜初研究员更是多次被央视专题报道，全国反响巨大。

二、学科发展展望

在当前大食物观背景下,柿、栗、山桐子等经济林树种以及木姜叶柯等药用保健植物,在林草食物资源供给体系中占据重要的地位,对于保障极端情况下国家粮油安全、促进山区林农增收致富、巩固脱贫攻坚成果、助力乡村振兴战略和实现共同富裕具有重要意义。同时,随着我国居民消费需求已经逐步向多元化、优质化、营养化方向发展,柿、栗、山桐子等经济林产品未来需求和发展潜力巨大。

亚林所木本粮食育种与培育研究组团队经过多年的发展,在柿、栗等木本粮食树种育种和栽培技术研究,以及产业化推广应用等方面取得了长足的进步,未来将从理论基础、现代化育种、高效栽培与利用等方面开展深入研究,开展品质、特色功能成分、抗性等精细评价,挖掘优良育种材料,构建柿、栗等高通量表型精准测定和数据采集系统,搭建数字化育种全过程信息平台;明确产量、品质等重要性状的关键调控基因及其等位变异类型与遗传效应,总结关键性状遗传规律,丰富育种理论。同时,加快柿、栗良种及高效栽培技术体系等成果的转化应用,面向全国特色及适生区域,建立高标准科技成果推广示范基地,充分发挥亚林所资源优势和柿工程技术研究中心等平台优势,进一步巩固和扩大"国家队"的领先地位和影响力。

第四节 可食用林产品加工利用

亚林所可食用林产品加工利用研究组是于2020年由经济林产品加工利用研究组和生物质利用工程两个团队的优势力量组建而成,主要围绕可食用森林资源及副产品绿色高值利用,明确加工过程中营养物及危害物变化规律,建立食用林产品及副产品绿色加工技术、质量安全控制技术体系,研发高值产品。近十年来,研究组的发展主要经历了两个阶段:

首先是2014—2020年,各自发展蓄势待发。2014年经济林产品加工利用研究组主要围绕油茶和核桃等木本油料,开展采后处理、贮藏、加工方法、精炼工艺等方面的研究,以及技术推广等工作。实验室发展良好,先后购置了平行萃取、平行蒸发、核磁、物性分析仪、色差仪等多台仪器,为各项检测和研究工作的顺利开展提供了条件。生物质利用工程课题组主要围绕林源皂素绿色高效制备和经济林加工副产物原料化、基质化利用开展研究,承担"多糖绿色催化转化技术研究"等国家

"十三五"重点研发子课题 2 项,"主要经济林废弃物基质化利用关键技术研究与示范"等浙江省重点研发计划项目 2 项,同期还承担国家推广和浙江省推广等项目 4 项,研究内容包括油茶果蒲液化制备植物多元醇工艺技术体系建立和优化、聚氨酯泡绵等产品开发,研究成果分别在《Bioresources》《BIORESOURCE TECHNOL》、《中国粮油学报》、《中国油脂》等期刊发表,获得"一种抗菌除臭聚氨酯泡沫及其制备方法"等国家发明专利 10 余件,竹材液化制备植物多元醇并生产聚氨酯泡绵等技术成果在浙江兰溪、嵊州等地获得推广,产生良好的经济效益。

第二个阶段为 2020—2024 年,整合力量重新起航。2020 年成立了可食用林产品加工利用研究组,团队继续从事油茶等木本油料加工及质量安全研究,先后承担"十四五"国家重点研发项目课题"木本油料加工剩余物生物发酵饲料化肥料化关键技术和产品研创"、浙江省领雁计划项目"油茶籽抑脂、降糖功能因子发掘及作用机制研究和高值产品研创"等国家和省部级重大项目 10 多项;在油茶籽油定向精准加工及副产物高值化利用方面取得显著进展,获得省部级奖励 3 项;在《Carbonhydrate polymers》、《Food Chemsitry》、《LWT-food science and technolyg》等 TOP 和主流期刊发表论文 30 多篇,起草《油茶籽》、《油茶皂素质量要求》等国家标准和《油茶饼、粕》国家标准英文版;主编或参与编著《油茶皂素》、《油茶加工实用手册》、《油茶发展蓝皮书》等图书;获授权国家发明专利 10 余件;多项技术在浙江、福建、江西、贵州等多地企业推广应用,取得较好的社会经济效益。

同时,研究组积极谋划实验平台,分别申请国家林草局油茶工程技术研究中心油茶副产物高值利用实验室、中国林科院亚林所经济林产品加工利用实验室和国家林草局森林食物高效加工和资源综合利用工程技术研究中心;建立和完善中试基地油茶籽压榨—精炼—副产物精制中试线 3 条,并争取到中试基地二期建设项目。

一、学科发展成就

围绕着可食林产品资源发掘、绿色加工技术及高值产品研发、产品营养与安全进行了广泛研究。近十年来,研究团队先后承担了"木本油料加工剩余物生物发酵饲料化肥料化关键技术和产品研创"、"油茶籽抑脂、降糖功能因子发掘及作用机制研究和高值产品研创"等国家重点研发项目、公益性行业专项和省级重大课题 20 余项,研究成果"油茶籽品质变化规律和特色制油关键技术研究及产业化"、"高品质油茶籽油安全定向制取关键技术研究与示范"分别获得浙江省科学技术进步奖二等奖和梁希林业科学技术奖科技进步二等奖。主持和参与起草FCC标准《Camellia Seed Oil》，国家标准《油茶籽》、《油茶籽饼、粕》和《油茶皂素质量要求》等。围绕油茶籽加工技术、饼粕及果壳利用、油茶皂素提取及产品开发、多酚利用等获得授权发明专利17件。在《CARBOHYD POLYMER》、《FOOD CHEMSTRY》等杂志发表论文50余篇。

（一）油茶籽规模化采后处理及质量等级

针对油茶果采后处理时间长、劳动强度大、易引起污染等问题，团队建立了油茶果规模化快速脱蒲、油茶籽热风干燥技术和质量分级技术。经热风干燥预处理的油茶籽油微量营养成分显著高于传统晾晒处理油茶籽油，成本降低50%以上。相关技术在贵州省玉屏县和黎平县、浙江省常山县、江西省玉山县、广西壮族自治区罗城县和龙胜县等地推广应用，并起草了行业标准《油茶果采后处理技术规程》和国家标准《油茶籽》等。

（二）油茶籽低温压榨—适度精炼工艺

针对油茶籽传统大宗油加工工艺能耗和炼耗大、营养损失严重的问题，建立了油茶籽低温压榨—适度精炼工艺，包括基于油茶籽分级的精准制油技术、油茶籽油精制过程中预防乳化技术、无沉淀冬化技术，有效提高加工效率、产品得率和微营养成分比例。

（三）不同香型油茶籽油产品

针对不同区域消费者对油茶籽油风味的不同需求，通过调质、控温等方式，促进或抑制美拉德反应，形成清香型、浓香型油茶籽油产品，相关产品在浙江、江西、陕西、安徽、广西、贵州等10多家企业转化应用。

（四）保健功能型油茶籽油产品

针对我国现代病谱的特征和各类植物油的结构组成及营养特性，在功能评价基础上，以油茶籽油为基料，设计和筛选出具有改善生长发育作用的新型功能油脂，初步研发出分别具有降血脂、抗疲劳、降血压作用的3种产品。相关产品在浙江常山、建德等地企业进行示范生产。

（五）化妆品基础油生产工艺及产品

根据高档化妆品对油茶籽油的需求，针对化妆品基础油生产过程中易回色、损耗高等问题，突破了低乳化高效脱胶技术、高得率复合脱色剂、冬化结晶养晶自控—连锁控制技术，建立油茶籽化妆品基础油生产工艺，相关技术在浙江久晟油茶科技公司、浙江健达农业开发有限公司等多家公司转化应用。

（六）油茶皂素连续高得率制取工艺

针对油茶饼粕中皂素提取过程易板结、连续性差、溶剂消耗大等问题，通过制粒、调质等油茶粕原料预处理专利技术，解决了茶皂素连续提取过程中设备堵塞的难题，建立油茶皂素高效连续提取技术和溶剂高效回收技术，技术成果已在浙江、江西、贵州等多个油茶主产区进行了推广。

（七）油茶蒲水凝胶产品

针对目前油茶蒲的利用率低，但含有大量半纤维素等理化特性，采用碱性分离提纯技术，制备分子量较高的半纤维素；应用化学交联、化学结构修饰技术开发了水凝胶衍生化产品。

（八）山核桃、香榧籽规模化采后处理及高值利用

针对山核桃、香榧籽等产量逐年增长，储存易氧化变质、产品应用场景少等问题，开展了预处理条件对香榧及山核桃品质的影响研究，研创了采后规模化处理及品质控制技术；明确了不同加工方式、加工工艺对山核桃、香榧油品质影响，建立了特优级山核桃油、香榧籽油加工工艺技术体系。目前该项成果已经完成实验室小试阶段，正进行应用推广。

二、学科发展展望

可食用林产品与粮食安全、乡村振兴和健康中国等国家战略紧密相关，近年来相关研究工作在国内已广泛开展，大规模的资源调查初步完成，传统的加工生产方式正经历深刻的变化。非热加工、物性修饰、酶工程等现代食品绿色加工与低碳制造技术的创新发展，成为保障产业核心竞争力和实现可持续发展的动力。食品危害物形成规律与控制机制、加工制造过程质量安全控制技术成为研发热点，危害物精准鉴别与监控，简捷高效的溯源技术及全产业链食品质量安全追溯体系构建等成为保障食品安全的关键。营养组学技术推进健康食品精准制造，从传统的表观营养向基于系统生物学的分子营养学方向转变，以营养代谢组学为基础的分子营养组学成为实现食品营养靶向设计，健康食品精准制造的新途径。

在此背景下，亚林所可食用林产品加工利用研究组争取在油脂绿色加工及品质调控、危害物检测及控制、高值产品研发等关键技术上取得突破，成为国内油茶等可食用林产品安全利用研究的核心力量，生产技术、产品和标准的输出协团队。

第八章
林木生物技术

林木生物技术学科群布局建设林木分子生物学、森林健康与保护、林业微生物3个研究组。

第一节　林木分子生物学

亚林所林木分子生物学研究组，围绕我国生态修复对林木优新种植材料的需求，以杨树、竹子和伴矿景天为研究材料，利用组学和群体关联分析技术探索植物抗逆形成的分子基础，筛选出决定抗逆性形成的关键基因，阐明其作用机制和调控网络。团队构建竹子、杨树等林木高效转基因体系和基因编辑体系，利用特异表达启动子、安全选择标记基因以及多基因转化技术等基因工程技术，结合常规育种的成果，建立林木转基因的技术体系，培育优质、速生、高抗的林木新种质。发展目标是开展林木抗逆分子生物学研究和优质高抗林木新种质创制，形成一支特色鲜明、具有国际影响力的林木生物技术研究团队。

林木分子生物学研究组承担的主要科研项目有：国家自然科学基金面上项目2项；"十四五"国家重点研发计划课题1项，子课题3项；国林业行业公益类重大专项1项；家转基因生物新品种培育重大专项子课题1项；科技创新2030—重大项目子课题3项；浙江省林木育种专项子课题3项；浙江省公益技术应用研究项目2

项；中央级公益性科研院所基本科研业务费专项资金 6 项；中拉青年科学家交流计划项目 2 项等。

研究团队围绕杨树、竹子、柳树及超积累植物伴矿景天等开展树木抗逆分子生物学及其转基因育种。通过比较形态生理鉴定了两种不同基因型柳树旱柳和馒头柳对镉的耐性、积累和定位差异，解析了木质素的生物合成在馒头柳耐镉中的作用，系统阐明了木本植物中木质素生物合成和积累对非生物胁迫的响应。完成了伴矿景天和东南景天全基因组测序，开展了伴矿景天全分布区群体同质园试验，在重金属超积累植物伴矿景天中利用组学联合分析筛选出了响应镉胁迫的关键 miRNA 和靶基因，建立了利用酵母表达 cDNA 文库快速筛选伴矿景天抗逆基因体系，鉴定了伴矿景天重金属吸收、转运、螯合、区隔化和积累相关基因的功能，并将关键基因应用到杨树中，利用转基因杨树开展重金属污染土壤的修复，克服了草本植物生物量小和有性繁殖能力弱的不足。此外，研究组先后构建了麻竹花药和未成熟胚组织培养体系、毛竹未成熟胚培养体系和转基因体系，在国际上首次突破了竹子转基因育种的难关，为竹子转基因育种和功能基因鉴定奠定了重要基础；利用转录组筛选出了参与调控麻竹开花的关键候选基因，揭示了麻竹开花过程中的分子作用机制。

林木分子生物学研究组的研究成果，为林木遗传改良提供了理论指导和重要的基因资源。

一、学科发展成就

亚林所林木分子生物学研究组团队在麻竹花药培养和未成熟胚培养、毛竹未成熟胚培养及其转基因体系构建方面的研究处于国际领先地位，在《Plant Biotechnology Journal》《Environmental Science & Technology》《Journal of Hazardous Materials》《Tree Physiology》和《植物学报》等国内外主流期刊发表论文 55 篇，其中 2 篇论文被评为高被引文章。另外，获授权国家发明专利 3 件。

（一）重视人才培养

团队首席专家卓仁英于 2016 年起任全国农业生化与分子生物学会理事、中国林学会竹子分会常务委员，2019 年起任中国植物生理与分子生物学会植物修复专业委员会委员；还有团队成员获亚林所"C 类"人才培养计划、入选 2018 年中国林科院优秀青年培育计划等；中拉青年科学家项目培养对象获得国际杰青称号；另外培养博士研究生 10 名和硕士研究生 12 名。

（二）重视合作与交流

团队先后与德国哥廷根大学、中国科学院分子植物科学卓越创新中心（植物生理生态研究所）、中国科学院南京土壤所、中国科学院植物研究所、南京林业大学、福建农林大学、华南农业大学、浙江农林大学等科研院所和高校开展合作与交流，尤其是参与组织了伴矿景天研究全国协作组，每年4月开展相关研究交流。下一步将与德国哥廷根大学森林植物学和树木生理学研究小组，围绕"林木参与防御反应和营养的分子和生理调控网络解析"等相关研究，开展新的合作与交流。

二、学科发展展望

多种高通量测序技术的出现，使得林木基因组学发展迅速，而显微切割的单细胞 RNA-seq、空间转录组、基因组编辑以及生物信息学分析技术，推动了多维、多层次和时空基因表达数据的产生。这些技术与林木生物技术中常用的基础技术一起，使我们能够解决林木生物学中许多重要或独特的问题，并提供了解表型变异分子调控机制的全景。基于基因组学的方法可以通过修饰林木基因组中的一个或多个基因显著地提高生产力和适应性。通过基因堆叠和基因组编辑能够设计出特别定制的、有特殊用途的树木品种。开发模块化育种设计和多基因遗传叠加，进行多个优良性状的精准高效聚合，缩短林木育种周期，提升林木育种效率。因此，团队未来发展方向将重点聚焦林木多性状高效聚合转基因育种技术，主要包括以下方面：

（一）林木关键性状解析及关键基因挖掘

由于现有的转录组分析 (RNA-seq) 只能获得整个组织的信息，难以区分和分析不同的细胞类型，要利用单细胞测序结合空间转录组研究异质组织中单个细胞的基因表达，追踪与逆境相关细胞命运的进展变化，发现新的关键细胞类型特异性调节因子。

（二）林木高效遗传转化及体胚发生体系构建

分子育种或基因/基因组编辑是树木性状改良成功的关键，外植体对遗传转化和再生因外植体类型和基因型而异，因此有必要建立以多种林木组织培养为基础的再生方法的愈伤组织诱导、新生器官发生和体细胞胚胎发生。

（三）高效精准林木基因组编辑

林木基因组编辑已成为前沿研究领域，利用定点突变、靶向插入或替换基因的方法来提高基因编辑的效率，通过基因编辑的内源基因转录激活，获得具有适应性增强性状的功能，创制林木新种质。

（四）林木多性状高效聚合育种技术

通过模块化及多基因叠加分子设计育种方法，研创高效多基因以及大片段 DNA 转化技术，进行多个优良性状的高效精准聚合，缩短林木育种周期，提升林木育种效率。

第二节　森林健康与保护

林业担负着维护国土生态安全，满足木材及林产品供给，促进人与自然和谐发展，推动人类文明进步的重要使命。林业可持续发展的关键是保护森林资源免受林业有害生物的侵袭。我国是全球林业有害生物危害最严重的国家之一，现有林业有害生物 8000 余种，可造成严重危害的有 200 多种；自 2007 年以来，林业有害生物每年发生面积均在 1.75 亿亩以上，占林业灾害总面积的 50.69%，是森林火灾面积的数十倍，年均造成损失 1100 多亿元。预防和减轻林业有害生物危害所造成的生态、经济和社会损失，成为林业发展的关键。林业有害生物防控是国家总体安全的重要组成部分，对保障国家林业生产安全、林产品质量安全、林业生态安全具有重大战略意义。明确重大林业有害生物的成灾机理，研发其精准监测及绿色防控技术，切实减少林业资源损失，是维护生态安全、保护生物多样性、构建人类命运共同体的战略需求。

正是基于国家和地方对亚热带地区林业有害生物防控的需求，在石全太、徐天森、袁嗣令等一大批森林保护学专家深谋远虑与艰苦卓绝的努力下，亚林所在建所之初即设立了森林保护团队。如今的森林健康与保护团队在经济林和人工林病虫害研究及防控方面形成了自身的特色，在小区域内具有一定的影响力。同时在林业有害生物监测、昆虫特定行为的发生机理、害虫行为操控剂创制、昆虫病原微生物资源发掘利用及高危病虫害高效防控等研究方向均已具备了扎实的研究基础。

一、学科发展成就

近 10 年，亚林所森林健康与保护团队在承担的科研项目、科研产出、科技成果凝练及推广、人才培养等方面均有长足的进步。

（一）科研项目有序开展

自 2014 年以来，团队先后承担国家自然科学基金 2 项（青年基金和面上项目各 1 项）、国家科技支撑计划专题 2 项、国家重点研发计划课题 1 项、浙江省领雁计划项目 1 项、浙江自然科学基金及公益项目 3 项、林业行业专项课题 1 项、中国林科院院所基金 2 项、省院合作及浙江省林业推广项目 4 项。另外，还承担了"浙江省地方林业有害生物 / 外来入侵生物调查监测"、"钱江源国家公园蚜虫绿色除治"及"长兴古银杏保护"等横向课题 10 项。

（二）主要工作形成特色

近 10 年来，亚林所森林健康与保护团队聚焦亚热带地区林业有害生物信息管理、森林病虫发生及流行规律、林业有害生物综合管理 3 个研究方向，围绕经济林、用材林及珍贵树种等重要树种病虫害，开展了高风险病虫快速鉴定、监测及风险评估，特色专食性昆虫和高风险病原菌遗传分化及寄主适应机制，重大病虫生物菌剂和高效引诱剂的创制，重大病虫害绿色防控技术的研发等工作。阐明了黄脊竹蝗、竹林金针虫及茶籽象等高危害虫的爆发机制与发生发展规律；建立了竹卵圆蝽、竹螟及竹林金针虫森林有害生物监测预警评估与防控技术体系；明确了竹笋夜蛾、竹林金针虫、竹舟蛾等 10 余种新兴害虫的形态特征、生活史、生物学特性及发生规律；构建了中国竹子害虫智能识别信息化平台，为竹子害虫管理奠定了坚实基础。构建了亚热带主要经济林（油茶、山核桃和香榧）重大病虫害网络信息与管理平台，研发了针对油茶病虫害智能识别的"油茶卫士"APP，为油茶病虫害的智能识别及精准管理奠定了基础。同时，基于基因条形码技术构建了竹林金针虫、茶籽象、栎实象、大竹象及山核桃黑斑病等难鉴定病虫快速鉴定技术。发现了首例咀嚼式口器昆虫的趋泥行为，明确了黄脊竹蝗趋泥行为的性别策略，揭示了黄脊竹蝗搜寻泥源是由"嗅觉 + 视觉"共同作用；阐明了氮素、水分及钠盐驱动黄脊竹蝗趋泥的内在机制，为黄脊竹蝗爆发机制研究及高效防控奠定了基础。发掘了包括绿僵菌、白僵菌在内的虫生真菌 23 种（株），包括芽孢杆菌在内的真菌病害拮抗菌资源 12 种（株）；部分菌种已研发出中试剂型，为高危害病虫的高效生物防治提供了条件。成功研发了黄脊竹蝗、竹林金针虫、竹笋夜蛾、竹子造瘿害虫、茶籽象、星天牛等 10 多种害虫成虫的诱杀剂，并成功应用于生产实践，取得了显著的经济效益和生态效益。基于病虫害爆发机制的探索、生防菌剂和行为调控剂的创制，研发了茶籽象、栎实象及黑斑病等重要经济林病虫害的全过程绿色防控技术，在浙江、江苏及安徽等地区广为应用，成效显著。当前，亚林所森林健康与保护团队在竹子害虫、木本粮油病虫害及珍贵阔叶树种病虫害数字化管理、高效监测及绿色防控等领域取得了显著成果，展现出独特的专业特色和明显的行业优势。

（三）科技成果成绩喜人

近10年来，团队成员以第一作者或通讯作者在《Microbiome》、《mSystems》、《Plant Disease》、《Scientific Reports》、《Forests》、《林业科学》及《生态学杂志》等国内外主流期刊发表论文72篇，出版专著2部，获授权国家发明专利7件，鉴定成果5项，主持或参与起草林业行业标准3项。研究成果竹子主要害虫监测及综合防治技术作为核心内容参与"竹资源高效培育关键技术研究与示范"获得了国家科技进步奖二等奖和第七届（2016年）梁希林业科学技术奖一等奖；成果"笋用林钻蛀性害虫监测及综合治理技术研究与示范"获得浙江省科学技术进步奖二等奖；成果"我国亚热带重要经济林重大病虫害绿色防控技术及其应用"获得第十届（2019年）梁希林业科学技术奖科技进步二等奖。

（四）科技推广稳步推进

森林健康与保护研究所形成的"竹林金针虫监测及综合治理技术"、"竹笋夜蛾综合控制技术研究与应用"、"竹林金针虫绿僵菌生物菌剂的制备及其应用技术"、"黄脊竹蝗新型、高效诱杀技术"、"竹林金针虫生物防治新技术及应用"、"油茶有害生物无公害治理技术研究及示范"、"油茶主要病虫害生态调控关键技术集成"、"竹子造瘿害虫生态调控技术推广与应用"等科技成果先后在浙江、福建、广东、江西及湖南等地高效转化落地——建立示范基地4000余亩，成果示范在提升林业病虫害监测与防治技术水平方面取得了显著成效，为林业产业的健康发展提供了有力保障。

（五）科技人才层出不穷，队伍建设扎实推进

亚林所森林健康与保护团队组长舒金平研究员先后担任浙江省林业有害生物专业委员会副主任委员、中国昆虫学会林业昆虫专业委员会委员及中国林学会竹子分会理事，2019年获"全国生态建设突出贡献先进个人"称号，2020年获得"浙江省农业科技先进工作者"称号。同时，有3名团队成员晋升为研究员或副研究员。

此外，团队积极开展合作与交流，先后与加拿大农业及农业食品部 (Agriculture and Agri-Food Canada，AAFC)、浙江大学、杭州师范大学等国内外相关高校和科研院所开展合作研究。

二、学科发展展望

病虫害发生是生物（病虫、寄主、环境植物及微生物等）和非生物因素（温度、湿度、空气、土壤等）共同作用的结果。当前，生态学、分子生物学、微生物组学及现代信息技术（人工智能、物联网、互联网、大数据等）等多学科与病虫害研究快速渗透融合。因此，基于大量数据，整合病虫害发生相关的生物和非生物因子，研发智能识别和数字化监测系统成为当前森林病虫害研究的热点和重点方向，同时，应用大数据分析，构建病虫害发生动态模型，揭示其灾变规律，并以此规律制定切实可行的防治决策方案便成为当前森林病虫害研究成果的重要应用。

亚林所森林健康与保护学科将紧扣世界森林保护（病虫害防控）理论和技术发展趋势，瞄准林业有害生物防控"强基础、防风险、新技术"的重大需求，针对亚热带区域内森林保护及生态安全维护工作中基础性、关键性和综合性的科学问题/瓶颈问题，强化高危林业病虫害高效监测和绿色防控的目标导向，采用基础与应用基础研究、关键核心技术与产品研发、技术集成与示范应用互融互通的研究思路，全面提升科研创新能力和影响力。

接下来，团队将加强亚热带地区林业有害生物信息管理，构建区域范围内林业有害生物多样性及监测预警和绿色防控数据库平台；强化林木病/虫—寄主植物互作机制研究；夯实林木高风险病虫害可持续控害功能及实现途径研究。

第三节　林业微生物

历经 10 年，亚林所林业微生物研究团队聚焦杨树、栎类人工林以及冷杉原始林等多种林分类型土壤，分离鉴定了多种新型根系共生菌，并发现这些林分中普遍存在共生菌"菌相"变化这一现象。以此为突破口，基于树木表型筛选新型功能菌株并开展高质量基因组组装测序，创建了多个树木根系—土壤真菌互惠共生体系，有效解决了该领域缺乏新型模式体系这一难点。在此基础上，团队围绕"森林土壤共生菌—树木共生的遗传和环境调控机制"这个主题开展工作，系统阐明了三种真菌遗传分化（黑色素基因岛、倍性变化和木质纤维素降解酶基因家族）和两种土壤养分状态（氮素形态和钾离子浓度）调控土壤真菌—树木共生关系的维持和打破机制。

团队研究成果深入解析了森林土壤共生菌—树木共生的遗传和环境调控机制，从理论上揭示了土壤共生菌"一菌多相"的实质和生物学效应。系统揭示了森林土壤共生菌"菌相"可塑性及其调控树木生长和适应性等重要特征，破解了在育苗造林中共生菌效果不稳定以及为何氮沉降和过量施肥导致人工林地力衰退等长期悬而未决的理论难题，为实现对人工林的精准高质量经营、发展"适地适树适菌适肥"的森林培育技术提供了新的理论基础。同时，为研发更高效的菌剂、形成更优化的树木—立地—共生菌的配伍组合及科学的经营培育措施提供了技术依据。目前相关菌剂在麻栎、弗吉尼亚栎、NL895杨和枫香等树种上施用效果良好。

此外，团队创造性地利用共生菌粗提物（诱导子）添加技术促进灵芝品质和产量的双增长，初步构建了以菌养菌、以菌养药、以菌养苗的新型现代林业生态高质量发展模式，对推动我国森林土壤功能生物学的研究产生了重要影响。

一、学科发展成就

亚林所林业微生物研究团队主持国家自然科学基金优秀青年科学基金项目（森林土壤微生物）1项、面上项目1项和青年科学基金项目2项；国家重点研发计划青年科学家项目子任务1项；科技创新2030—重大项目子课题1项；中央级公益性科研院所基本科研业务费专项资金4项；国家林业局引智项目1项（2014）；浙江省基础工艺研究计划1项；浙江省重点研发计划领雁项目1项；浙江省"万人计划"科技创新领军人才1项。

10年来，团队在《Nature Communications》、《The ISME Journal》（2篇）、《Current Biology》、《Plant Communications》、《Trends in Microbiology》（约稿）、《Biotechnology Advances》、《Plant Cell and Environment》、《Applied and Environmental Microbiology》、《菌物学报》和《生态学报》等国内外主流期刊发表论文30篇。研究成果在Scoop.it和Nature Community等平台被宣传和点评；授权国家发明专利6件，鉴定成果1项。

（一）团队人才辈出

团队成员获得第十四届中国林业青年科技奖，入选国家林业和草原局"百千万人才工程"省部级人选、浙江省万人计划科技创新领军人才、中国林科院首批"青年英才工程"青年领军人才支持计划；获CSC资助赴澳大利亚西悉尼大学访学1年以及亚林所"C类"人才培养计划；入选中国林科院优秀青年培育计划、亚林所"优秀青年"青年英才培育计划；两名研究生获得硕士研究生国家奖学金等。

（二）重视合作与交流

与法国国家农业食品与环境研究院、英国皇家植物园邱园、马克斯普朗克进化生物学研究所、中国科学院分子植物科学卓越创新中心（植物生理生态研究所）、中国科学院微生物研究所、浙江大学研究员等国内外知名科研机构开展合作与交流。下一步将与法国国家农业食品与环境研究院围绕"脆弱生态系统修复和困难立地造林技术创新"和"林木幼苗重建的生根关键技术创新"等研究课题开展新的合作与交流。

二、学科发展展望

土壤共生菌是链接土壤肥力和树木生产力的核心纽带。树木根系通常与真菌、细菌形成多重互惠共生关系，明显区别于农作物和草本植物。同时，我国典型人工林如落叶松、马尾松、杨树、栎树和桉树等都是重要的外生菌根树种，与外生菌根真菌形成共生互惠关系是树木养分高效吸收和抗逆的重要机制。但目前对于这些共生菌资源的科学利用水平相当低，没有形成有影响力的核心产品和技术。随着高通量测序和培养技术的快速发展，获得树木根系完整的真菌组图谱已经成为可能。在未来5~10年，团队将重点聚焦共生真菌资源收集和性状评价，基于功能互补、菌株相容、代谢耦合和过程接力等原理，研发对林木具有显著促生、抗病、耐非生物胁迫的混合菌群，以及新型真菌源生物刺激剂的制备技术。具体研究内容将围绕以下几点：

（一）挖掘重要造林、经济林树种的土壤共生菌资源

以栎类、杉木、落叶松、马尾松、湿地松、杨树、油茶等树种为重点研究对象，系统挖掘多种土壤共生菌（菌根菌、内生菌、固氮菌和根际促生菌等）资源，构建特色共生菌资源数据库。

（二）共生菌功能性状解析与筛选

以矿化有机氮、溶磷解钾、分泌植物激素等为主要功能标记，筛选对林木促生、养分活化和非生物胁迫（干旱、盐碱和重金属等）抗逆和材性提升等功效的共生菌。

（三）人工合成菌群构建技术及复合菌肥制备

基于功能互补、菌株相容、代谢耦合和过程接力等原理，筛选构建出多个对林木具有显著促生、抗病、耐非生物胁迫和材性提升的功能稳健的混合菌群，即人

工合成菌群。解析人工合成群落与林木互作的分子机制和生理生态机制，并结合具有土壤改良作用的先进材料（生物炭、纳米铁等），研发制备具有专一性和高效性（促生、抗逆和沃土）的林木专用生物菌剂产品，精准提升森林土壤生态系统服务功能。

（四）微生物源新型生物刺激剂研发与机制研究

利用上述共生菌代谢产物，与高新企业合作，研发新型高活性生物刺激剂，一方面阐述提高难扦插树种的愈伤和生根率的主要作用机制，明确主要活性成分；另一方面揭示生物刺激剂提高林下中药材和药用真菌的产量和活性物质的含量的作用机制，突破药食两用菌根菌促繁提升技术，实现产量和品质的双增长。优化发酵工艺，研发最佳活性的发酵产物培养、提取和制备技术。

（五）生物菌剂和刺激剂等产品的注册登记与产业化

通过试验，将上述技术和产品进行逐步推广示范，开展多年重复试验，研究人工合成菌剂、生物刺激剂在多种环境因子扰动下，菌剂和生物刺激剂功效的稳定性。在此基础上集成以菌养苗、以菌养药和以菌养菌的现代生态林业发展新模式。

科技
贡献

多年来，亚林所承担了数百项国家重点项目和地方科研项目，成果获得了无数的国家级、省部级奖项以及国际关注，起草了众多的行业标准。亚林所作为一家科研机构，抬头做调研，低头做研究，拿出有分量的研究成果，这本是题中之义。然而，在编撰这篇"亚林功劳簿"时，亚林人说得最多的，却是"某某成果在助力脱贫攻坚和乡村振兴方面发挥了积极作用"、"某某成果为生物多样性保护提供重要的科技支撑"、"某某成果带动多少农户就业"、"某某成果有效提升了当地油茶产业发展和农民收入"、"某某成果的经济、生态和社会效益显著"……可见，在亚林人的心中，他们的成就感不仅仅来源于科研成果本身，更来源于这些成果为国家、为百姓带来的实实在在的好处。这不就是"将论文写在大地上"的最好诠释吗？

林业是生态文明建设的主战场，六十年来，亚林人紧扣时代脉搏，紧跟生态文明建设和乡村振兴、脱贫攻坚、生态安全等国家战略，紧贴老百姓对美好生活的向往，不忘"科研国家队"的职责与使命，宵衣旰食，脚踏实地，无悔奉献，用自己的科研实力，拿出了一份份让国家、让人们满意的"绿富美"生态答卷。

第九章
科技贡献与服务战略成效

第一节 在国家战略层面的贡献

在国家战略层面，亚林所利用自身科研实力，参与规划编制、行业标准起草，新种良种选育、先进技术研发，并积极科技建言，深化定点帮扶……在保障国家粮油安全、木材安全，科技支撑"双碳"目标、林长制先行，深化定点帮扶助力乡村振兴，以及科技赋能国家公园人与自然和谐共生等方面发挥了积极作用。

一、保障国家粮油安全

油茶是我国特有的木本油料树种，大力发展油茶产业是保障国家粮油安全的重要举措。近20年来，亚林所木本油料团队紧紧围绕国家需求，高效支撑"全国油茶技术协作组"、"国家油茶科学中心"、"国家林业和草原局油茶工程技术研究中心"、"油茶产业国家创新联盟"等一批油茶科技平台的建设和运行；深度参与《油茶产业发展指南》、《全国油茶产业高质量发展规划（2021—2035年）》、《加快油茶产业发展三年行动方案（2023—2025年）》等一批相关规划的编制；选育出49个高产、稳产、高抗的油茶新品种，形成了以油茶新品种和无性系合理配比、规模化育苗技术为核心的油茶新品种栽培技术，促进了油茶产业的重大技术进步。新品种油茶产量较实生林提高了7~10倍，在全国推广应用900万亩以上，使得油茶科技创新成果惠及全国各地，有力支撑了我国油茶产业扩面提质增效发展。同时，围绕油茶加工利用技术的推广与应用，亚林所可食用林产品加工利用团队牵头起草多个国家及行业标准，规范全国油茶籽和饼粕交易市场，建立了基于含油率、脂肪酸和微营养物质的油茶籽综合评价技术及油茶籽热风规模化快速烘干—精准制油—适度精炼—加工剩余物综合利用技术体系，有力支撑了我国油茶全产业链发展，并在助力脱贫攻坚和乡村振兴方面发挥了积极作用。

围绕油桐、山苍子等重要油料树种，特色林木资源团队取得了"樟科植物萜类化合物多样性形成机制"、"油桐抗枯萎病机理"、"山苍子全基因组精细图绘制"等多个重要成果，促进了特色林木资源综合加工利用行业的技术升级和产品多元化发展，引领了特色林木资源遗传育种、经济林培育等相关学科的发展。初步形成了种质资源收集评价、良种选育、高效栽培和精深加工与高值化利用技术体系。利用研究成果及良种，建立示范林基地 10 余个，推广造林 50 余万亩，实现经济效益 30 亿元以上。

围绕特色经济林品种选育和高效栽培，木本粮食团队选育的'太秋'甜柿及"亚林柿砧"系列广亲和性砧木，目前已在全国推广 5 万余亩，成功打造出"一亩山万元钱"高效栽培模式。研发和推广了柿生态高效培育技术，支撑浙江、江西、云南、广西等多地柿产业提质增效，产量和经济效益提升 20% 以上。'早香栗'等锥栗系列良种及高效生产关键技术，在浙江、安徽、江西、湖北、湖南、贵州等地得到大面积推广，每年新造林面积约 2 万亩，每亩增收 1000 元以上。亚林所木本油料团队紧紧围绕薄壳山核桃创新和产业问题，从育种本土化、区域良种精准化、无性扩繁规模化、栽培管理轻简化、产品开发多元化和加工利用精深化等方面开展创新和协作攻关，开展自主知识产权良种选育，并在全国不同气候区开展适宜栽培良种的筛选与评价，支撑营建国家良种基地 1 处，保存种质资源 230 多份，选育的良种已在 14 个省份累计推广超 30 万亩；研发的富根容器苗规模化培育技术、薄壳山核桃品种配置技术广泛应用在生产实践中，每亩产值达 1 万元以上。

二、保障国家木材安全

亚林所是我国马尾松、杉木、国外松和柏木育种的主要研究机构，也是全国马尾松和亚热带阔叶树良种基地技术协作组、中国林学会松树分会、国家林业草原马尾松工程技术研究中心、国家林业草原国外松培育工程技术研究中心的依托单位。

亚林所林木遗传育种团队聚焦国家木材安全和种业振兴，联合国内相关科研院所、林业种苗管理机构及国家重点林木良种基地等力量，重点加强高抗高生产力良种选育、种子园丰产经营、抗松材线虫病分子机理和设计育种、松林珍贵化改培和林下复合经营等技术研发与成果转化，指导多个国家重点林木良种基地发展规划编制、种子园矮化经营、乡土珍贵树种良种选育和良种繁育基地建设，分别在浙江龙泉林科院营建了杉木第4代育种群体，在淳安县林业总场有限公司姥山分场营建了马尾松第3代育种群体，在杭州市余杭区长乐林场营建了湿地松、火炬松第3代育种群体和第2代种子园，营建的杉木第3代和马尾松、湿地松、火炬松第2代种子园均已投产；在兰溪市苗圃国家马尾松良种基地营建了抗性马尾松种子园，在营建技术和丰产稳产经营等领域取得了全方位突破；同时，牵头起草了国家林业行业标准《林木种子生产基地建设技术规程》，有效支撑了全国主要针叶用材树种良种基地的树种结构调整和良种生产。

建立了国内最大最全的红豆树、南方红豆杉和赤皮青冈育种群体，选育优质和早期速生良种6个，实现其良种从"0"到"1"的跨越。收集保存优良种质资源1035份。筛选优良家系和个体85个，审（认）定良种6个，生长增益15%以上，建立良种繁育基地500余亩，完全实现良种化造林。营建浙江楠、赤皮青冈、小叶青冈和南方红豆杉实生和无性系种子园326亩，审（认）定省级林木良种5个，近两年生产良种1351公斤。研创了特色珍贵树种不同规格容器苗的精细化培育技术，每年培育红豆树、楠木、南方红豆杉和赤皮青冈1年生轻基质容器苗和2~3年生大规格容器苗300万株以上，引领国内珍贵树种的容器育苗技术。同时，构建了这些特色珍贵树种的高效培育技术体系，选用审（认）定的良种在浙江的建德、龙泉、庆元等地采用优化栽培营模式营建精细化培育珍贵树种基地10万亩以上。

国外松作为世界性人工用材林主栽树种，不仅增加了南方广适造林的松树品种，提供了优异的松材和松脂，并且能够与本地松树在病虫害抗性、造林立地要求等方面形成互补，对松树产业持续健康发展起到重要作用。近30年来，亚林所种质资源团队持续开展国外松良种选育工作，主导选育并通过审（认）定17个主要良种，其中审定的我国第一个火炬松国家级种子园良种、第一批湿地松高产脂、高世代无性系种子园良种推动了我国国外松品系的更新换代，其品质和产量达到或超过原产地美国主栽种苗的水平，实现了国外松良种进口替代。良种丰产期每年生产的良种种苗可用于营造40万亩国外松林，造林区域辐射浙江、江西、安徽等主要中北亚热带国外松栽培区。江西、安徽和浙江省级林业种苗部门在对亚林所营造的树龄在 10 年以上的良种测试林进行现场评审时，发现其选育的良种在保存率、生长量等主要指标上达到或超过引种的同类资源，优异特性超过各类对照 15% 以上。同进口种苗相比，国产化良种品种多，测试更全面充分，具有更好的生态适应性和独特的经济特性，能够满足国内复杂种植环境下不同良种的需求，为国外松高效集约化经营提供了品种保证。在良种质量和数量大幅提升的同时，牵头制（修）订了我国第一个国外松行业标准《湿地松、火炬松培育技术规程》，重新划定了两树种在我国的栽培区划，规定了两树种的培育目标、造林品种选择和种苗培育、造林技术、林分抚育管理、松脂采集、主要病虫害防治、主伐更新等方面的技术内容。有效支撑了全国湿地松、火炬松树种高效培育。

针对我国木材对外依存度高、珍贵用材后备资源严重短缺等问题，林木遗传育种团队牵头起草的浙江省地方标准《主要珍贵树种大规格容器苗培育技术规程》，被认定为首批 100 个"浙江标准"之一，也是首个通过"浙江标准"认定的省级林业标准，研发建立的红豆树、南方红豆杉、楠木（浙江楠、闽楠）、青冈等浙江省主要珍贵树种大规格容器苗精细化培育技术，苗木质量较现行省标提高 25%~50%，并降低育苗和苗木运输成本 30%，在国内起到重要引领作用。培育的良种壮苗省内市场占有率 90%，培育的 2 年生及以上规格容器苗引领了我国珍贵树种造林用苗的重大变革。标准实施 4 年来，亚林所累计培育各类珍贵树种大规格优质容器苗 1500 万株，为全国珍贵用材树种短缺问题提供了浙江经验。同时，研创了促进红豆树和楠木等珍贵树种优质干材形成和培育的高效栽培技术，根据树种特性提出了多种优化栽培模式，攻克了以立地选择、大规格容器苗应用、干形塑造、营养动态管理等为核心的高效培育关键技术，幼林生长率提高 20% 以上，郁闭时间提早 2 年以上，显著提升了这些珍贵树种的培育技术水平。

三、科技支撑"双碳"目标

针对"双碳"重大战略决策，湿地生态团队承担本所创新研究项目"长三角地区湿地碳汇计量与增汇技术研究"、省院合作重大项目"浙江省湿地生态监测与评估预警体系构建技术研究"，研究典型滨海湿地、山地沼泽湿地的碳储量、固碳速率及碳排放通量。完成了浙江松阳松阴溪湿地碳汇基础性研究工作，科技支撑浙江省林业碳汇先行基地创建单位 2 个。参编出版《浙江省碳达峰碳中和科技发展蓝皮

书》（中国环境出版集团，2023 年，湿地碳汇部分）

人工林生态团队核算了长三角地区 1998—2018 年森林植被的碳储量，并预测了 2030 年和 2060 年的年均碳汇量。同时，针对长三角区域制约森林碳汇提升的关键问题，提出了"提升森林碳汇能力，拓宽实现碳中和绿色路径"的建议，助力双碳目标一体化实现。在亚林所和杭州市富阳区战略合作框架下，亚林所生态修复团队测算了村级区域碳排放及碳汇能力，为乡村后续旅游资源开发、碳交易等提供了数据基础；同时，方案针对性地编制了零碳乡村建设的三个重点任务和十大重点工程，提出了相应的保障措施，为指导未来乡村零碳示范村建设提供了有力的科技支撑。

天然林生态团队通过实施国家重点研发计划项目"树种多样性及林分结构对森林碳储量及其组成的影响机制"，国家基金项目"生物质炭—根系互作驱动土壤碳矿化激发效应的 C 源敏感性"、"干旱驱动毛竹新碳分配的'押注对冲'策略及新竹死亡机制研究"，国家林草局重点行业专项"森林增汇技术、碳计量与碳贸易市场机制研究"、"典型森林土壤碳储量分布格局及变化规律研究"等项目，开展了毛竹林等森林生态系统碳储量和碳汇形成机理，以及环境驱动机制研究，阐明了生物质炭添加等土壤管理措施对森林碳储量及其稳定性的影响机制，为竹林固碳稳碳经营和管理提供了科技支撑。

为提升马尾松固碳增汇能力，林木遗传育种团队研发林分非均匀密度调控、珍贵树种引入和混交培育、干形冠形调控等改培技术，创新提出基于非均匀密度调控和珍贵化改培的马尾松林提质增汇技术，促进构建优质、稳定和高效的异龄复层林；针对松材线虫病林，研发非均匀密度调控、干扰树确立和伐除、人工促进更新等改培技术，以及受损松林提质增汇树种选择和配置等精准匹配技术，研制基于疫木精准伐除和补植树种精准配置的松材线虫病林改培技术。这些技术模式可将松材线虫病发生率降低 15% 以上，生态系统碳汇增加 10% 以上，显著提高马尾松人工林质量和生态功能，服务我国生态安全和"双碳"目标。

林木种质资源团队承担了浙江省高碳汇湿地松选择任务，首次从育种角度为"双碳"目标奠定了国外松良种基础。选择了一批与含碳量等相关的基因。基于多元混合线性模型 MLMM 对 187 个湿地松的针叶干重、木质素含量、有机碳含量和主干重量性状开展 GWAS 研究，共鉴定到 38 个显著关联位点，表型变异解释率 PVE 的变化范围为 1.04%~11.43%。其中 11 个与针叶干重显著关联，14 个与木质素含量显著关联，13个与有机碳含量显著关联，11个与主干重量显著关联，为高碳汇育种奠定了基础。

四、科技支撑林长制先行

亚林所围绕生态文明建设、乡村振兴、生态安全等国家战略，以深化林长制改革为契机，以林长制改革科技需求为导向，以林业科技攻关项目为抓手，开展林业科技创新和成果应用推广。为解决茯苓种植与松木砍伐之间的突出矛盾，木本油料团队开展茯苓袋料仿野生栽培技术研究，利用树枝、松针以及木屑来代替健康松木作为茯苓袋料栽培的主要培养基质，最高生物转化率比传统段木高34.86%，达60%；针对农林企业生产加工剩余物利用率低等突出问题，木本油料团队开展农林剩余物高值化利用技术研究，通过农林生产加工废弃物高温发酵工艺结合基质改良试验，实现油茶苗木成活率比常规基质提高5%~10%，油茶苗地径和高度比常规基质分别提高36.6%和46.7%，生长周期缩短3~6个月。目前该技术已在全国多地推广应用，有力推动了林业产业的生态化发展。

科技成果推广应用方面，在油茶繁育推广一体化、油茶籽油加工工艺优化等方面与安庆林业企业开展全面科技合作，以由亚林所研发的10个"长林"高产品种建立高效示范林100亩，优化油茶籽油低温压榨生产线，技术示范覆盖多个区县，每亩可实现收益1万元，积极推动了安庆油茶全产业链高质量发展；成功引种高收益经济林和食用菌品种10余种，建立各类高质量经济林示范林330亩，每亩可实现收益2万~7万元。与安庆岳西县签署战略合作协议，建立林下食用菌高效栽培示范基地2个，高质量完成该地彩色林相规划编制和部分路段的工程实施，有力支撑地方生态旅游产业发展。承担国家农业科技发展战略智库联盟重点战略研究"科技驱动'林长制'到'林长治'研究"项目，编写《践行习近平生态文明思想，为全面推行"林长制"提供有力科技支撑》建议报告，打造全面推行林长制改革科技支撑示范样板。

五、深化定点帮扶助力乡村振兴

亚林所主动对接脱贫攻坚、乡村振兴等国家战略需求，紧跟国家林草局和中国林科院的工作部署，以定点扶贫县为重点，覆盖亚热带地区重点扶贫开发区域，创新科技扶贫合作模式，拓展扶贫服务领域，取得了较好的成效。

为深入践行"绿水青山就是金山银山"理念，推动绿色产业发展，引领乡村振兴，亚林所组织专家团队深入广西、贵州的对口扶贫县，对接地方发展需求，开展专项调查，从良种选育种植及加工利用、技术人员培养、农旅融合和乡村振兴等方面，为对口县林业产业发展指明了方向、明确了定位、明晰了路径。其中，《增强"两山"转化动能，林草科技支撑贵州独山精准扶贫理论与实践》已被国家林草局推荐至国务院扶贫办予以采纳。

为科技赋能林业产业高质量发展，以技术成熟、成本可控等特点的适度规模发展为原则，亚林所组织专家遴选了油茶、甜柿、油桐、无患子、竹子、杉木和食用菌等高产适应性良种，并推广相配套的高效培育和精深加工技术。在定点县实施扶贫项目17项，投入资金1200万元，通过组建技术专班、扶持当地合作社、培养专业化基层技术干部、培训林农等方式，显著提升林业产业科技含量及林农的专业化经营水平，推动扶贫县林业产业的高质量发展。

在贵州独山，特色林木资源团队应用"油桐抗枯萎病高产品系选育技术"成果，将5000余亩油桐枯萎病林成功改造为高产抗病林分，帮助企业挽回经济损失1500余万元。同时，利用选育出的油桐高产高抗品种'金盾油桐''金砧1号'完成了抗病高产嫁接育苗80万株。成果辐射至贵州、广西、重庆等地，累计营建油桐抗病示范林10万余亩，带动示范区2000余户就业，户年均收入增加3万~5万元。推广的甜柿新品种及高效栽培技术，已实现部分示范林2年挂果，生产期亩产可达1500公斤以上。在广西罗城建立的500亩油茶高品质栽培示范林，通过采用良种+良法的油茶栽培技术，产量较老林提升近3倍。

通过智库引领和技术支撑，使众多技术成果在定点县落地、开花、结果，为当地林业产业发展提供了自循环的源动力。目前，亚林所已在定点县营造各类示范林11433亩，辐射推广各类品种和栽培技术近10万亩，带动定点县油茶产业专业合作社发展壮大，带动油桐生产企业走出困境，带动食用菌和甜柿等种植大户丰产增收，有力推动、助力乡村振兴林业产业健康发展，助力乡村振兴。

六、科技赋能国家公园人与自然和谐共生

近20年来，亚林所紧紧围绕国家生态建设需求，为推动以国家公园为主体的自然保护地体系，推动人与自然和谐共生和生物多样性保护提供重要的科技支撑。

亚林所科研团队创建了浙江钱江源森林生态系统国家生态定位观测研究

站，建设完成野外监测试验设施10余处，获得钱江源国家公园亚热带常绿阔叶林生态系统和典型人工林生态系统水文、土壤、气象和植被监测数据约2000万条，完整掌握了国家公园不同森林类型森林资源和环境动态变化数据集，为国家公园建设提供强力支撑。通过对钱江源国家公园创建区内参与地役权改革的2897公顷人工林的生态系统质量与功能现状进行系统研究，提出集体林地役权改革应由按量分配向按质分配转变的政策建议，并构建了地役权改革土壤环境质量本底数据库，为农地地役权改革成效评价和按质分配提供了数据支撑。围绕国家公园生物多样性保护，创制了大型蚧壳虫专用注干剂，解决了公园内不能大规模喷施化学药剂的难题；研发了锥栗冠绵蚧注干防治新技术，彻底解除了锥栗冠绵蚧对国家公园林木安全的威胁；通过对国家一级保护野生动物黑麂栖息地的跟踪调查，明确了黑麂的生境偏好特征，为黑麂栖息地恢复和管理提供重要决策咨询；承担国家公园生态物种多样性循环系统建设研究和规划编制，为确保项目实施取得预期成效和钱江源—百山祖国家公园的建设提供了有力的科技支撑。在准确测算钱江源国家公园人工林生态功能基础上，提出加强人工林精准生态修复，提升钱江源国家公园"一塔两库"功能的建议；研发了马尾松人工林结构调控固碳增汇技术和开展构建马尾松人工林固碳增汇的经营模拟系统，针对调控周期长、碳汇计量难等问题，基于数字化技术，实现林分结构调控和碳汇能力动态变化的可视化。

第二节 在亚热带区域乃至行业层面的贡献

在科技支撑亚热带全域林业产业发展与生态建设方面，经济林和森林资源培育领域的100余项科研成果入选国家林业科技推广成果库，科研成果转化率达78%，公益性推广使用率可达95%以上，在亚热带经济欠发达地区成功推广了油茶、甜柿等经济林高效栽培技术和林菌、林药种植技术，通过林草科技大讲堂、科技下乡、林业科技周等形式，开展技术培训和现场指导60余期，派遣专家330人次，推广应用实用技术80余项，累计培训林农和林技人员超15000人次，为通过"扶智增技"切实推动亚热带经济欠发达地区富农增收和乡村振兴提供有效途径。

一、推动亚热带地区特色林业产业发展

为推动油茶产业的高质量发展，木本油料团队以"长林"系列为代表的油茶良

种成为国家主推良种,在多个省市大面积推广;独家研发了油茶芽苗砧嫁接技术,将数亿油茶无性系苗推向种植基地,成为国外发源理论在我国成功实践的标志性技术之一;在全国油茶产区建起19个油茶种质资源库,保存2800多份珍贵的油茶种质资源,选育出数十个优良品种,推广覆盖全国15个油茶产区,创新、集成油茶丰产稳产栽培和绿色加工技术,将茶油产量由每亩5公斤左右提高到30~50公斤。

木本粮食团队打通产业链与科研链,将甜柿亲和性砧木良种选育、示范推广、适宜栽培区筛选等科研目标一体化组织实施。在快速选育新品种的同时,满足各地发展高品质甜柿的迫切需求,在多省建立新品种示范林4500余亩。目前,'太秋'及其高效栽培技术体系已在南方20个省份进行了推广示范,柿园里售价每公斤40~70元,第5年亩产值约1万元,7~9年盛果期亩产值高达2万~5万元甚至8万~10万元,成功打造出甜柿"一亩山万元钱"高效栽培模式。

作为椿树国家创新联盟的牵头单位,亚林所联合成员单位,在香椿种质资源收集保存与新品种选育、栽培标准化与生态化、产品深加工、功能性食品药品开发等方面开展科技创新,目前已在香椿全基因组测序和功能基因挖掘、组织培养、密植矮化、椿芽周年供应管理、精深加工产品研发等方面获得突破,联合研制育苗、种植、高效培育等多项技术标准,支撑多个省份香椿产业高质量发展。种质资源团队营建了国内首个香椿、红椿种质资源库,筛选出多个材用、菜用优良品种,为推动地方经济发展和林农增收提供新途径。

为推动乡土栎树产业发展,特色林木资源团队在我国南方已建立示范样板基地5万亩以上,建立规模化苗木繁育基地16处,繁育苗木5000万株以上,辐射推广应用30万亩以上,带动3000户林农就业,促进园林绿化公司和保障性苗圃营业净收入增加共计10亿元以上。

二、推动竹产业兴旺发展

针对区域特色笋用竹种开发利用不足、集约经营雷竹林退化及高品质竹笋培育技术滞后等问题,竹资源团队创新集成了退化雷竹林生态恢复、水肥精准管理及特色笋用竹以及麻竹、绿竹等丛生竹高质培育关键技术,在多个省份推广应用达30余万亩,雷竹林增产超过20%,效益增加15%以上;培育的高节竹白笋价格是普通高节竹笋的10倍以上,竹林效益增加超过300%。团队研发了毛竹林下功能植物高效复合经营技术,竹林效益增加3200元/亩以上,该成果被国家林草局列为重点推广项目，推广应用面积 5 万余亩，实现经济效益达 1.5 亿元以上。研发提出的以伐桩灌水为基础的毛竹大径材培育、毛竹林无水源地节水灌溉与抗旱等技术成果，被国家林草局列为重点推广项目，并在浙、闽、赣等毛竹主产区推广应用超 5 万余亩。开展了勃氏甜龙竹的设施栽培技术研究，已在长三角地区建立设施栽培示范基地 150 余亩，亩产鲜笋 1000 公斤以上，亩产值超过 2 万元，丰富了长三角地区夏秋季鲜笋市场供应。

三、促进区域林下经济高质量发展

亚林所组织科研团队以科技项目为抓手，结合科技特派员工作，不断创新优化林下经济高效种植技术。在国家林草局对口帮扶的广西罗城县、中国航空集团对口帮扶的昭平县，以及浙江安吉、安徽岳西、宁波四明山、江西新余、广东广宁和蕉岭等地构建了集立地条件、栽培基质、配置模式于一体的林下食用菌（竹荪、大球盖菇等）高效种植技术，建立试验示范点，培育家庭农场和合作社，林下种植竹荪产值较传统模式提高 11%~31%，净收入每亩超过 2 万元，林下栽培大球盖菇净收入每亩超过 1 万元；在浙江江山系统整合种苗选择、水肥供应、摘花打顶、合理采收等技术，建立毛竹林下多花黄精示范林 300 余亩，产量达 2000 公斤/亩以上，年增产值 1.2 万余元，推广辐射 1000 余亩，成功入选浙江省"一亩山万元钱"十大共同富裕典型案例；在浙江淳安充分利用病疫木树桩、杆材作为栽培基质，共栽培茯苓 1000 窖，构建试验示范林 6000 余亩。

通过科技项目的实施，结合各类科技特派团活动，竹资源团队在南方的 35 个产竹县开展技术示范与培训服务工作，累计推广林下食用菌仿野生栽培技术 6 万亩，经济效益达 10 亿元以上；培训林技人员及林农 3500 余人次，为推动亚热带全域林下经济的高质量发展做好科技支撑和示范引领。

四、推动亚热带地区生态保护与修复

针对长三角一体化、黄河流域高质量发展等国家战略，湿地生态团队承担了省院合作重大项目"长三角一体化示范区河湖湿地生态修复关键技术研发与示范"、中国林科院基金重点项目课题"黄河流域生态系统生态质量演变研究"等项目，支撑长三角及黄河流域湿地保护与修复。

围绕亚热带湿地生物多样性保护，湿地生态团队在全国 16 个省市发起卷羽鹈鹈东亚种群同步调查，不仅精确统计了东亚种群的数量，也对其越冬种群的分布有了更深了解，对于卷羽鹈鹕的保护和栖息地的管理具有重要意义。围绕习近平总书记对深化东西部协作和定点帮扶工作重要指示，以及浙江省与四川省阿坝州对口支援的沟通交流需求，针对四川阿坝州高原湿地不断退化、生物多样性下降、保护和恢复技术缺乏等问题，承担了"阿坝高原湿地资源监测与生态管理技术试验示范"等浙江省科技援助项目，通过举办湿地管理技术培训班、培养少数民族特培学员等方式，有力支撑了阿坝州高原湿地资源监测、保护以及湿地公园的建设和管理。

毛竹林是我国南方特色林种，由于经济效益高，长期以来被作为短周期经济植物进行培育管理，而忽视了生态系统的研究。20多年来，天然林团队对毛竹林生态系统结构、功能及其对气候变化响应开展研究，首次系统全面阐明了毛竹地下鞭根系统生物学、生态学特征及其对水分养分供应的拓扑学响应，揭示了细根生产和周转对地球化学循环的影响机制，出版了首部关于竹林鞭根系统的专著《竹林地下系统研究》。2013年，在钱江源生态站富阳站点建设了国内外第一个毛竹林人工干旱处理系统，开展极端干旱对毛竹林生态系统碳循环研究，系统揭示了干旱胁迫对短周期毛竹林光合固碳、新碳分配、土壤碳组分及转化、土壤呼吸等的影响及微生物和环境驱动机制。建设生物质碳添加长期试验平台，探索"竹炭还林"对竹林循环利用、竹林生态系统碳循环的影响机制，对充分发挥竹林经济和生态多功能性、推动竹产业发展和生态保护协同发展作出重要贡献。

围绕矿区废弃地及重金属污染地等困难立地植被恢复与生态修复，生态修复团队在杭州富阳常安镇建立重金属重度污染区修复树种筛选试验区，通过对选栽苗木的生长表现及重金属积累能力评价，筛选出一批高值化的重金属高耐性树种，并采用有效的植被配置模式，配合土壤调理剂施用技术，建立示范林近100亩，实现土壤重金属扩散风险的管控和污染土壤的安全利用。针对重金属污染立地所处区位和当地特色产业，研发了特色抗重金属苗木轻基质化生产模式、特色抗重金属苗木轻基质育苗与地栽结合的培育模式、重金属污染土壤修复特色苗木原地培育大苗模式，培育栎树、木麻黄、真柏、红叶石楠等特色抗重金属绿化苗木，并建立了重金属污染土安全利用示范区，实现绿化苗木生产与土壤重金属污染修复的协同发展。针对铜矿尾矿区所处风景区的特点，研发了铜矿尾矿区铜草花高效培育技术，打造了铜矿尾矿库生态修复与景观营建一体化技术模式，科技支撑地方生态建设和景区特色化发展。针对矿区废弃地及重金属重度污染地，构建了重金属污染地生态修复营建技术体系，在湖南、安徽等地建立示范林 2300 余亩，在施用试验区 3% 的竹炭与柳树联合修复研究中，Cd 和 Zn 的重金属扩散风险指数降低率分别为 83.4% 和 64.9%，示范林径流 Cd 和 Zn 的综合潜在生态风险指数降低率为 23.45%~59.34%。依托相关技术主持起草《重金属污染地生态修复林营建技术规程》省级标准，为长江经济带地区重金属污染生态控制提供技术规范。

第三节　服务地方林业产业发展和生态建设方面

在技术创新研发的同时，亚林所坚持面向全区域，布局开展成果推广和技术服务。在浙江金华，依托种质资源收集工作，从 2006 年以来长期支撑多个国家油茶良种基地建设。在河南光山，油茶产业发展模式与效果已成为油茶北部产区的典范，应用自主选育的"长林"系列主栽良种和配套栽培技术形成的丰产面积已超 20 万亩，引建 3 家茶油加工企业，搭建了油茶全产业链发展体系，产区 3000 多户林农人均增加收入 2000 多元。在重庆酉阳，与重庆酉州油茶科技公司合作，全面支撑全县油茶高产基地建设、高质量苗木培育、深加工利用等，"长林"系列良种推广应用 30 万亩以上，惠及全县 38 个乡（镇）158 个村，带动农户 6.8 万余户，其中脱贫户 7000 余户，户均增收 1000 元以上。在云南腾冲和海南琼海，分别建立腾冲红花油茶实验站和热带试验站，技术支撑当地油茶良种选育、高产栽培等技术研发，培育腾冲红花油茶和海南油茶良种 9 个，填补了特色生态区特异物种的良种空白。此外，相关良种和技术还在安徽、湖北等地辐射应用，先后建成大面积高产示范区，有效提升了当地油茶产业发展和农民增收。浙江杭州富阳区、云南保山隆阳区和广西恭城县等区（县）建立甜柿高效栽培示范林 2000 余亩，每亩经济效益增加 1 万~2 万元。团队骨干担任省科技特派员，为浙江庆元县荷地镇打造千亩锥栗低产林改造与林下综合种养示范园区，带动当地 200 多农户就业；在贵州遵义与贵州林草发展公司合作建立省级山桐子示范基地 1000 亩，在贵定县指导云华农旅公司建立山桐子高效示范林 2000 余亩……贵州有山桐子的地方，几乎都留下亚林所青年专家的身影。

根据浙江省湿地生态监测与保护修复需求，湿地生态团队开展了 30 余处湿地类型自然保护地整合优化、湿地公园总体规划、自然资源和生物多样性调查、外来入侵生物普查、生态影响评估及生态服务评估与功能提升等研究和示范，提出湿地生态监测体系构建技术，并在 20 余个湿地类型自然保护地中推广应用；打造了浙江省湿地生态监测布局体系，为构建全省湿地生态监测体系提供技术支撑。编制《浙江省湿地生态修复技术指南》，由浙江省林业局等6部门印发，指导了全省重要湿地生态修复工程的规划、设计和实施。有关湿地公园生态监测及生态修复技术成果，累计推广应用湿地面积达1000公顷，实现了项目成果的高度转化。2022年，湿地生态团队获得浙江省林业局"全省林业科技工作成绩突出集体"称号。

第四节 其他层面的贡献

一、科技特派员

自2003年浙江省推行科技特派员制度以来，亚林所累计派出科技特派员130余人次，共推广新品种新技术400多项次，开展技术培训600多场次，培训人员2万余人次，指导建设科技特派员示范基地40余个，提出经济林、竹子和林下经济等产业发展建议20多项。

多年来，亚林所科技特派员始终把为林农增收致富作为检验技术的"金标准"，先后10次获"浙江省科技特派员工作先进单位"称号，毛竹产业开发团队科技特派员获"浙江省优秀团队科技特派员"称号；18人次获"浙江省科技特派员工作先进个人"称号；2人被评为"浙江省农业先进工作者"；1人被评为国家林业和草原局咨询专家；4人被评为"最美林草科技推广员"；2人被评为"浙江省林业技术推广先进个人"；2人被评为"浙江省林业产业先进个人"；8人被评为"中国林科院科技扶贫先进工作者"。亚林所研发的技术成果80%以上应用于浙江，且服务区域覆盖全省80%以上县区。

二、科普教育

自20世纪90年代起，亚林所积极践行生态文明理念，打造高水平科普教育基地。试验林场被评为国家林草局亚热带林木培育长期科研基地、国台办海峡两岸交流基地和浙江省生态文化教育基地。

近五年来，以亚林所各研究组为技术支撑，研发"小昆虫大世界"、"多彩菌菇"等30门课程。通过沉浸式体验、探究式学习，让学生体会自然的神秘，探寻自然的奥秘，感知科技的魅力和趣味。在富阳城市森林公园和黄公望森林公园，以科普标牌、特色场馆、宣传册等形式让大众走进自然、体验自然，大丛科普活动惠及100余万人次。与高校、教育研究中心、研学机构等合作，近5年来开展课程科普活动300余批次，有近2万人次参加。完成国家林草局"全国林草科技周分会场活动之亚林自然教育基地植物和微生物多样性科普宣传"项目和"中国林学会科技志愿服务基层行"项目，为林业科技志愿服务提供典型案例。以山茶、木兰等核心种质资源库为载体，为科普活动增添亚林元素。试验林场先后被认定为"全国自然教育学校（基地）"、"中国菌物学会科普工作基地"、"浙江省中小学劳动实践基地"、"亚林自然教育研学基地"、"亚林自然教育学校营地"、浙江省杭州市富阳区"新劳动教育实践体验基地"等。

第十章
科技服务典型成果

一、笋用竹产量和品质形成基础与提升关键技术

通过系统研究毛竹、雷竹、高节竹、绿竹、麻竹等我国重要笋用竹种的生物学和生态学特性，攻克了笋芽促萌、养分循环、竹笋质量调控等关键技术，建立了竹林丰产培育技术体系，系统开展了"毛竹—土壤—大气连续体"研究，提出了以伐桩灌水为基础的毛竹大径材培育技术、毛竹林无水源地节水灌溉与抗旱技术等。阐明了雷竹养分需求特性，提出了基于克隆性雷竹林减量化施肥方法，揭示了长期林地覆盖导致的土壤酸化、养分富集和关系失衡、微生物区系改变等引起的土壤障碍和林养分限制格局发生改变等导致的立竹生长与生理活性降低是雷竹林退化的主要原因，提出了雷竹林叶片氮磷比对NSC组分的调控机制及其对竹林退化的指示作用；揭示了雷竹弱喜铵的需肥特性，发现了分株比例、年龄和距离的氮素传导规律，阐明了雷竹笋品质形成的林地覆盖和氯素施肥效应。探明了地形、海拔、施肥等对高节竹生长和竹笋品质的影响，明确了高节竹高质高效培育适宜的环境要求，揭示了竹笋箨叶形态性状、色素和养分等对高节竹笋生长和品质的重要影响，研发了高节竹覆土控鞭高品质竹笋培育技术。研究集成了"毛竹林丰产栽培技术"、"笋材两用毛竹林高效培育技术"、"毛竹林下复合经营技术"、"高品质竹笋高效培育技术"、"退化雷竹林生态恢复技术"、"雷竹林氮磷钾养分配比、氮素形态配比"、"高节竹覆

土控鞭高品质竹笋培育"等技术体系，在我国南方10余省（自治区）建立试验示范基地20多个，技术辐射面积1000多万亩，取得了显著的经济、生态和社会效益。

二、'亚林柿砧6号'

'亚林柿砧6号'是从南方野柿中选出的一个与甜柿嫁接亲和性较好的优良家系，适宜长江流域的广大南方省份种植，适应性强，耐干旱瘠薄，抗病性强，解决了国内甜柿嫁接砧木技术难关，其嫁接的'太秋'、'富有'生长势好，根系发达，结果早（提前1~2年），产量高（盛果期平均亩产稳定在2000~2500公斤，比普通砧木增产60%以上），且分化程度较小。

目前，应用'亚林柿砧6号'作砧木嫁接'太秋'等甜柿在浙江省推广1万余亩，在江西、广西、江苏等省区推广3万余亩，盛果期亩收入3万~5万元，远高于其他传统种植业，成功打造出"一亩山万元钱"高效栽培模式，多地纷纷建立了甜柿产业特色示范区，具有良好的社会效益。2023年，'亚林柿砧6号'获首届浙江省知识产权奖二等奖。

三、杭州湾典型湿地资源监测与恢复技术研究

该成果首次对杭州湾滨海湿地资源动态变化进行了较为全面的研究，为杭州湾湿地的长期监测奠定了基础；提出了杭州湾湿地生态保护对策和生态恢复技术，并建立了相应的试验示范区；探讨了海岸湿地评价指标体系，提出了杭州湾湿地鸟类栖息地规划与管理的建设性建议，构建了杭州湾湿地环境与生物多样性数据库和信息管理系统，为杭州湾典型湿地资源监测与恢复提供了理论与方法。该成果在滨海湿地资源保护、生物多样性保育和信息管理系统构建等方面具有创新性，已在杭州湾湿地保护与利用中得到了应用，为浙江省和我国海岸湿地的综合管理起到了示范作用，获浙江省科学技术二等奖。

四、油桐抗枯萎病品系选育技术及应用

该成果主要在南方贫困山区也是油桐的中心产区应用推广。利用油桐高抗良种，将贵州独山县5000余亩油桐枯萎病林重建为高抗高产林，直接挽回经济损失1500余万元，拯救了当地濒临破产的油桐种植企业，并支撑其转型为油桐产业的龙头企业。通过科技支撑，在贵州独山县和三都县、广西田林县、重庆丰都县、湖北京山县、

四川井研县等地营建油桐抗枯萎病试验示范林8万余亩,在油桐主栽县辐射推广达10万余亩,带动当地2000余户林农进行林地流转,户均年收入增加2万~4万元,有效助推了当地脱贫攻坚和乡村振兴。

五、亚热带典型生态脆弱区石漠化生态治理

喀斯特退化生态系统石漠化被称为"地球癌症",在我国西南的贵州、云南、广西等10省(自治区)均有分布,2005年遥感卫星数据显示面积已达13.8万平方公里。亚林所于2000年响应科技支撑国家退耕还林战略,分别在桂西、黔中和滇东喀斯特石漠化地区开展不同气候带条件下的植被恢复及石漠化生态治理研究与技术研发。2011年,集中研究力量在贵州省普定县建立国家林业和草原局所属的贵州普定石漠生态系统国家定位观测研究站,开展长期定位观测研究,推动区域植被高质量发展和生态效益的持续发挥,促进区域生态文明建设。相关研究工作与实施地区的退耕还林工程、珠江防护林工程等紧密结合,积极响应国家西部大开发、长江经济带、科技兴农、生态文明建设等战略,在石漠化区累计推广应用研究成果21万亩,实现新增产值4000万元,有效促进了地方经济的发展与农民增收,显著提高了石漠化区退耕还林、长江(珠江)防护林等林业生态工程的建设质量和成效,有效减少了水土流失,促进了石漠化区的植被恢复与质量提升。研究成果丰富了石漠化生态治理技术体系,有力推动了区域生态文明建设。

六、油茶全资源绿色高值利用

该成果针对油茶加工技术落后、产业链短、产品附加值低等问题,在国家自然科学基金项目、国家重点研发任务等项目支持下,系统开展油茶籽定向绿色加工、副产物高值利用研究。突破了油茶籽规模化快速干燥、低损高得率制油等绿色精准加工技术,研发富营养油、浓香型油、化妆品基础油等产品,能耗降低10%以上,营养成分提升20%以上;研发了油茶皂素挤压膨化—连续低损耗提取—膜纯化工艺,工业规模纯度达80%以上,能耗降低30%以上。突破了油茶果蒲经济林废弃物与不同辅料共发酵关键技术,构建了就地、就近、快速处理经济林废弃物及低成本、低污染、低能耗和安全稳定的花卉苗木基质生产工艺,实现了经济林废弃物100%替代泥炭。相关成果获省部级奖励3项,并基于相关成果牵头起草标准7项,其中国家标准3项,获授权发明专利15件;构建了油茶籽—饼粕—皂素的国家标准体系

和油茶籽油绿色精准加工—皂素高值低损纯化—剩余物基质化复合利用专利体系。相关技术在10多个省份得以应用，新建示范线14条，辐射带动3000多户脱贫，经济、社会效益显著，有力地促进了当地油茶产业的发展，推动了我国油茶产业精深加工技术的进步，成果主要完成人获中国林科院"科技扶贫先进工作者"和"浙江省农业科技先进工作者"等荣誉。

七、珍贵树种优良种质发掘与高效培育技术

该成果建立了红豆树和楠木等轻基质容器苗精细化培育技术体系，基于此技术体系形成的《主要珍贵树树大规格容器育苗培育技术规程》被认定为体现高质量、高效益和先进性的"浙江标准"。研发了以科学基质配比、不同氮磷比缓释肥加载、适当降低容器规格、分级和密度调控、菌根菌接种及6人自控荫棚水光控制为核心的1~3年生容器苗精细化培育技术，苗木质量较现行省标提高25%~50%，并降低育苗和苗木运输成本30%。培育的良种壮苗在省内市场占有率90%，培育2年生及以上规格容器苗引领了我国珍贵树种造林用苗的重大变革。同时，研创了促进红豆树和楠木等珍贵树种优质干材形成和培育的高效栽培技术，有效支撑了浙江珍贵用材资源培育。模拟珍贵树种在天然林中竞争生长习性和生境要求，根据树种特性提出了采伐迹地和松杉主伐择伐间种等多种优化栽培模式。揭示了立地条件、苗木规格、混交方式、施肥和除萌修枝技术等对早期生长和形质的影响，解决了以立地选择、大规格容器苗应用、干形塑造、营养动态管理等为核心的高效培育关键技术，幼林生长率提高20%以上，郁闭时间提早2年以上，显著提升了这些珍贵树种的培育技术水平。

八、薄壳山核桃品种筛选与高效授粉技术

薄壳山核桃是我国亚热带区域农民致富的"摇钱树"、保障粮油安全的"油用树"、木材战略储备的"用材树"。针对我国薄壳山核桃遗传资源匮乏、良种区域应用混乱及配套栽培技术不完善等问题，在薄壳山核桃国家创新联盟等平台及国家重点研发计划等项目支持下，对全国薄壳山核桃遗传资源摸底调查，对收集的100多份核心种质资源开展性状研究，并起草了行业标准。根据早期引种基地评价初步结果，启动淮河流域、长江流域、西南高原区和川陕渝区等四大区域薄壳山核桃品种选配和高效栽培模式，推进良种化、精准化发展；在开花与花粉发育生物学、杂交

技术研究与突破基础上，研发从花粉处理至无人机授粉成套技术应用体系，为山核桃、薄壳山核桃高产稳产提供应急技术保障。基于研发成果形成的技术体系，起草行业标准4项，地方标准1项，团体标准1项，获授权专利2件，审定良种3个。良种精准选配方案及其配套高效、轻简栽培技术已在安徽、江苏等省推广应用超30万亩，每亩产值达1万元以上，在助力乡村振兴和保障粮油安全方面发挥了重要作用。

第十一章
科技服务典型案例

一、安吉竹种园种质资源库扩建与提升

亚林所自1974年开始以安吉竹博园为基地开展竹类植物种质资源库的营建工作，到1985年已引种保存了200多个竹种、变种、变型，面积20多公顷，成为我国面积最大、鞭生型竹类较为齐全的竹种园，并于1985年和1986年分别获得浙江省和林业部科技进步奖三等奖。随后，安吉竹种园引入竹文化和旅游概念，将资源收集保存与竹子文化、园林相结合，营建以竹为主的园林景点和设施，并于2000年建成中国竹子博物馆，组建安吉竹子博览园，开创了将竹子资源库建设与生产、科研、科普、竹文化和休闲旅游融为一体的成功发展道路。近年来，在亚林所科技力量的支撑下，竹博园在竹子资源库建设方面取得较大的发展和提升，通过开展首次原产地调查，发现、鉴别和引进珍稀竹资源40多个，新发表10多个竹种、变种和变型，收集和保存300多个以散生型竹种为主的资源，出版了《中国珍稀竹类》、《中国刚竹属》、《中国竹子博物馆》等多部图书，形成了一套完整的竹子资源库建设技术体系，在浙江、广东等地技术支撑建设近10个竹种园。在资源库建设的基础上，选育出'黄秆'乌哺鸡竹、'元宝'毛竹两个国审品种，并且在国内外进行推广栽培，产生良好的经济、生态和社会效益。同时，竹博园园区于2012—2014年完成了东扩工程，新增用地近10公顷，吸引投资近3亿元，为竹博园的科学发展提供了空间。

二、打造浙江"一亩山万元钱"甜柿高效栽培模式

'太秋'甜柿良种具有苹果的脆、梨的水分、哈密瓜的甜等特性，但开始时市场对其并不了解。为发挥甜柿应有的效益，木本粮食团队在浙江、江西、福建、云南、安徽、广西等地进行良种及其配套栽培技术的大力推广，通过举办培训班、线上指导、实地操作示范等形式介绍和传授给广大种植户，培养了甜柿种植技术能手约120人，省级林业乡土专家10人，建立示范基地1000余亩，推广5万亩。2~3年结果，盛果期亩收入2万~5万元，在浙江成功打造出"一亩山万元钱"甜柿高效栽培模式。

三、杭州湾典型湿地资源监测与恢复技术研究

依托湿地生态研究团队科技力量，亚林所于2003年12月获批建设中国林科院杭州湾湿地系统定位研究站，2005年该生态站纳入国家林业局陆地生态系统观测研究网络。依托杭州湾湿地生态站，首次对杭州湾滨海湿地进行系统研究，成果"杭州湾典型湿地资源监测与恢复技术研究"获浙江省科学技术二等奖，直接应用于杭州湾湿地保护与恢复工程——全球环境基金(GEF)宁波—慈溪湿地项目，有力支撑杭州湾湿地申报省级和国家级湿地公园，持续为杭州湾国家湿地公园编制年度生态监测报告，为杭州湾新区编制重要湿地生态保护绩效评估报告；科技支撑杭州湾国家湿地公园（二期）生态及基础设施EPC项目。2023年，杭州湾湿地获批国家重要湿地名录。2021年，亚林所与宁波市自然资源和规划局（林业局）联合共建宁波市湿地研究中心；2024年亚林所与宁波市生态环境局联合共建宁波市杭州湾湿地生物多样性综合观测站。相关工作有力支撑了杭州湾湿地的高质量保护与管理。

四、把脉开方助油桐危困企业涅槃重生

油桐枯萎病俗称"桐瘟"，现已成为影响油桐产业健康发展的重要制约因素。贵州省独山县的油桐企业负责人杨安仁抵押贷款数百万元种植的油桐，经过5年苦心经营后，却因一场大规模枯萎病而导致近万亩油桐树枯萎发黄、逐渐病死，企业濒临破产，他发送邮件希望得到亚林所科技专家的帮扶，邮件发出三分钟便得到回复。之后，汪阳东和陈益存等研究员前往贵州实地考察，每天工作16个小时，跑遍了独山县的上万亩油桐基地，最后制定了"分区分类治理、抗病苗逐步替换、抚

育经营综合防控"的技术方案，应用"油桐抗枯萎病高产品系选育技术"成果，将5000余亩油桐枯萎病林成功改造为高产抗病林分。在帮助企业挽回经济损失1500余万元的同时，揭示了抗病油桐根木质部防御机制，获授权国家发明专利5件。团队利用选育出的油桐3个高抗品系，在贵州独山完成了抗病高产嫁接育苗80万株，成果辐射至贵州、广西、重庆等地，累计营建油桐抗病示范林8万余亩，带动示范区2000余户农民增收，户年均收入增加2万~4万元。团队通过联合有关科研单位组建油桐研究院，科技支撑企业申报并获批贵州独山国家油桐生物产业基地，打出了"技术＋项目＋平台"的科技帮扶组合拳。

五、积极应用成果支撑浙江油茶产业提升

油茶籽采后处理、质量分级、安全定向加工等技术在浙江多个油茶主产区应用；起草国家标准《油茶籽饼、粕》和团体标准《特、优级油茶籽》；技术支持10多家浙江油茶企业发展，打造全国领先的油茶加工产业，在杭州技术支撑的浙江久晟油茶科技股份有限公司成为全国油茶籽油和茶皂素的龙头企业，在衢州技术支持的浙江常发粮油食品有限公司成为浙江省油茶协会理事长单位；并参与起草了《美国食品化学法典（FCC）油茶籽油标准》，推动了浙江油茶走向世界。

六、打造铜矿尾矿库生态修复与景观营建一体化技术

依托金属矿区废弃地及重金属污染地生态修复技术成果，结合地方项目，针对尾矿库高毒、高盐、贫瘠、难保水等立地障碍因子，研发了基于泥炭土尾砂土壤基质改良、高垄深沟控盐碱、覆膜控草保墒情的铜矿尾矿区铜草花高效培育技术，在安徽铜陵铜矿尾矿库营建了80亩铜草花花海，展现良好的生态修复效果及景观效果，成为当地网红打卡地，实现尾矿库生态修复与花海营建一体化，探索了生态修复的新模式，科技支撑了地方生态建设和景区特色化发展。

七、长潭水库小流域面源污染关键影响因子识别及调控技术

聚焦饮用水水源地污染防治，以长潭水库为例，针对湖库水体富营养化现象频发、成因分析与调控措施不足等问题，基于遥感影像数据阐释了库区小流域近40年的景观变迁规律，并根据连续多年的水质监测数据评估库区小流域水环境现状，针对不同地类土壤养分流失风险，揭示经济林养分流失是造成库区水质恶化的重要

外因，同时库周防护林具有一定的净化作用，提出推进农业绿色发展、经济林林下植被优化、农田周边生态拦截、改进前置库建设及库区周边森林质量提升等调控措施，其中，森林质量提升工程实施面积约3500亩。工程实施后，各入库支流水质均从基本合格和污染状态转为合格与基本合格。

八、攻坚克难，科技服务保障国家公园安全

钱江源—百山祖国家公园是长三角经济发达地区唯一一个国家公园，保存着大面积全球稀有的中亚热带低海拔原生常绿阔叶林地带性植被，保持着生态系统原真性和完整性，被誉为"长三角最后的原真森林"，极具典型性和代表性。2019年前后，锥栗冠绵蚧在国家公园内发生，危害面积超过3.6万亩，造成大量甜槠及米槠等常绿阔叶林核心优势种大量死亡，严重危及钱江源国家公园创建区生态安全。2021年，亚林所森林健康与保护团队临危受命，迅速组建专业团队开展调研和防治策略制定工作。团队成员齐心协力，攻艰克难，在大量室内试验探索的基础上，创制了大型蚧壳虫专用注干剂，解决了国家公园内不能大规模喷施化学药剂的难题；研发了锥栗冠绵蚧注干防治新技术，精准施治，将用药的副作用降到最低。2021—2023年，共防治甜槠等阔叶树近4万棵，防治效果达100%，彻底解除了锥栗冠绵蚧对国家公园林木安全的威胁，大量树木病枝复绿，且防治60天后枝干、叶片及林下土壤中均未检测到农药残留。技术成果的应用保障了钱江源特有低海拔常绿阔叶原始林的安全，保护了国家公园典型生态系统的完整性，同时也为国家公园内危险性病虫的防控提供了范本。

九、科技赋能，让睡莲在冬日的杭州绚丽绽放

研究团队通过比较分析，查清了影响花粉管通道法转化效率的各影响因素，建立起热带睡莲花粉管通道转化法的转基因体系，并利用这一体系，通过潮霉素筛选及育苗后进行大田种植，经过2015—2016年杭州露地越冬抗冻试验后，获得了12株转CodA基因的热带睡莲株系，不仅证实CodA基因已经整合到热带睡莲基因组中，还证实了该基因在低温胁迫下能正常表达，且低温胁迫后转基因植株的电导率和MDA含量低于非转基因，SOD活性、CAT活性、POD活性均高于非转基因植株，说明在低温冻害时，转基因再生植株的耐寒性强于非转基因再生植株，在国际上首次构建了热带睡莲转基因体系。研究结果解决了热带睡莲在杭州地区大范围应用和露地越冬的问题。

十、油茶遗传资源创新与应用

油茶是我国重要的木本油料树种，亚林所联合18个省（市、区）开展遗传资源调查与收集评价。在此基础上，围绕油茶遗传资源挖掘利用不充分、区域良种应用不精准、集约化栽培技术体系不完善等问题，牵头实施了"十三五"国家重点研发专项项目"特色经济林生态经济型品种筛选及配套栽培技术"、基础资源专项课题"传统食用油料树种种质资源调查收集"等，在国家油茶科学中心、全国油茶技术协作组等平台的支持下，在种质资源的收集、创制利用和良种应用方面取得了突破性进展，累计调查整理油茶遗传资源3058份，完成了全国油茶遗传资源编目；建立了国家油茶核心种质资源库（浙江和金华），培育了全国第一批油茶聚合抗性和高出籽率特性的杂交良种4个，最高产量提升30%以上，实现油茶品种产量和抗性大幅提升；聚焦全国区域良种精准应用，开展以"长林"系列为重点的品种筛选，优化不同产区主导良种配置，配套轻简化种植模式，已推广超50万亩，提升了我国良种效益水平；在建成的高产示范林中，利用"长林"早花型良种在光山示范点已发展27万余亩，得到习近平总书记的现场肯定，使得油茶产业成为该县精准脱贫的特色支柱产业。

十一、珍贵彩色树种良种应用

建立我国最大的木荷种质资源库和山茶、木兰国家林木种质资源库，审（认）定木荷、椿树、栎树等珍贵阔叶用材树种良种4个，实现良种化造林。选育出纳塔栎早春红叶型、秋季早红型2个色叶型和青浦6号、富阳3号速生型新品系以及弗栎上虞201号和33号速生型新品系、枫香优良观赏品系5个、无患子优良彩叶品系10个、北美栎类观赏品种5个和乐东拟单性木兰红叶观赏品系2个。技术支撑林木良种基地，年繁育良种种苗4100余万株，产值上亿元。积极与花卉育种企业合作，开启了研发销一体化运营模式。依托相关技术成果起草标准4项，获浙江省科学技术奖二等奖。繁育的珍贵彩色苗木在长三角沿海平原地区低湿地绿化、沿海防护林、城镇绿化工程中得到广泛应用，在推进美丽中国建设、助力乡村振兴和落实"浙江省新植1亿株珍贵树五年行动"中发挥重要作用，取得了显著的经济、生态和社会效益。

十二、科技支撑钱江源国家公园地役权深化改革

钱江源国家公园是长三角地区唯一的国家公园体制试点单位，公园内土地、林地

权属不一，人工林面积占比大，社区人员多，地役权改革在一定程度上缓解了保护与发展的矛盾，但这种矛盾仍未完全消除。基于此，亚林所与国家公园管理局合作，构建了地役权改革土壤本底数据库，包括土壤物理、化学和微生物特征在内的29项指标的5000多条数据，为地役权改革按保护质量补偿提供了数据支撑；提出了保护旗舰物种、开展人工林精准生态修复的建议，为提升集体林质量提供了遵循；建立了国家公园生态品牌油茶林提升示范区，证明了国家公园常绿阔叶林的健康功效，为国家公园产业生态化和生态产业化提供了新路径，有效支撑了林业和国家公园的融合发展。

十三、科技赋能林改后南方林地的可持续高效经营

林改后，我国南方林区林业经营趋于多元化，林农成为经营主体，迫切要求见效快、效益好的实用技术成果以提高林地效益，并急需通过林改实用技术的集成与示范，推进林改惠农目标的实现和林业综合效益能力的提升。

针对林改后林农增收需求和南方林地经营中存在的瓶颈问题，近10年来，亚林所联合多家科研单位，先后实施了林业公益性行业科研专项重大项目、浙江省省院合作林业科技重大项目等科研项目，在林改后南方林地可持续高效经营方面取得了丰硕成果。

针对南方林改后林农对生长快、价值高、见效快的特色经济竹木新品种的急切需求，优选出7种高效特色竹木经济植物，选育出速生优质林木优良种源13个、家系42个、杂交组合5个。以南方大面积种植的油茶、杨梅、核桃、板栗、杉木等林分为基础，研究筛选出适合南方东部、中西部地区林农多目标利用的高效复合经营模式23种，开发出了松杉中幼林抚育间伐和施肥增效、特色珍贵阔叶树种容器育苗和高效栽培、四季竹繁育及高效栽培、油茶低产林改造及高效栽培、油茶复合经营种植、毛竹高效生态培育等林地提质增效的实用关键技术30项，编制林改实用服务技术手册12本，起草技术规程和标准16项，发表论文101篇，出版专著5部，已授权专利4项，获省部级科学技术奖二、三等奖各1项，在浙江、福建、湖北、贵州等省区建立综合试验示范区9个、示范林7755亩，单位面积林地经济效益平均增加20%~30%，培训林农5593人次，为加快林改实用技术集成、示范与推广应用奠定了坚实的技术基础。

针对集体林权制度改革后森林资源类型多、变化快等特点，构建了天空地一体化、县乡村多尺度的森林资源变化遥感监测技术体系及管理信息系统，监测精度均达90%以上。建立了林改综合信息与科技服务平台，提出了深化集体林权制度改革后森林资源管理和产业化政策建议，对未来林改深化和集体林区发展意义重大。

第十二章
科研成果简介

一、国外松优良种质创制及良种繁育关键技术研究与应用

主要完成单位：中国林业科学研究院亚热带林业研究所，杭州市余杭区国营长乐林场，国营景德镇市枫树山林场，浙江省开化县林场。

主要完成人：姜景民、栾启福、张建忠、沈凤强、董汝湘、方晓东、徐永勤、邵文豪、徐金良。

项目起止时间：1995.01—2012.12。

获奖情况：浙江省科学技术进步奖二等奖（2014年），中国林业科学研究院科技奖励二等奖（2014年）。

成果简介：国外松类湿地松、火炬松原产美国，在我国亚热带东部地区成功引种推广，现已成为浙江等省区速生用材林营造和国土生态绿化的主要树种。湿地松还是优质高产松脂树种，引种初期，我国依赖美国进口，当国外松成为主栽树种后，自建种苗生产体系并不断提高良种遗传品质成为保障人工林产业化发展的关键。本项目以支撑浙江及周边地区国外松人工林高效发展为目的，以奠定遗传改良的物质和技术基础、满足造林用种需求、持续提升良种遗传增益为目标，依据针叶树种多世代轮回选择育种路线，构建育种群体系统，建设生产性种子园，并依据林木杂种优势理论开展种间杂交及优良品系的选育，研建杂交松苗木扩繁培育系统。实施了两树种种质资

源收集，重要品质性状测定技术研发，主要经济性状遗传变异规律研究，优树的遗传交配制种与子代测定，高世代核心育种群体的构建，一代种子园的遗传改造，二代种子园的营建，湿地松、火炬松与加勒比松的杂种评价，优良杂交组合的筛选，优良杂交品系采穗圃营建管理和扦插育苗技术等系列研究与技术应用。

二、厚朴野生种群遗传多样性及繁育关键技术研究与示范

主要完成单位：中国林业科学研究院亚热带林业研究所，磐安县园塘林场，安化县林业调查规划设计队，中国林业科学研究院亚热带林业实验中心。

主要完成人：杨志玲、杨旭、于华会、谭梓峰、舒枭、何正松、刘道蛟、曾平生、王洁。

项目起止时间：2007.01—2011.12。

获奖情况：浙江省科学技术进步奖三等奖（2014年）。

成果简介：厚朴是我国重要中药材之一，分布在亚热带12个省区。浙江是全国商品厚朴的主产区之一。目前，厚朴药材年需求量6852吨，巨大年需求量必然消耗大量资源。因长期采集野生资源入药，野生资源量不断减少，野生种群面临灭绝风险。研究厚朴野生种群遗传多样性、生殖生物学特征及繁育关键技术，对于揭示其濒危机制、种质持续利用，以及确保其资源服务于国民卫生保健事业具有重要实践意义。

在国家林业局公益性专项及省自然基金重点项目资助下，团队开展了原创性研究，率先揭示出厚朴野生种群遗传多样性；首次划分了厚朴野生种群遗传结构；首次研究厚朴繁育系统和开花授粉生物学；阐述了厚朴持续开花式样对遗传多样性影响；创建了厚朴繁育关键技术；保存的种质资源为遗传改良和优良品种选育提供了良好资源基础。

该项目推广厚朴繁育的关键技术等科技成果，在产区开展药农技术培训，普及了濒危、保护和繁育技术等知识，提高了产区劳动力素质。据估算，营建的厚朴培育基地间接经济效益累计可达3410万元。

三、笋用林钻蛀性害虫监测及综合治理技术研究与示范

主要完成单位：中国林业科学研究院亚热带林业研究所，安吉县森林病虫防治检疫站，德清县森林病虫防治检疫站，杭州市余杭区森林病虫防治检疫站，杭州市富阳区森林植物检疫站。

主要完成人：王浩杰、舒金平、张亚波、张爱良、白洪青、黄照岗、华克达、黄继育、石坚、吴燕芬、陆银根。

项目起止时间：2006.01—2013.12。

获奖情况：浙江省科学技术进步奖二等奖（2015年）。

成果简介：项目以研发安全、高效、环境友好的笋期钻蛀性害虫控制技术为目标，深入研究竹林金针虫及竹笋夜蛾等主要钻蛀性害虫的生物生态学特性、种群动态规律，因地制宜构建综合治理技术体系，并及时进行推广应用，抑制了虫害，保障了竹产业的健康发展。明确了竹林金针虫优势种筛胸梳爪叩甲的生活史、生物学特性，揭示了竹林金针虫种群动态的时序规律，阐明了其爆发的生态机制；研究了4种竹笋夜蛾的侵入规律及种群结构变化动态，分析了竹笋夜蛾在不同寄主竹林内的空间分布模式。筛选出了适用于竹林金针虫监测的食物诱饵配方，建立了高效准确的竹林金针虫林间诱捕监测技术，提出了最佳防治时机。分离鉴定了筛胸梳爪叩甲和淡竹笋夜蛾的性信息素组分，筛选出了性引诱剂的最佳配方，并提出了成虫高效监测及诱杀技术，效果显著。分离鉴定了高毒力的竹林金针虫寄生菌菌株，揭示了孢子侵入金针虫的过程及虫体病变规律。研发了寄生菌林间应用剂型，提出了寄生菌规模化培养及林间应用技术。在高效监测的基础上，综合生物防治、行为调控及药剂防治等技术手段，因地制宜构建了高效、安全、环境友好型竹林金针虫和竹笋夜蛾综合防治技术体系，攻克了竹林金针虫及竹笋夜蛾监测及防治中的瓶颈问题，保障竹林高产及笋食品安全。

四、毛竹材用林下多花黄精复合经营技术

主要完成单位：中国林业科学研究院亚热带林业研究所，江山市林业技术推广站。

主要完成人：陈双林、杨清平、樊艳荣、郭子武、李迎春。

项目起止时间：2008.1—2013.10。

获奖情况：第六届梁希林业科学技术奖三等奖（2015年）。

成果简介：针对我国毛竹主产区毛竹林生态系统脆弱、立地生产力衰退，及由于农业生产资料成本和劳动力成本等的不断提高，毛竹林经营比较效益下降等严重影响竹产业可持续发展的问题，经长期的持续科技攻关，创建了能显著提高毛竹林林地产出率和经济效益的复合经营模式，有力支撑了我国毛竹林可持续经营水平的提高。筛选出毛竹林下良好生长的复合经营经济植物多花黄精，摸清了多花黄精

的生物学和生态学特性，研究明确了毛竹林下多花黄精良好生长的环境条件，阐明了立竹密度、坡位、坡向、人工经营措施及季节等对多花黄精块茎活性成分的影响，发现毛竹（鞭根、叶片）—多花黄精（块茎）相互促进的化感作用。创建了毛竹材用林下多花黄精复合经营模式，实施多区域规模化应用推广。提出了以多花黄精（块茎、种苗）引入、林分结构调控、施肥、块茎促进生长、采收等为核心的毛竹材用林下多花黄精复合经营技术和模式。实现毛竹林下多花黄精成活率在90%以上，年产多花黄精块茎113公斤/亩以上，年增经济效益1300元/亩以上。成果技术在浙江、福建等毛竹主产区得到较大规模的推广应用，累计推广面积7482亩，年新增效益1015万元，经济、生态和社会效益显著。获授权国家发明专利1件，发表论文7篇，编制行业和省级标准各1项。

五、山茶花新品种选育及产业化关键技术

主要完成单位：中国林业科学研究院亚热带林业研究所，棕榈生态城镇发展股份有限公司，宁波大学，金华市国际山茶物种园，湖南农业大学，金华市林业种苗管理站，杭州市富阳区农业技术推广中心林业站。

主要完成人：李纪元、刘信凯、倪穗、邵生富、李辛雷、钟乃盛、范正琪、殷恒福、何丽波、楼君。

项目起止时间：1994.01—2015.02。

获奖情况：第七届梁希林业科学技术奖二等奖（2016年）。

成果简介：针对山茶花自主产权品种少、规模扩繁困难、栽培技术陈旧等问题，建成了国内外保存山茶属物种多样性最高的专类园，保存物种204个，涵盖物种多样性85%以上；创育了15个新品种，其中'春江之夏'等7个品种已完成国际登录；研制了茶花新品种测试的国际和国家技术标准，经过UPOV国际组织的审定通过，成为首份由中国牵头制定的观赏类植物新品种国际测试指南文本；率先提出了茶花花色苷辅助育种理论与技术，构建了500余个茶花品种25种花色苷组分及含量数据库、查明了亲子代花色苷分离规律；创制了周年茶花萌枝嫁接技术，扩繁期从1个月延长至10个月以上。成果在浙江金华、宁波、富阳等地建成产业示范基地1.5万亩。砧木和盆花的市场份额分别占全国的95%和80%以上，基质栽培盆花比重从零提升至20%以上，吸引近万花农从事茶花产业，显著促进了茶花产业科技进步及产业发展。

六、短周期工业用毛竹大径材的培育技术集成与示范

主要完成单位：中国林业科学研究院亚热带林业研究所，浙江农林大学，亚热带作物研究所，安吉县林业局，诸暨市农林局，龙游县林业局，杭州市富阳区农业技术推广中心。

主要完成人：谢锦忠、张玮、金爱武、高培军、雷海清、李雪涛、童品璋、吴柏林、高志勤、汤华勤。

项目起止时间：2008.01—2011.12。

获奖情况：第七届梁希林业科学技术奖二等奖（2016年）。

成果简介：系统集成了短周期工业用毛竹大径材培育技术方案，首次提出了短周期工业用毛竹大径材的高效培育技术体系，缩短毛竹传统采伐周期1~2年（原采伐年龄为7年以上），并辅之合理的林分密度和科学的施肥方案，以提高单位面积的竹材产量和大径竹材的比例，较国内其他同类研究的新竹产量提高10%以上；其中"毛竹伐桩蓄水＋竹林集水技术"的无水源毛竹林节水灌溉技术体系在国内外具自主创新，已在浙江、福建的毛竹产区中推广应用。先后建立短周期工业用毛竹大径材培育技术示范区7个，示范林面积1532公顷，推广辐射面积10897公顷。成果很好地促进了项目试验区的短周期工业用大径竹材的定向培育，提高了大径材的市场供应比例和竹林经营收入。

七、覆盖雷竹林劣变土壤生态修复技术研究与示范

主要完成单位：中国林业科学研究院亚热带林业研究所，临安市现代林业科技服务中心，杭州市富阳区农林技术推广中心。

主要完成人：郭子武、陈双林、王安国、李迎春、俞文仙。

项目起止时间：2007.01—2015.12。

获奖情况：第七届梁希林业科学技术奖三等奖（2016年）。

成果简介：针对优良散生笋用林雷竹因长期覆盖经营和大量化学肥料施用等造成的土壤物理、化学与生物性劣变，立地生产力严重衰退等影响竹笋业可持续发展的问题，经长期的持续科技攻关，探明了覆盖雷竹土壤劣变特征与机理，为退化雷竹林恢复提供了理论基础，破解了严重影响雷竹生长的高碳氮比的林地存留有机覆盖物自然腐解极为缓慢的难题，促进覆盖雷竹林土壤生态改良，创新覆盖雷竹林土

壤生态修复技术，研发出雷竹林劣变土壤生态恢复技术，显著提高了雷竹林竹笋产量和质量及可持续经营能力，支撑了我国竹笋经营水平的提升，经济、生态和社会效益显著。

八、茶油生产过程中质量安全控制

主要完成单位：中国林业科学研究院亚热带林业研究所，天台山康能保健食品有限公司，江西春源绿色食品有限公司，建德市霞雾农业开发中心，浙江茶之语科技开发有限公司。

主要完成人：王亚萍、费学谦、罗凡、姚小华、王开良。

项目起止时间：2009.01—2014.04。

获奖情况：第七届梁希林业科学技术奖三等奖（2016年）。

成果简介：成果针对茶油加工产业的现状和存在问题，查找茶油加工过程中存在的各种风险环节和技术问题，开展了茶油加工全过程危害点分析和质量安全控制技术研究，包括油茶果采收时间和采后处理方式对茶油品质及质量安全风险分析，加工过程和加工方式对茶油品质的影响及质量安全风险分析，并在此基础上提出相应的控制措施，建立了标准化有机茶油生产示范基地，开发出新的加工工艺，形成了系统的油茶原料及产品的运输、贮藏、榨取、精炼、罐装等质量安全控制技术体系。显著促进了茶油加工企业的技术更新，增加了产品技术含量，丰富了产品种类，提高了质量安全水平，并在浙江省三家企业进行推广应用，取得了良好的技术效果和显著增益。

九、油茶籽品质变化规律和特色制油关键技术研究及产业化

主要完成单位：中国林业科学研究院亚热带林业研究所，中南林业科技大学，浙江大学，浙江久晟油茶科技股份有限公司，浙江康能食品有限公司，浙江常发粮油食品有限公司。

主要完成人：方学智、罗凡、杜孟浩、郭少海、胡立松、费学谦、姚小华、钟海雁、金勇丰。

项目起止时间：2008.01—2014.12。

获奖情况：浙江省科学技术进步奖二等奖（2017年）。

成果简介：油茶是我国重要的木本油料树种，发展油茶产业是助力乡村振兴、

树立"大食物观"和保障食用油安全的国家战略。该项目系统开展油茶籽品质变化、营养构成和特色加工等研究，首次提出油茶籽分级精准加工工艺，发明了油茶籽油高得率、高品质精炼技术，加工成本下降 12% 以上，得油率提高 2% 以上，维生素 E、角鲨烯和多酚的保留率分别提高 10%、20% 和 30% 以上。探明了油茶籽加工过程中塑化剂、苯并芘、反式酸和过氧化物等危害物的产生规律和特征，提出了危害物控制和鉴别方法，建立了质量安全控制体系。开发了茶皂素逆流连续提取及连续高效纯化工艺，茶皂素残留下降到 2% 以下，一次纯化茶皂素纯度超过 85%，生产成本下降 50% 以上。在精深加工技术研发的基础上，开发茶油功能性新产品 4 个，茶皂素日化衍生产品 2 个。起草国家、行业和浙江制造地方标准共 4 项，获授权国家发明专利 10 件。研究成果在国内 5 个油茶主产省（自治区）的 12 家企业推广应用，经济社会效益显著，推动了我国油茶产业精深加工技术的进步。

十、基于农户脱贫的丛生竹资源开发及笋用林高效经营技术

主要完成单位：中国林业科学研究院亚热带林业研究所，国际竹藤中心，浙江平阳县林业局，国家林业局竹子开发研究中心，重庆市林业科学研究院，浙江瑞安市林业局，杭州余杭区林业水利局。

主要完成人：顾小平、范少辉、高贵宾、岳晋军、苏文会、耿养会、朱如云、温从辉、袁金玲、童龙。

项目起止时间：2001.08—2016.12。

获奖情况：第八届梁希林业科学技术奖二等奖（2017 年）。

成果简介：针对以往我国竹林培育忽视丛生竹资源有效开发的现实状况，围绕竹浆造纸原料林基地建设缺乏耐寒、高产竹种及笋用丛生竹经营效益低等难题，开展了系统的研究与技术推广。在浙江温州创建了国内第一个以耐寒竹种选育为目标的丛生竹种质资源库，选育了丛生竹良种——大木竹贡后种源，其产量和耐寒性高、纤维佳，适于作为造纸原料，竹壁厚，单位面积产量是现主栽竹种毛竹的两倍，能替代作为竹板材原料；以绿竹笋用林为代表，系统研究并提出了以散生状培育、短周期更新、促进早期发笋和设施栽培等为创新内容的笋用丛生竹培育技术体系，填补了国内空白。该经营技术已在浙江温州及重庆先后建立试验示范林 9400 亩，辐射推广 3.4 万亩，近三年累计新增经济效益 2.67 亿元，成为又一个突破"亩产万元"的经营竹种，为竹区群众找到了一条通过竹林培育致富奔小康的路径。

十一、亚热带泥质海岸防护林体系构建与功能提升技术

主要完成单位：中国林业科学研究院亚热带林业研究所，浙江省林业技术推广总站，上海市林业总站，江苏省东台市林业中心，浙江省嘉兴市林特技术推广总站。

主要完成人：虞木奎、吴统贵、王宗星、成向荣、王小明、张建锋、潘士华。

项目起止时间：2006.1—2017.12。

获奖情况：浙江省科学技术进步奖三等奖（2018年）。

成果简介：针对长三角泥质海岸防护林体系空间布局不合理、结构简单、特困立地造林难、生态防护功能低下等突出问题，项目组从2006年开始系统开展了海岸防护林体系构建与功能提升技术研究与示范推广，取得了一些重要创新成果：创新了沿海防护林体系空间格局优化技术及方案，优化后防护林体系整体效益提升11.6%；研创了亚热带泥质海岸防护林体系构建技术，突破了亚热带泥质海涂非红树林分布区消浪林的建设技术难题，完善了纵深防护林体系优化配置技术，防护效益提高18.24%~35.27%；创制了基于防护功能快速提升的防护林群落结构优化技术，提出了结构优化、地力提升、景观美化等多功能模式，防护功能提高20%以上；构建了台风对植被破坏程度的决策树模型，可快速评估和预警防护林植被及保护对象的受灾程度，完善了沿海防护林体系防护效益监测与评估技术。项目发表论文30篇，其中SCI/EI收录12篇，起草林业行业标准1项、浙江省地方标准1项，获授权发明专利1件，出版专著2部。成果在浙江、上海和江苏建立试验示范林9000亩，推广12万多亩，产生了显著的生态和社会效益，为区域沿海防护林体系构建与功能提升提供了强力支撑。

十二、木荷育种体系构建和良种选育

主要完成单位：中国林业科学研究院亚热带林业研究所，福建省林业科学研究院，龙泉市林业科学研究院，福建省建瓯市林业技术推广中心，江西省信丰县林木良种场。

主要完成人：张蕊、周志春、范辉华、徐肇友、黄少华、杨汉波、刘武阳、汤行昊、肖纪军、马丽珍。

项目起止时间：2007.01—2017.12。

获奖情况：第九届梁希林业科学技术奖二等奖（2018年）。

成果简介：针对我国珍贵用材树种木荷遗传改良程度低、良种缺乏、育种进程慢等重大技术问题，中国林科院亚林所用材树种研究团队自2001年起，联合浙江、

福建、江西、湖南、重庆等地科研和生产单位，开展了持续10余年的木荷遗传改良和良种繁育技术研究，得到了"十二五"国家科技支撑木荷育种任务、林业公益性行业专项子项目及浙江省、福建省、江西省重点项目等多个国家级和省部级项目的支持。收集木荷主要分布区优树种质近千份，构建核心种质库，奠定了长期育种基础；阐明了木荷营养生长和生殖发育等相关特性和机理，为木荷科学育种提供理论基础；建立和突破了木荷杂交、种子园营建和丰产、组培快繁、容器育苗等育种技术，获授权发明专利5件，起草并颁布标准1项，为木荷良种规模化繁育提供技术支撑，成功走出了一条有性和无性繁育并进的木荷良种化道路，构建了科学有效的木荷育种体系，应用于良种选育和生产。选育新品系和创制新种质287份，在南方3省营建木荷种子园1622亩，审（认）定省级林木良种4个，实现了良种化造林。发表学术论文21篇（其中SCI论文3篇），研究成果达到国际同类研究先进水平。

十三、长三角沿海防护林体系构建与功能提升关键技术

主要完成单位：中国林业科学研究院亚热带林业研究所，浙江省林业技术推广总站，上海市林业总站，东台市林业中心，嘉兴市林特技术推广总站。

主要完成人：虞木奎、吴统贵、王宗星、成向荣、王小明。

项目起止时间：2006.01—2017.12。

获奖情况：第九届梁希林业科学技术奖三等奖（2018年）。

成果简介：项目系统开展了长三角沿海防护林体系构建与功能提升技术与示范推广。研究了致灾因子和孕灾因子的关系，探明了台风灾害的主要影响因子，划分了东南沿海不同区域台风灾害的风险等级，创新了空间格局优化技术及方案，优化后防护林体系整体效益提升了11.6%；揭示了亚热带泥质海涂植被群落演替规律和驱动机制，探明了主要树种的抗风、耐海水水淹机理，提出了构建林草复合型消浪植被带关键技术，突破了长三角泥质海涂非红树林分布区消浪林的建设技术难题，提出了防护林不同组分的配套工程措施、树种配置和关键造林经营技术等，构建了滩涂消浪林、淤泥重盐风口区防护林多树种基干林带、农田林网、城乡景观防护林等长三角沿海防护林营建技术体系，完善了纵深防护林体系优化配置技术，防护效益提高了18.24%~35.27%；量化了防护林带三维结构特征，筛选了最佳的群落结构参数——冠层指数，阐明了防护林群落结构与防风功能的关系，创制了多树种优化配置、伴生树种引入、复层异龄林构建、林下植被保育和修枝间伐等群落结构调控

技术，创制了基于防护功能快速提升的防护林群落结构优化技术，提出了结构优化、地力提升、景观美化等 3 类多功能模式，防护功能提高 20% 以上。构建了台风对植被破坏程度的决策树模型，可快速评估和预警防护林植被及保护对象的受灾程度；研发风流场数值模拟技术，可快速、简便地评价不同类型防护林体系内不同水平区域、不同垂直高度的风流特征，为因害设防、因需设防，设计配置不同结构防护林提供了依据，丰富完善了防护林监测与评估技术。

十四、木荷育种体系构建、良种选育和高效培育技术

主要完成单位：中国林业科学研究院亚热带林业研究所，龙泉市林业科学研究院，兰溪市苗圃，浙江省开化县林场，庆元县实验林场。

主要完成人：周志春、张蕊、徐肇友、楚秀丽、蒋泽平、杨汉波、张振、王帮顺、范金根。

项目起止时间：2001.01—2018.12。

获奖情况：浙江省科学技术进步奖二等奖（2019 年）。

成果简介：木荷是山茶科木荷属常绿阔叶大乔木，为亚热带地区常绿阔叶树种。其木材结构均匀、力学性质好，人工林速生丰产性显著，具有生物防火功能，同时也是松材线虫病除治迹地最主要的生态修复树种，在我国南方珍贵材用树种造林中占据重要地位。针对木荷遗传改良程度低、良种缺乏、育种进程慢等重大技术问题，研究团队联合浙江、福建、江西、湖南和重庆等科研和生产单位，系统开展了木荷良种选育和定向培育技术研究，建立了我国最大的木荷育种群体并完成了种质评价，构建了包括 115 个优树无性系的核心种质；揭示了木荷繁育生物学特性，为杂交育种和种子园经营管理提供了理论依据；研创木荷动态更替式矮化种子园营建模式及种子丰产技术，率先实现了木荷良种化造林。突破了木荷组培快繁技术，建立了木荷轻基质容器苗精细化培育技术体系，实现了规模化繁育；制定了木荷造林和经营技术规程，建立了木荷大径阶优质干材定向培育技术体系；成功实现木荷有性和无性繁育两条途径并进的良种化道路，有效支撑了我国南方木荷良种造林和基地建设，目前已在浙江、福建、江西等省广泛应用，具有显著的经济、社会和生态效益。

十五、高品质油茶籽油安全、定向制取关键技术研究与示范

主要完成单位：中国林业科学研究院亚热带林业研究所，中南林业科技大学，

浙江大学浙江久晟油茶科技股份有限公司，浙江常发粮油食品有限公司，浙江康能食品有限公司，江西春源绿色食品有限公司。

主要完成人：方学智、罗凡、郭少海、杜孟浩、胡立松、费学谦、姚小华、钟海雁、沈立荣。

项目起止时间：2008.01—2018.12。

获奖情况：第十届梁希林业科学技术奖科技进步二等奖（2019年）。

成果简介：围绕生产高品质油茶籽油面临的油茶籽采后处理不规范、加工营养损耗大、产品附加值不高、掺伪等问题，从油茶不同成熟阶段和贮藏过程中油茶籽营养物质变化规律着手，建立和规范油茶果合理采收和采后处理技术；开展油茶籽油加工过程中营养物质变化和危害物产生规律，发明了天然营养物高保全的食用型、化妆用型油茶籽油安全、定向加工工艺和新型绿色制油工艺，发明了油茶籽油功能性产品；从物种、品种层面系统研究油茶籽油甘油三酯、甾醇等营养物质变化，建立基于特定营养成分的高效鉴伪技术，为高品质油茶籽油安全、定向加工提供技术支撑。依托科研成果起草的《油茶籽》、《油茶果采后处理技术规程》等国家和行业标准在生产上广泛应用，提升了油茶籽采后技术水平和油茶籽质量；研发的油茶籽低温压榨适度精炼工艺、不同香型油茶籽油生产工艺等成果在浙江、江西、贵州等多地应用，降低了生产成本，提升了产品品质，新增产值14亿元，利税1.6亿元。

十六、喀斯特石漠化山地人工促进植被恢复技术研究与应用示范

主要完成单位：中国林业科学研究院亚热带林业研究所，贵州省林业科学研究院，富源县林业技术推广站，普定县林业技术推广站，凌云县营林站。

主要完成人：任华东、姚小华、李生、王进、王祖芳、薛亮、张显松、兰应秋、钱小清、戴晓勇。

项目起止时间：2003.01—2018.12。

获奖情况：第十届梁希林业科学技术奖科技进步二等奖（2019）。

成果简介：土地石漠化是我国岩溶区最为严重的生态问题之一，脆弱的生态环境严重制约着地域经济的发展，石漠化山地植被恢复是石漠化生态修复的关键。针对人工促进植被恢复存在的适宜造林树种缺乏、造林成活率和保存率低、恢复质量与效果不理想、可持续性差等问题，开展跨气候带与行政区划的石漠化植被恢复和人工促进

植被恢复技术研究。探明了石漠化区域植被组成结构特征及生境特点，构建了石漠化区适宜物种评价筛选指标体系，并筛选出一批适宜滇东、黔中、桂西石漠化山地植被恢复造林物种。研究提出了石漠化主要造林树种轻基质容器苗培育技术，研发形成了包含选位挖穴、局部围护保土、穴盘覆盖保湿等在内的微生境调控造林技术，研究提出了一批石漠化高效恢复树种配置模式及其构建技术。其中林果、林草、林药等生态经济型恢复模式的推广应用，产生了良好的生态、经济和社会效益。成果针对性强，具有创新性、科学性和实用性，在我国石漠化地区具有良好的应用前景。

十七、主要经济林废弃物基质化利用关键技术研究及产业化

主要完成单位：中国林业科学研究院亚热带林业研究所，庆元县食用菌科研中心，庆元县丰乐菇业有限公司，杭州长林园艺有限公司，杭州富阳绿园园艺公司。

主要完成人：张金萍、姚小华、黄卫华、应玥、陶祥生、李雪彬、罗洪平、胡士宏、郑文海、金新跃、陈荣、沈伟东、王舟莲。

项目起止时间：2013.01—2019.12。

获奖情况：浙江省科学技术进步奖三等奖（2020年）。

成果简介：成果针对我国经济林剩余物来源广、产量高但长期未被合理利用造成资源浪费和环境污染等问题，以产量较大的经济林剩余物油茶果壳、板栗果壳和山核桃果壳为主要原料，创建了食用菌、花卉苗木、石斛等栽培基质的生产技术体系，生产了食用菌基质、堆肥产品、有机基质聚氨酯花泥、石斛专用基质、花卉苗木栽培基质等产品并成功规模化应用，实现了食用菌基质和花卉苗木基质绿色低能耗、低成本、低污染的高效生产。成果分析了剩余物理化性状，探明了其中抑制种子、植物和食用菌菌丝生长的化学成分及含量，筛选和制备了具有自主知识产权的菌种和菌剂。在食用菌栽培基质研制方面，创制了三种果壳脱毒处理和基质复配栽培食用菌关键技术，提高了菌菇生物学效率、总氨基酸和必需氨基酸含量；在苗木栽培基质研制方面，揭示了经济林剩余物发酵过程中有害物质和大分子有机物降解规律，攻克了高木质纤维原料碳氮比调节关键技术，构建了具有自主知识产权的高皂素油茶果壳、高木质纤维原料山核桃果壳高温有氧发酵技术、腐熟度量化评价体系，提出了原位微型发酵法处理经济林剩余物的技术；研发了油茶果壳液化及液化物合成有机基质聚氨酯花泥关键技术；创建了油茶果壳等发酵产品、合成聚氨酯等

栽培花卉苗木的基质复配技术。经第三方评价，成果整体技术达到国际先进水平，部分达到国际领先水平。该成果带动了经济林、食用菌、花卉苗木、有机肥、基质等行业的整体技术进步，社会、经济和生态效益显著。

十八、金花茶种质资源高效培育及利用技术

主要完成单位：中国林业科学研究院亚热带林业研究所，广西壮族自治区林业科学研究院，中国科学院昆明植物研究所，宁波大学，南宁市金花茶公园，广西源之源生态农业投资有限公司，合浦佳永金花茶开发有限公司。

主要完成人：李辛雷、李纪元、倪穗、殷恒福、杨世雄、韦晓娟、范正琪、周兴文、李志辉、陈德龙。

项目起止时间：2015.01—2020.12。

获奖情况：第十二届梁希林业科学技术奖科技进步二等奖（2021年）。

成果简介：金花茶观赏价值较高，为黄色茶花品种选育的优良亲本；金花茶花朵、叶片中富含类黄酮、多酚等活性成分，具良好开发前景。研究团队针对金花茶种质资源培育及利用过程中存在的主要问题开展联合攻关研究，取得一系列成果。共发表论文33篇，发表新种3个，获授权发明专利4件、软件著作权2件，起草林业行业标准3项、省级地方标准3项，获新品种权3个，登录新品种1个。3年累计示范推广8160余亩，育苗1955万株，新增产值44450万元，新增利润12980万元，极大地促进了金花茶科技进步与产业发展。

十九、油桐抗枯萎病家系选育技术及应用

主要完成单位：中国林业科学研究院亚热带林业研究所，云阳县林业局，独山县林业局，杭州市富阳区农业农村局，贵州鸿发生态农业科技有限责任公司。

主要完成人：陈益存、汪阳东、杨安仁、高暝、俞文仙、田晓堃、吴立文、李柏霖、唐荣栋、李启祥。

项目起止时间：2003.01—2020.12。

获奖情况：第十二届梁希林业科学技术奖科技进步二等奖（2021年）。

成果简介：该成果在广泛收集抗病种质基础上，提出油桐抗病能力快速测定技术，筛选出油桐枯萎病高抗砧木家系3个；选育出优质高产接穗品系3个，初步揭示了抗病油桐家系抵御病原菌侵染的机制。形成油桐高抗家系高效嫁接技术体系，

解决了砧穗亲和性问题，嫁接苗移栽成本低，成活率达95%以上，4年生油桐林枯萎病感病率为0，显著提高了油桐的产量和经济效益。编写专著1本，获授权发明专利3件，认定成果1项，发表研究论文22篇（其中SCI收录18篇）；在国际和国内学术论坛作学术报告7次，培养博硕士研究生6名。利用油桐高抗良种成功改造贵州省独山县百泉镇5000余亩感染枯萎病油桐林，直接挽回经济损失1500余万元，并支撑企业转型；通过科技支撑在贵州省独山县和三都县等地营建油桐抗枯萎病试验示范林52000余亩，示范区涉及农户1205户，户均年收入增加2万~4万元，助推贵州独山、丰都等县林业产业发展和脱贫攻坚。

二十、经济林果壳废弃物基质化利用关键技术研究及产业化

主要完成单位：中国林业科学研究院亚热带林业研究所，庆元县食用菌科研中心，庆元县丰乐菇业有限公司，杭州长林园艺有限公司，杭州富阳绿园园艺公司。

主要完成人：张金萍、姚小华、黄卫华、应玥、张甜甜。

项目起止时间：2013.07—2020.12。

获奖情况：第十二届梁希林业科学技术奖科技进步三等奖（2021年）。

成果简介：针对经济林剩余物来源广、产量高但因处理技术欠缺、长期未被合理利用而造成资源浪费和环境污染等问题，成果以产量较大的油茶果壳、板栗果壳和山核桃果壳等经济林废弃物为原料，系统开展果壳等经济林废弃物基质化栽培食用菌和花卉苗木的关键技术研究。研制了具有自主知识产权的混合菌剂3个，攻克了果壳废弃物定向生物降解和基质化栽培食用菌技术，解决了果壳废弃物作为食用菌基质适应性差的问题，提高了食用菌产品品质。突破了果壳废弃物与不同辅料高温有氧共发酵及发酵产品栽培花卉苗木关键技术，研发了基于果壳废弃物的30余种植物栽培基质；采用油茶果壳生产的扦插基质百分之百替代草炭扦插的红叶石楠，生根效果良好。成果已获授权发明专利7件，发表论文18篇，登记软件著作权2件。技术成果节约花卉苗木基质成本20%~25%，节约食用菌基质成本27%以上，成果已在浙江、安徽、江西等省的10余家堆肥、基质、育苗、食用菌等企业和林场应用，取得了良好的生态、经济和社会效益。

二十一、特色笋用竹种发掘及高质培育关键技术

主要完成单位：中国林业科学研究院亚热带林业研究所，丽水市农林科学研究

院，浙江省桐庐县林业技术推广中心，福建省沙县林业局，杭州市富阳区农业技术推广中心。

主要完成人：郭子武、陈双林、周成敏、江志标、林华。

项目起止时间：2007.01—2020.12

获奖情况：第十二届梁希林业科学技术奖科技进步三等奖（2021年）。

成果简介：针对我国笋用竹栽培中主栽笋用竹种少、出笋迟、笋期长、品质佳的优良笋用竹种不多，资源开发利用不够，高品质竹笋市场供应不足及集约经营竹林竹笋品质劣变等问题，发掘出高节竹、四季竹、黄甜竹和苦竹等4种生态适应性强、出笋迟、产量高、品质佳的优良特色笋用竹种，阐明了其构件强烈的自适应调节规律与资源分配策略，揭示了形态塑性和叶片功能性状的林分密度效应，提出了基于立竹形态可塑性和叶片功能性状的特色笋用竹林分结构优化新方法。揭示了林分密度、海拔、土壤性状、养分补充和采收时间等对特色笋用竹生理生态特征和竹笋外观、营养、食味品质形成的影响，明确了特色笋用竹地上和地下部分生长更新、竹笋产量和高品质竹笋培育的主要环境条件，为特色笋用竹高质培育与竹笋品质改良技术创新提供了理论基础。创新集成了地形因子选择、林分结构调控、土壤养分精准管理、覆土控鞭、有机材料覆盖等特色笋用竹高质培育成套技术，竹笋产量、品质和经济效益明显提高，实现了规模化推广应用。建立试验示范林432公顷，竹笋增产20%以上，技术增益15%以上。在浙江、福建、江西、湖北等地辐射推广3816公顷，累计增加经济效益3.5亿元。发表学术论文31篇，获授权国家发明专利1件，起草省级地方标准3项。

二十二、杉木人工林提质增效关键技术及应用

主要完成单位：中国林业科学研究院亚热带林业研究所，南京林业大学，开化县林场，永丰县官山林场，中国计量大学。

主要完成人：成向荣、姜姜、刘林、虞木奎、吴统贵、凌高潮、李建华。

项目起止时间：2006.01—2020.12。

获奖情况：浙江省科学技术进步奖三等奖（2021年）。

成果简介：杉木是浙江及亚热带地区最主要用材树种之一，然而杉木人工林普遍存在林分结构简单、土壤质量退化、系统功能偏低等突出问题，直接影响浙江森林总体质量提升和碳汇功能发挥。该成果通过15年的持续攻关，系统开展了以林

分结构优化为主的杉木人工林提质增效关键技术的研究与应用工作。创新了杉木人工林密度控制、植被控制和轮伐期控制技术，提出了亚热带杉木用材林优化培育模式；揭示了杉木与微生物互作对林木生长和土壤养分有效性调控机制，提出了杉木复层林地力维护技术；阐明了典型伴生树种对异质生境的适应机制，研发了杉木低质低效林改造关键技术；探明了林木功能性状和林分结构变化对碳汇功能的影响机制，创制了杉木人工林固碳增汇关键技术。研究成果达到国际先进水平，在浙江、江西等地推广 5 万多亩，产生了显著的生态、社会和经济效益，为我国杉木人工林提质增效和"双碳"目标完成提供了重要技术支撑。

二十三、樟科植物萜类化合物多样性形成机制

主要完成单位：中国林业科学研究院亚热带林业研究所，福建农林大学。

主要完成人：汪阳东、陈益存、赵耘霄、高暝、刘仲健、吴立文、许自龙。

项目起止时间：2009.01—2020.07。

获奖情况：中国林科院重大科技成果奖（自然科学类 2022 年）。

成果简介：该成果针对木本植物次生代谢产物多种多样，其形成和调控机理不清楚等科学问题，以我国重要工业原料——樟科植物为模式树种，系统梳理了樟科植物的系统进化关系及其萜类多样性，从基因组学水平研究樟科萜类化合物多样性形成的基础，进一步揭示樟科植物萜类化合物多样性形成的特有基因簇。成果利用基因组学、系统生物学、基因组编辑和遗传转化体系，解析了樟科萜类化合物多样性形成和生物合成的分子机理，成功组装了全球首个染色体级别的高质量山苍子基因组图谱，并基于此揭示樟科物种进化及其精油合成分子机制。对樟科在中国分布的 20 属 47 个代表种进行了低盖度基因组测序，16 属 23 个代表种进行了混合组织和花苞转录组测序。鉴定了调控樟科及山苍子精油主要化合物柠檬醛生物合成的特有基因簇 MYB106-LcTPS32 和 MYB-ADH，建立了樟科萜类化合物生物合成研究的技术平台，带动了樟科等芳香树种精准育种关键技术的创新。

二十四、马尾松高生产力高抗良种选育和种子园矮化丰产技术

主要完成单位：中国林业科学研究院亚热带林业研究所，安徽省林业科学研究院，淳安县林业总场有限公司姥山分场，临海市林业技术推广和场圃旅游服务总站，兰溪市苗圃。

主要完成人：刘青华、徐六一、张振、周志春、陈雪莲。

项目起止时间：2013.01—2021.06。

获奖情况：第十三届梁希林业科学技术奖科技进步三等奖（2022年）。

成果简介：马尾松速生、耐干旱瘠薄、适应性强，是我国南方荒山造林的先锋树种和针叶用材树种，也是我国最主要的采脂树种，人工林面积仅次于杉木。但目前松材线虫病已成为制约我国马尾松产业发展的主要因子。针对其育种进程缓慢、良种不能满足当前需求、种子园产量低及种苗繁育技术落后等重要问题，研究团队联合国内多家单位，开展多性状优良种质资源的收集与保存、重要性状形成机理研究、优良品种选育、良种丰产和高效繁育技术体系构建等相关工作。成果揭示了我国马尾松群体遗传结构和地理起源。收集、保存和评价脂用马尾松种质237份、抗性种质32份，构建了脂用和抗性育种群体。筛出了鉴别高产脂马尾松的解剖结构指标和重要基因，并选出高产脂优良品系64个。发现产脂力及松脂化学组分含量与马尾松松材线虫病抗性相关，5个萜类合成基因在马尾松抵御松材线虫病过程中起重要作用。提出了马尾松动态更替式矮化种子园建园模式，研发了以矮化、养分管理、激素促产等为核心的种子园丰产技术，种子产量整体提高了21.3%。本成果通过审定良种14个，起草行业标准3项、地方标准1项，获授权专利2件，发表研究论文31篇，有效推动马尾松种业产业的高质量发展。

二十五、'亚林柿砧6号'

主要完成单位：中国林业科学研究院亚热带林业研究所。

主要完成人：龚榜初、吴开云、徐阳、江锡兵。

获奖情况：第一届浙江省知识产权奖（2023年）。

成果简介：'亚林柿砧6号'由亚林所木本粮食团队选育，2018年获授植物新品种权，在国内率先解决了甜柿嫁接砧木难题，突破了长期阻碍我国甜柿产业快速发展的瓶颈，使甜柿优良品种能规模化应用于生产。该品种2021年通过省林木品种审定，成为我国首个柿砧木品种，使得柿砧木进入品种化、良种化时代。成功打造出甜柿"一亩山万元钱"高效栽培模式，南方10余个省区推广应用'亚林柿砧6号'嫁接的'太秋'甜柿约5万亩。甜柿已成为多地乡村振兴和共同富裕的重要产业。央视、新华网、人民网等媒体大量报道，全国反响巨大。

发展 支撑

十年来，亚林所人员力量不断增强，管理机构日趋健全，实验平台逐渐完善，科技产业稳步发展，国际合作日益广泛，条件建设显著改善，已成为面向我国亚热带地区，融科学研究、科技推广和人才培养为一体的综合性林业科研机构，为区域林业发展和生态环境建设提供了强大的科研平台与科技支撑。

亚林所的科学研究已涵盖生态保护与恢复、森林资源培育和经济林3大重点领域，用材树种育种与培育、竹资源培育、生态景观植物、森林生态与自然保护地、生态恢复工程、森林健康保护、经济林育种与培育、可食用林产品加工利用等8大创新方向，人才队伍结构日趋合理，学术水平不断提高，形成了包括管理、科研支撑机构及经济实体和平台等在内的组织体系。研究生规模逐渐扩大，研究生教育管理逐步向规范化、制度化发展。

十年来，亚林所先后投入各类条件建设资金逾1.7亿元，实施建设项目20余项，建立创新实验平台体系，科研实验和基础设施条件得到进一步提升。

十年来，亚林所积极探索科技产业的生产力方向转化，随着亚林所林业科技力量的迅速发展，各种产出中虽以公益性科技成果为主，但亦有不少具有商业开发价值的成果，市场前景广阔。

十年来，亚林所持续扩大国际交流合作，利用国际资源不断发展壮大，取得长足进展，目前已初步形成多渠道、多形式、多元化合作格局。现与世界上30多个国家和国际组织开展了合作与交流，20余人次专家在国际组织或国际期刊任职。

第十三章
人才与团队建设

第一节 科研及管理支撑机构

亚林所根据职责定位和发展需要,设置科研、管理和支撑三大体系。自 2010 年起,亚林所设置综合处、科研处、财务处、基建处等 4 个管理部门,后勤中心、试验林场、质检中心等 3 个支撑部门。为进一步理顺管理体制,提升管理效率,按照 2019 年中国林科院内设职能机构规范调整工作要求,亚林所于 2020 年启动了管理体系调整优化。按照"有利发展、职责明确、稳定有序"的原则,设置了综合办公室、党群工作部、科技管理处、计划财务处、条件建设和资产管理处等 5 个内设职能处室。将综合处原有职能拆分,分属综合办公室和党群工作部;为确保固定资产保值增值,将原基建处职能、后勤中心资产管理职能,以及经营性资产管理和下属企业经营监管等职能合并,设置条件建设和资产管理处;科技管理处和计划财务处延续原科研处和条财处的主要工作职能。

为适应新时代国家赋予林业行业新使命和科技体制改革需要,聚焦国家主要科技任务需求,提升科技创新实力,亚林所于 2019 年启动了学科方向和创新体系优化工作。根据"聚焦国家战略需求,聚合单位科技力量,聚力创新促发展"的指导思想,围绕生态保护与恢复、乡村振兴和木材安全等方面重大科技需求,发挥传统学科优势,收缩研究领域,聚焦生态保护与恢复、森林资源培育和经济林

3大重点领域，按照用材树种育种与培育、竹资源培育、生态景观植物、森林生态与自然保护地、生态恢复工程、森林健康保护、经济林育种与培育、可食用林产品加工利用等8大创新方向重新组合全所科技力量，组建了15个研究组和2个青年创新小组。相比原有21个研究组，合并或撤销了6个研究组。为进一步强化学科发展，根据各研究组重点研究领域和发展目标，2021年7月成立了生态保护与修复、木竹育种与培育、经济林与花卉、林木生物技术等四个学科群。各学科群积极编制学科发展规划，在项目资源争取、成果组装等方面统筹谋划，为推动亚林所林学、生态学学科发展做好顶层设计。

2024年，为贯彻落实国家林草局、中国林科院关于促进科技成果转化的有关要求，全面提升科技成果转化质量和效率，在调整优化后勤中心职能的基础上，调整科技管理处和试验林场等部门的相关职能，成立科技成果转化与技术服务中心（以下简称"转化中心"）。负责牵头制定亚林所科技成果转化相关制度文件，科技成果转化与技术服务类项目的全过程管理服务，成果转化与服务平台的管理运行，成果宣传及科普教育，统筹指导所属企业。目前，亚林所支撑体系设置的3个部门为转化中心、试验林场、质检中心。

此外，在经济实体方面，2021年成立了杭州黄公望森林公园有限公司，原富阳绿园园艺公司与杭州黄公望森林公园有限公司合并，相关资产及业务整体由杭州黄公望森林公园有限公司运行。因国有企业体制机制改革，由亚林所和富阳市林业局技术推广中心联合创办的富阳中亚苗业有限责任公司于2021年注销。

第二节　人才总量及结构

人才是事业发展的第一资源。亚林所作为京外的林业科研院所，接收应届毕业生和出站博士后是强化人员规模的主要形式。2015年以来，亚林所共接收应届毕业生53人，出站博士后4人。因"十四五"时期迎来20世纪60年代出生专家退休高峰，经过十年发展，在职职工总人数基本没有变化。设有林学、林业工程、生态学等三个博士后流动站，2014年以来招收博士后共6人，其中出站5人，在站1人。

职工学历层次不断提升。根据事业发展需要，亚林所科研岗近十年接收的应届毕业生以博士研究生为主，根据人员梯队建设需要，部分岗位接收了少量硕士研究生。目前在职职工中，取得博士学位的共 100 人，硕士学位的共 38 人。研究生学历人员占职工总数的 83.1%。

作为国家级林业科研院所，专业技术岗位是亚林所的主体岗位，占岗位总量 90% 以上。专业技术资格评审和岗位聘用，在国家林草局、中国林科院的统一部署下开展。2014 年（建所 50 周年）亚林所取得高级专业技术资格并聘用在高级专业技术岗位上的共 63 人，占专业技术岗位总量的 40.6%，中级、初级岗位上共 92 人，占专业技术岗位总量的 59.4%。近十年，尤其是"十四五"以来，高级专业技术资格人员占比增长明显。目前专业技术岗位人员共 160 人，其中高级专业技术岗位上共 87 人，占专业技术岗位总量的 54.4%，中级、初级岗位共 73 人，占专业技术岗位总量的 45.6%。

建所 60 年以来，累计培养国家和省部级有突出贡献中青年专家 6 人，国家自然科学基金优青项目获得者 1 人，"百千万"人才工程省部级人选 4 人，国家林草科技创新团队 2 个，国家林草科技创新领军人才 2 人、青年拔尖人才 1 人，浙江省科技创新领军人才 5 人，浙江省"新世纪 151 人才工程"第一层次人才 1 人；享受国务院特殊津贴 22 人，获建国 70 周年纪念章 13 人、全国绿化奖章 1 人。

第三节 人才队伍建设

人才是全面推进创新驱动战略，实现林业科技自立自强，实现高水平跨越式发展的先决条件。为贯彻落实党中央、国务院关于激励科技创新人才发展的相关指导意见及要求，亚林所在国家林草局、中国林科院等相继出台的关于高层次人才发展、培育行业领军人才措施和意见的基础上，不断优化本所人才队伍建设，积极为人才发展创造支撑保障条件，强化青年人才的担当意识，激发科研人员创新热情。逐步建立健全人才培养制度，为人才发展提供全面保障支撑；构建与中国林科院、国家林草局等上级单位有效衔接的人才培养体系，培养各类储备人才。制定或修订出台了《亚林所中青年人才培养专项基金管理办法》（2015 年）、《亚林所在职攻读学位管理办法》（2015 年）、《亚林所博士后工作管理办法（试行）》（2017 年）、《亚林所创新人才引进办法》（2023 年）、《亚林所"青年英才培育计划"实施方案（试行）》（2023 年）等。不断优化科研、管理和支撑三大体系人员考核评价制度，出台了不同体系人员考核办法及《亚林所科研创新团队考核办法（暂行）》（2022

年)等。

研究生教育管理是人才队伍建设的重点。亚林所自1988年招收研究生以来，研究生管理一直隶属于人事教育部门，在中国林科院研究生部的统一领导下，研究生教育管理逐步向规范化、制度化发展。

2009年之前，研究生教育管理由人事教育岗工作人员兼职管理，随着招生规模的扩大，研究生培养从学术硕士发展到涵盖学术硕士和博士、专业硕士、农业推广硕士以及与高校联合培养研究生等多种类型，每年在读人数也从最初的不足10人，发展至2024年的200人以上。自2009起，亚林所在综合处（2020年改为综合办公室）设置了教育管理岗，专人负责职工教育和研究生教育管理。

亚林所研究生招生录取、课程学习、中期考核、论文答辩、学位授予、学籍管理、导师遴选、思想政治教育、奖励评选、就业等方面执行中国林科院的相关规章制度。同时，结合不同发展阶段的实际，不断充实和完善亚林所自身的研究生管理制度。

亚林所研究生的学习分为两个阶段，2017年之前，首先在北京学习专业知识，2017年之后在南京分部学习专业知识，修够要求的学分，然后返回所里做论文研究。为鼓励研究生参加科研实践，2003年出台了《亚林所设立非营利编制研究生流动岗位的管理办法》，首次为研究生发放岗位补助，经过四次调整，目前研究生的岗位（科研）补助提高到硕士每人每月1200元，博士每人每月1500元，同时在集中课程学习期间也给予硕士研究生400元/月，博士研究生500元/月的科研补助。2024年根据中国林科院的统一安排，再次调整研究生就医政策，结合上级拨款和学生保险，加强研究生就医保障力度。这些政策的出台和调整，保障了研究生的正常学习，也调动了研究生投身科研实践的积极性。

为鼓励研究生刻苦学习，锐意创新，全面发展，在中国林科院优秀研究生、国家奖学金等奖励评选之外，亚林所于2013年出台了《"亚林所研究生奖学金"和"亚林所研究生活动积极分子"评选暂行办法》，并为此制定了配套的《亚林所研究生综合测评细则》，奖励比例约占研究生的50%，并结合办法的实施和形势的变化，分别于2015年、2020年两次修订《"亚林所研究生奖学金"和"亚林所研究生活动积极分子"评选办法》《亚林所研究生综合测评细则》，使之更加贴合实际和形势变化，极大地调动了研究生努力学习、刻苦实践、全面发展的积极性。

随着导师队伍的不断壮大，研究生招生指标日益紧张，为合理分配研究生招生指标，2017年制定出台了《亚林所研究生招生指标分配管理办法（试行）》。该办法开创了中国林科院研究生教育将导师教学质量与指标分配相结合的先河，其后又分别于2020年、2024年结合形势变化进行了两次修改，使之成为激励导师岗位履职，尽心尽责培养优秀人才，促进亚林所研究生教育水平和研究生培养质量不断提高的重要制度引领。

亚林所青年人才成长迅速，越来越多的青年专家具备了增列研究生导师的资格。然而，中国林科院研究生导师遴选要求十分严格。为使青年专家有更好的奋斗目标和更强的竞争力，2018年出台了《亚林所研究生指导教师资格申请推荐办法（试行）》，该办法中有关导师的成果产出、项目经费等条件均高于中国林科院导师遴选的要求，并于2020年和2024年结合新形势该办法作了修改，为建设高素质导师队伍奠定了重要的基础。

2018年，亚林所被中国林科院选定为博士研究生申请考核制招生的试点单位，通过广泛调研国内其他高校和科研院所申请考核制招生的情况，周密制定了亚林所博士研究生申请考核制招生实施细则，通过两年的试行，为全院全面推行博士研究生申请考核制招生积累了宝贵的经验。

随着各项制度的建立、完善和落实，亚林所研究生管理初步实现了科学化、规范化、制度化，逐步形成了协调发展、制度健全、管理有效的运行机制。亚林所研究生教育一直努力创新，从学生的综合评价管理到导师的业绩管理，以及博士招生申请考核的试点，亚林所做了很多有益的尝试，取得了显著的成效，受到中国林科院研究生部和各兄弟单位的一致好评。

第十四章
科研平台

第一节　基本条件建设

2015年起，先后投入各类条件建设资金逾1.7亿元，实施建设项目20余项，科研实验和基础设施条件得到进一步提升。

一、新建一批科研设施

2017—2018年，贵州普定石漠生态系统、浙江钱江源森林生态系统及华东沿海防护林生态系统3个国家定位观测研究站先后建成投入使用。2018年，480亩国家油茶种质资源核心库和6370平方米油茶精深加工中试基地建成投入使用。2024年，油茶副产物高值利用实验室开工建设。自2014年起，先后投入6000余万元购置科研仪器设备。

二、改造一批基础设施

2016—2022年，先后维修改造2栋研究生公寓、5栋青年职工周转用房，总计10000余平方米，改善了研究生学习生活环境，解决了青年职工房屋周转问题。2018年完成了2号科研楼、职工食堂以及健身房修缮改造；完成试验林场森林防火综合治理工程。2020年，院区安全设施进行了改造，所部监控、网络、实验室安防等系统升级换代，新建所大门及门卫室、危化品仓库等设施，院区安全设施得到提升。2022年，新建所部垃圾房。2023年，1000余平方米职工篮球场及气排球场完成改造提升。2023—2024年，1号综合楼拆除重建，3号信息楼正在进行维修改造。

通过几代亚林人的努力拼搏，今日亚林所秉承"献身林业、严谨务实、自强不息、勇攀高峰"的亚林精神，在新时代踔厉奋发、逐梦前行。

第二节 庙山坞试验林场

近10年来，试验林场以党的二十大报告和习近平生态文明思想为指导，深入践行"绿水青山就是金山银山"理念，围绕资源管护与科研基地建设两大中心任务，优化林场组织管理体系，完善森林资源管护体系，培育高质量科研示范基地，试验林场改革取得了阶段性进展。2017年组织编制《中国林科院亚林所试验林场改革实施方案》，着力建设亚热带地区高水平的科研示范和科普教育基地。2018年，组织开展试验林场资源环境本底调查项目，首次查清试验林场12398亩林地范围内的种质资源、森林资源和野生动物资源家底。组织新建国家林业局植物新品种测试站（杭州）、林下经济示范基地等科研基地。2019年，组织申报并获批国家林草局"亚热带林木培育国家长期科研基地"和中国林学会"亚林自然教育学校（基地）"，为亚林所科技创新提供重要平台。2017年以来，试验林场先后获得"杭州最美森林公园"、"浙江省生态文化基地"、"中国林科院森林防火先进单位"、"中国林科院科普工作先进集体"和"亚林所先进集体"等荣誉称号。

一、资源保障

（一）管护设施保障

依托中央和地方各类资源管护和森林防火建设项目，累计投入900余万元，新建护林房4座，新建森林消防仓库3个，新建森林防火观测瞭望塔1座、50立方米森林消防蓄水池10个，新建各林区森林消防道路2400米，架设动力电线2000米。新增高压水泵，配备北斗巡护终端等森林消防器材110件套。

（二）林地资源管护

亚林所试验林场土地总面积12398亩，由虎山、新民、庙山坞、竹门坞、株林坞和大小门六个林区组成，林场边界与周边多个单位交错相连，人为干扰强烈，林地被侵占等历史遗留问题较多。近十年来，试验林场先后与富阳区政府、自然资源局、农业农村局、相关街道和社区等多方交涉，采取现场核对、图纸审核、现场测绘等措施，持续推进各林区林地界线确认工作。

（1）森林公园林地界线确认。完成庙山坞、株林坞、大小门林区林地边界坐标定界和黄公望森林公园省级自然保护地整合优化工作。新建新民林区土地界桩123个，完成富阳区城市森林公园（省级森林公园）自然资源确权工作，明确亚林所与虎山、城东、新民村的林地界线。

（2）林地历史遗留问题处置。收回虎山林区河西区块长期被侵占土地600余平方米，明确郁达夫中学和富阳二中分别占用试验林场土地1993平方米和8000余平方米，新建相关林地界线档案3份。

（三）森林资源管护

试验林场有林地558公顷，森林覆盖率96%以上。近10年来，亚林所投入900余万元，组织编制《庙山坞试验林场森林经营方案（2016—2025年）》，累计完成各林区生态公益林和毛竹林抚育1.5万亩，完成舞毒蛾、银杏大蚕蛾等病虫害防治1.8万亩。依托相关科研项目，在小坞坑林区营建以浙江楠、花榈木、银杏、赤皮青冈、红豆杉等彩叶珍贵树种为主的彩色森林600亩，有效改善林相景观和生态安全，提升林场生态服务功能。

（四）森林防火体系建设

近年来，试验林场积极适应森林防火新形势，不断加强森林消防基础设施建设，全力构筑生态安全屏障，把森林防火工作作为重中之重，在森林消防责任体系、林区火源防控、森林防火基础设施维护、生物防火隔离措施和森林消防应急反应队伍等方面开展了系列工作，着力加强森林防火工作。近10年来零火灾，被中国林科院评为2019—2021年度森林草原防火工作先进单位。

二、科研基地

（一）长期科研基地

2016年获批中国林科院亚热带林业研究所山茶、木兰国家林木种质资源库，2018年获批国家林草局植物新品种杭州测试站，2020年获批国家林草局亚热带林木培育国家长期科研基地，2021年编制《亚热带林木培育国家长期科研基地建设总体规划（2021—2035）》，为亚林所科技创新提供重要平台。

（二）种质资源收集保存

试验林场现有各类种质资源1300余亩，包括国家林草局山茶、木兰种质资源库，湿地松和火炬松引种种源家系资源库，亚热带珍稀竹种园和珍贵树种园，新建国家林草局植物新品种杭州测试站、兰科种质资源圃、栎类和山苍子等种质资源保存基地，累计保存各类林木种质资源1950份，其中国家一级保护树种有秃杉、水杉、红豆杉、伯乐树、普陀鹅耳枥、天目铁木和珙桐。

在庙山坞林区大坑和鬼叫湾两个小区分布着300余亩楠木天然次生林，楠木品种包括薄叶润楠、浙江楠、紫楠、刨花楠和红楠等，面积之大和品种之多在华东地区实属罕见，具有较高的科研和保护价值。

（三）林下经济示范基地建设

为了践行"两山"理论和乡村振兴战略，充分发挥森林"四库"多重效益与价值，依托省院合作项目和富阳区农林财政专项等，建立以林菌、林药、林菜和林花复合经营为主的林下经济示范基地50亩，平均产值3万元/亩，效益超1万元/亩，组织召开2019年度浙江省"一亩山万元钱"林业科技富民模式现场会，推进绿色富民产业发展。

（四）试验林场资源环境本底调查

2019—2021年，依托院所长基金等项目，亚林所组织开展试验林场资源环境本底调查项目，首次查清试验林场12398亩林地范围内的种质资源、森林资源和野生动物资源家底，编制《亚热带林木培育国家长期科研基地资源调查报告》，项目成果为我所科研基地建设和相关研究提供重要科学依据。

三、科普教育

20世纪90年代，亚林所编制《亚热带林业科普基地建设规划》，提出了由所部室内实验设施、庙山坞林场、野外生态观测台站、长期试验示范基地、网站及科普资料等组成的综合科普基地建设方案，各类科普设施免费向社会公众开放，并相应开展有关科普教育宣传活动，已先后免费接待以中小学生为主体的参观者近10万人次。

2019年11月，中国林学会授予亚林所试验林场"亚林自然教育学校（基地）"。亚林自然教育学校（基地）将现代生态文明理念与科普教育紧密结合，充分利用亚林所科研优势、人才队伍和自然资源开展各类科普教育活动，为公众提供一个亲近自然、与自然产生情感的机会；传授科学实用技术，普及科学知识，弘扬科学精神，提高国民科学素质，更好地为社会公众服务。

亚林自然教育学校（基地）通过科普标牌、扫码认知、科普讲座、森林博物馆等形式，开展大众科普年均达100万余人次，主持完成国家林草局林草科普项目2项，被认定为"中国菌物学会科普工作基地"、"浙江省中小学劳动实践基地"、"杭州市中小学生研学旅行基地"和富阳区"新劳动教育实践体验基地"，面向杭州市、富阳区中小学生开展自然教育研学活动累计300余批次5万余人，中国绿色时报、浙江卫视、杭州电视台等媒体多次报道，现已成为杭州市富阳区青少年科普活动的重要基地，获得了社会各界高度认可和广泛关注。

第三节　科技平台

一、创新实验平台体系

（一）亚热带林木培育国家林业和草原局重点实验室

亚热带林木培育国家林业和草原局重点实验室依托中国林科院亚林所建立，为1995年林业部首批成立的29个重点实验室之一。2018年更名为现名。实验室根据研究方向设立林木重要性状分子调控与分子辅助育种，表型、基因组学与智能化育种，苗木生源要素调控与智能化育苗，林分生产力人工调控与高质量生长等4个创新团队。

实验室总面积近4000平方米，拥有各类仪器设备1367台（套），资产原值8209余万元。现有固定人员94人，其中高级职称49名。成立了实验室管理办公室，配备专职管理人员和实验技术员，实现实验室和设备所内外无缝隙开放共享。科技部大型仪器开放共享评价连续三年获评良好，在林业科研院所位列第一。

近10年来，实验室以国家重大战略和行业需求为导向，累计承担国家和省部级等科研项目497项，合同经费5.9亿元，其中承担国家重点研发项目及课题24项，经费2.8亿元；国家基金65项（其中优青1项），经费3146万元；连续牵头浙江省"十三五"和"十四五"育种专项项目。获得奖项52项；发表论文1289篇，其中发表在《Nature Communications》、《Genome Biology》、《The ISME Journal》等期刊上的SCI论文490篇，单篇论文被引最高达127次；起草各类标准75项，其中国家标准2项；审（认）定良种78个，其中国家级良种3个；植物新品种14个。在油茶基因组及育种、油桐枯萎病机制研究、马尾松抗性育种和高产脂育种等多个基础及应用基础研究领域取得了突破性进展，多项研究成果达到国际先进水平，从基础研究、技术创新及成果推广应用等方面为国家生态安全、木材安全、粮油安全等方面提供决策咨询和强有力的科技支撑。

（二）浙江省林木育种技术研究重点实验室

浙江省林木育种技术研究重点实验室2014年获批建设，2017年通过建设期验收。2016—2018年度绩效评价优秀。

实验室面向现代林业发展的战略需求，围绕现代林木育种理论和共性关键技术、主要珍贵和速生用材及生态树种育种、重要木本粮油树种育种、特色木本花卉和景观植物新品种选育4个研究方向，在珍贵树种育种、松杉高世代育种、经济林高产育种、特色林木资源育种和培育等方面取得了重要进展，在山苍子精油合成分子机制、油茶油脂驯化分子机制、抗松材线虫病分子机理等应用基础研究方面取得重要突破，显著提升了浙江省林木育种技术水平，为浙江省林业种业发展提供重要技术支撑。

实验室实行学术委员会指导下的主任负责制。现有9个科技创新团队，及林木分子育种、林木遗传育种与培育、经济林培育、园林植物与观赏园艺等4个专业实验室。拥有固定科研人员44人，其中高级职称24人，副高以上职称或具有博士学位人员占比86.36%；面积3997.12平方米，仪器近100台，总价值达3000余万元。

实验室承担科研项目160余项，合同经费超4亿元，包括科技创新2030农业生物育种重大项目2项，"十三五"和"十四五"国家重点研发育种项目、科技基础资源调查专项等项目7项，"十三五"到"十四五"浙江省林木新品种选育重大专项，国家自然科学基金等。率先绘制了山苍子、油茶和楠木等高质量基因组图谱，在《Nature Communications》、《Genome Biology》、《Plant Communications》等顶级期刊上发表论文264篇；审（认）定良种67个，获授权植物新品种15个；支撑建设浙江省林木国家良种基地（13个）和种质资源库（10个）；选育的林木良种在亚热带地区推广应用3000余万亩，保障了浙江省林木良种基地的升级换代和良种种苗稳定生产。

（三）国家油茶科学中心

2008年9月，国家林业局批复同意依托中国林科院联合中南林业科技大学、江西林科院、广西林科院等单位从国家层面组建国家油茶科学中心。根据油茶产业纵深发展形势，为更好支撑西南地区和南部热带地区油茶产业发展，中心在原有腾冲红花油茶实验站的基础上，于2018年新增热带试验站，主要开展特色生态区油茶良种选育，服务全国油茶产业发展。目前，中心依托核心单位共设立了8个专业实验室和2个实验站，分别是种质创新与利用实验室、繁育与栽培实验室、技术装备实验室、加工利用实验室、油茶种质创新实验室、南缘地区种质创新及茶油加工实验室、生物技术实验室、北缘地区育种与栽培实验室、腾冲红花油茶实验站、热带试验站。在亚林所建有油茶种质创新与利用实验室和中心综合办公室。亚林所已成为国家油茶科学中心日常运行的工作单位。成立以来，国家油茶科学中心以"强化科技创新创业，支撑油茶产业发展"为宗旨，建立了完整的从事油茶栽培、育种、生物技术、加工利用、技术装备的专业技术队伍和技术推广服务队伍。现有研究员50多人，副研究员40多人，博士100多人。各实验室（站）共承担国家、省级油茶科研项目上百余项。近10年来，国家油茶科学中心通过召开年会、项目研讨会、学术交流会等形式，加强中心内部交流和协作。中心分别于2013、2016、2018年在黑龙江哈尔滨、广西南宁和海南琼海召开了国家油茶科学中心年会暨学术研讨会，创建了木本油料大讲坛；并积极配合国家林草局举办了多届全国油茶现场会，支撑全国油茶文化节（常山）筹备等工作。

在国家林草局的领导下，中心组织全国油茶专家汇编了《中国油茶品种志》、《油茶产业发展实用技术》，系统调查了全国油茶遗传资源，整理汇集了我国油茶遗传资源信息，并完成了《中国油茶遗传资源》专著，牵头起草了《油茶良种选育技术》、《油茶籽油》、《油茶》等一批国家和行业标准，深度参与全国油茶良种应用调研和测试工作，支撑国家林草局推出全国油茶主推品种名录。此外，在油茶品种提升、产业提质增效发展过程中，中心各实验室（站）积极参与了国家经济林领域相关规划的编制工作，包括《全国油茶科技支撑情况调研报告》、《油茶产业发展指南》、《全国油茶产业高质量发展规划（2021—2035年）》、《加快油茶产业发展三年行动方案（2023—2025年）》等，组织编写的油茶实用技术教材有效支撑了全国近90%油茶良种基地的年度建设与运行、示范林建设和技术研发推广，为油茶提质增效发展提供了技术支撑。中心还积极参与国家及各级地方政府组织的学术活动，及精准扶贫、科技下乡、技术培训等系列活动，据不完全统计，十年来参加的各类技术服务活动近千场，有力地促进了油茶科研成果的转化推广和技术辐射。

中心成立以来，累计获得油茶科技验收和鉴定成果近100项；起草国家标准、行业标准、地方标准20余项；获各类奖励6项；申报专利60多件，其中获授权10

余件，出版专著20多部，发表论文200多篇。

（四）全国经济林产品标准化技术委员会

为有效支撑我国经济林产业发展，规范引领市场需求，2015年，在国家标准委和国家林业局的支持下，全国经济林产品标准化技术委员会获批成立，标委会秘书处设在亚林所。2020年完成换届工作，目前第二届委员39人，来自全国林草领域国家机关、科研院所、高等院校、国企等单位，基本覆盖全国经济林主产区。10年来，标委会始终以服务国家战略需求和支撑引领产业发展为宗旨，构建了经济林产品领域新型标准体系，包括干果坚果林、鲜果林、油料林、香调料林、工业原料林、林源药材等九个大类，逐步形成国家标准规定基本要求，行业标准提出通用技术，地方标准体现地方特色的三级标准协同体系。截至目前，标委会归口管理国家标准35项、行业标准145项，在编国家标准和行业标准50余项，在服务产业层面实施应用效果良好，如《核桃坚果质量等级》等国家标准、行业标准有力推进核桃产业产、供、销一体化发展和产业升级，《免洗红枣》《灰枣》《骏枣》等系列标准为枣产业健康发展提供支撑。2021年，顺利通过国家标准委考核评估，被评定为二级标委会。2023年，与全国粮油标委会油脂油料分委会签署战略合作协议，协同推进木本油料领域产业上下游标准衔接工作，受到主管部门充分认可。

（五）长三角生态保护修复科技协同创新中心

为贯彻落实《长江三角洲区域一体化发展规划纲要》、全国林业和草原科技工作会议精神，对标绿色高质量发展要求，为绿色美丽长三角建设提供强有力的科技支撑，2020年6月，国家林业和草原局批复依托中国林科院成立"长三角生态保护修复科技协同创新中心"（以下简称"创新中心"）。

创新中心以"建设绿色美丽长三角"为引领，以"协同创新、绿色共保、交叉融合、同频共振"为原则，统筹科研院所、高校、政府、企事业单位的科技创新资源，形成行业部门、科研单位、社会团体等密切配合、共同推进的协同创新模式，突破区域生态保护与恢复的重大科学问题和关键共性技术瓶颈，转移、转化先进实用技术成果，建成科技创新、生态监测、成果转化、人才培养的科技创新共同体，为实施长三角区域一体化发展战略提供科技支撑。

创新中心由中国林科院牵头，长三角区域从事林业和生态保护相关研究的科研、教学、企业、协会等单位为主要成员，搭建跨区划、跨部门、跨行业的生态保护修复协同创新平台。创新中心由中国林业科学研究院管理，秘书处设在亚林所，是相对独立、自主运行的非法人制实体机构。实行理事会领导下的主任负责制，采用"中心理事会—中心主任—管理委员会"三级组织管理体制。创新中心科研工作实行科学咨询委员会指导下的主任负责制，采用"专家咨询委员会—首席科学家—创新团队"的组织管理模式，设置重要生态空间优化、自然保护地、山水林田湖草系统治理、森林城市群与人居环境、产业生态化、生态产业化、智慧生态等7个创新团队。

创新中心成立以来，围绕生态文明建设、"双碳"目标战略、国家公园建设和林长制运行等方面提出或发布各类政策建议近10份，参加技术推广1000余人次，建立示范基地5200亩，科技支撑林业碳汇先行基地创建单位2个，为绿色美丽长三角建设贡献了林业智慧与生态路径。

二、国家林业和草原局经济林产品质量检验检测中心（杭州）

2008年，经济林质检中心通过国家认证认可监督管理委员会（简称认监委）计量认证和中国合格评定国家认可委员会（CNAS）实验室认可。同年12月，国家林业局批复成立国家林业局经济林产品质量检验检测中心（杭州）。2012年，通过国家认监委食品检验机构资质认定。中心现有在编人员9名，实验室面积1100余平方米，配备质谱、色谱、光谱等各类大型分析设备60台（套），具备水质、土壤、食品、蔬菜果品、动植物油脂、食用植物油等领域产品、生产投入品和产地环境相关参数1000余项指标检测能力，专业从事经济林产品质量第三方检验检测工作、林产品质量控制相关技术研发和标准制（修）订等工作。中心体系管理高效、检测技术过硬、技术研发有力，连续8年顺利通过了国家认监委、认可委复评审，连续6年被评为亚林所先进集体。

为贯彻落实中共中央、国务院对食品安全工作的有关要求和国家林草局党组对食用林产品质量安全工作的指示批示，服务"质量强国"、"健康中国"战略，自2015年以来，质检中心作为国家林草局食用林产品质量安全监测工作牵头单位，负责局级食用林产品监测方案编制、组织协调和数据分析等工作，累计完成3万余批次监测任务，为食用林产品质量安全保驾护航。参与国家林草局《食用林产品质量安全监测规范（2020年版）》《2023—2025年省级食用林产品质量安全监测工作计划》等政策文件起草，累积承担省级食用林产品质量安全监测近15万批次。为山西、重庆、西藏等9个省（自治区、直辖市）省级食用林产品监测提供技术支撑和经验指导，为其顺利开展省级监测奠定良好基础。指导全国12个省（自治区、直辖市）建立林草质检机构，承担国家林草局委托的实验室检测技术能力培训、能力验证和技能比武等工作，累积培训林草质检管理和技术人员 2500 余人次，组织实施能力验证 9 次，被考核机构超 500 家，进一步树立"亚林质检"品牌。

针对我国食用林产品安全现状与污染物残留成因不明、精准筛查技术水平不高、风险管控技术缺失等影响产品安全风险管控的关键问题，开展了主要食用林产品外源风险污染物（农药、重金属）在各主产区"林果—土壤"中的分布、残留成因、新型筛查技术、风险管控技术及相应标准研究，阐明污染物在"林果—土壤"中的分布规律，明确关键风险污染物及其残留驱动因子，研创食用林产品安全精准筛查新技术，建立食用林产品安全风险管控技术，最终构建我国食用林产品安全监管的标准化体系和信息化系统。发表论文 47 篇（SCI 28 篇，CSCD 19 篇），起草林业行业标准 3 项、地方标准 4 项，获授权专利 2 件，软件著作权 3 件。

三、生态定位观测台站体系

（一）浙江杭州湾湿地生态系统国家定位观测研究站

浙江杭州湾湿地生态系统国家定位观测研究站（简称杭州湾生态站）位于浙江省宁波市杭州湾新区，主站区设在杭州湾国家湿地公园内，隶属于国家林业和草原局中国陆地生态系统定位观测研究站网（CTERN）。2003 年由中国林科院批准建站，2005 年国家林业局批复建设，技术依托和建设单位均为中国林科院亚林所。

杭州湾生态站旨在开展湿地生态系统结构、功能和过程的长期、连续、定位野外观测和科学研究，揭示滨海湿地生态系统过程机制，研发湿地主导服务功能修复与重建技术，服务于全国及地方滨海湿地的保护与恢复。现有固定研究人员 11 人，流动人员 20 人。建有科研用房 680 平方米，固定监测样地 8 个，占地面积 320000 平方米，配有仪器设备 50 余套，价值 600 万元。

近 10 年，杭州湾生态站积累数据 50 余万条，可供开放共享的数据量超过 10 GB。承担国家和省部级课题 30 余项，发表论文 70 多篇，出版专著 5 部，获授权专利及软件著作权 8 件，起草省级地方标准 3 项。连续 5 年发布杭州湾湿地生态系统监测评估报告，依托生态站形成了"杭州湾湿地"科普特色，自然教育每年受众 5 万人次，其中参加中小学生研学实践的有 2 万人次。

（二）浙江钱江源森林生态系统国家定位观测研究站

浙江钱江源森林生态系统国家定位观测研究站（简称钱江源森林生态站）于

2010年2月经国家林业局组织的论证，正式进入国家林业局国家陆地生态系统定位观测研究网络。2019年生态站基础试验设施建设项目通过了国家林草局组织的验收。生态站分别在钱江上游的开化、中游建德和下游富阳，布局一站多点，开展钱江流域森林生态系统监测。钱江源森林生态站技术依托单位和建设单位均为中国林科院亚林所，合作建设单位包括浙江建德新安江林场、浙江开化县林场和钱江源国家公园管理局。

钱江源森林生态站主要研究领域为亚热带典型森林生态系统重要生态过程及其对气候变化的响应、森林生态服务及康养服务、毛竹林碳氮水循环等。现有固定人员12人，包括正高级3名，副高级5名，中级4人，流动研究人员8~10人，其中研究生7~9人，流动专家1~2名。在建德新安江林场建成综合实验楼600平方米，在富阳庙山坞试验林场建成观测用房200平方米，生态站现有气象观测场3处、小流域量水堰3座、地表径流场8座、综合观测塔3座、不同森林类型固定样地20余个，购置了气象、水文、土壤、植物生理等观测设施设备约40余套（台），价值300多万元，满足了生态站开展森林水文、土壤、气象和生物等四大要素的观测工作的需求。

近10年来，承担国家自然科学基金项目7项、国家科技支撑（重点研发）专题4项，其他省部级项目约10项，项目经费约1200万元；发表论文80余篇，其中SCI收录30余篇，出版专著5部，获授权发明专利3件，获浙江省"新世纪151人才工程"第二层次人才1人次，获浙江省"科技兴林奖"3项；每年培养博士、硕士研究生2~4名，每年收集原始观测数据约100万条，并按时汇总提交国家林业和草原局生态网络数据中心，数据完成度达90%以上。

钱江源森林生态站自2018年以来，在国家林草局组织的陆地生态系统定位观测研究站年度考评中，连续获"优秀"等次；在国家陆地生态系统定位观测研究站综合评估（2017—2021年）中被评为"优秀站"，获通报表扬。

（三）贵州普定石漠生态系统国家定位观测研究站

贵州普定石漠生态系统国家定位观测研究站（简称普定石漠站）建立于2011年，建设单位和技术依托单位均为中国林科院亚林所。普定石漠站位于贵州省普定县城关镇，地理坐标为北纬26°9′~26°31′、东经105°27′~105°58′，海拔1200米。普定石漠站是在我国喀斯特退化生态系统（石漠生态系统）建立的首个代表性站点，代表高原型石漠化典型区域黔中高原分布区类型。

普定石漠站建有永久性固定观测样地12块，地面气象观测场2座，小流域测流堰1座，坡面径流场1处。站内建有森林培育实验室、生态学实验室、植物生理生态实验室、水土保持与荒漠化实验室、动植物标本馆、样品分析实验室等，拥有价值200多万元各类仪器20余台（套）；建有600平方米科研办公楼1座，200平方米科研温室大棚1座，内设有会议室、资料室、活动室等；建有职工食堂、宿舍等，可满足站内工作人员和学生的用餐和住宿。

现有固定人员6人，其中研究员2人，研究领域涵盖森林培育、生态学、水土保持与荒漠化防治等，与中国林业科学研究院、安顺学院、普定县林业局等单位签署共建和联合培养研究生协议，已培养研究生6人。

普定石漠站立足喀斯特脆弱生态区，围绕国家和区域发展重大需求，重点针对石漠化的发生发展机制及其演替规律、植被适应机制及植被恢复基础理论和应用技术研究、生态治理效益监测与评价等主要研究领域，在2014—2024年间积累了近100 GB观测资料，主持执行国家自然基金、重点研发专项任务等科技项目10余项，发表科技论文20余篇，获得国家发明专利3件，国际发明专利1件，起草行业标准2项，获得梁希林业科学技术奖科技进步二等奖1项。基础研究工作丰富了石漠化植被恢复理论体系，相关成果获得广泛应用，建立试验示范区2000余亩，为区域生态屏障建设和生态文明建设提供了强有力的科技支撑。

（四）华东沿海防护林生态系统国家定位观测研究站

沿海地区是我国经济最发达、人口最稠密的地区，是我国经济社会发展的"火车头"，受地理特征和气候变化的影响，该区域长期遭受台风、海啸等自然灾害侵袭。沿海防护林体系建设是减灾增产和保护基础设施的重要人类工程。华东沿海防护林生态系统国家定位观测研究站（简称华东森林生态站）立足一主（江苏东台）两副（浙江台州、上海浦东）站点，辐射华东沿海地区，有力支撑防护林体系建设。

十年来，华东森林生态站建设野外观测和室内分析平台各3个，共计1200余平方米；装备自动化监测设备30余件（套），配备分析仪器设备40余件（套），建立综合观测场永久样地4个，植被和土壤监测永久样地21个，年均观测数据1200 MB，数据填报率100%，5年运行评估获得优秀。现有固定科研人员14名，其中正高级7名，副高级2名，中级5名。

华东森林生态站围绕"养分—生长—结构—功能"等防护林经营理论和关键技

术开展系统性研究，揭示了人工林养分限制的林龄机制，优选出抗风树种和配置模式，提出了风流场数值模拟技术和防护林结构优化与评价技术。十年来，承担国家自然科学基金、国家重点研发课题等各类科研项目20余项，发表论文近百篇，鉴定成果1项，出版专著2部，起草标准3项（包括首个长三角区域林业标准），获授权发明专利1件，登记软件著作权2件；成果获梁希林业科学技术奖三等奖、浙江省科学技术进步奖三等奖、浙江省"科技兴林奖"一等奖各1项；技术成果在华东沿海地区累计推广7万余亩，建立示范基地3个，防护功能提升20%以上，产生的生态效益可达44亿元。年培养研究生3~5名。

（五）浙江杭州西溪湿地生态系统国家定位研究站（支撑）

浙江杭州西溪湿地生态系统国家定位观测研究站（简称西溪生态站）位于杭州西溪国家湿地公园内，隶属于国家林业和草原局中国陆地生态系统定位观测研究站网（CTERN），2012年批准建设，归口管理单位为浙江省林业局，建设单位为杭州西溪湿地公园管理委员会办公室，技术依托单位为中国林科院亚林所。

西溪生态站主要开展杭州西溪湿地水质、土壤、空气质量、气象、生物多样性等方面的定位观测，研究城市湿地生态系统演替过程、退化机理及其城市环境相互作用等，研发城市湿地保护修复与生态管理技术，用于指导高强度人类干扰下城市湿地保护利用。

西溪生态站现有生态学、湿地动物学、植物学、土壤学、环境工程、园林学及管理学等固定科研人员9名。建有综合科研实验用房600平方米，水质、环境空气质量、气象自动监测站各1个，综合观测塔1座，河流断面观测点3处，固定监测样地10个，配有水文水质、土壤、湿地群落、大气等观测设施设备70台（套）。

西溪生态站取得的技术成果"国家湿地公园资源管理和经营模式研究——以杭州西溪国家湿地公园为例"和"城市湿地生态系统改善关键技术研究与应用"分别获得浙江省科技进步奖三等奖、二等奖，直接支撑了西溪国家湿地生态保护管理，也为全国湿地公园建设提供了技术示范。

四、工程技术研究中心

（一）国家林业草原油茶工程技术研究中心

为推进油茶科研技术向现实生产力转化，国家林业局于2009年2月批复成立油茶工程技术研究中心。工程中心以建设优质、安全、高效和生态的油茶产业体系为主要任务，针对油茶良种繁育、高效栽培、茶油及副产品加工利用、茶油质量安全等领域进行工程技术研发，形成一批适于规模化生产、高质量的工程化和产业化技术成果，向林农、企业推广。

中心实行首席专家负责制，现有核心成员40余名，建有400平方米研发实验室和5个良种扩繁基地、1.2万平方米精深加工中试基地和32万平方米油茶种质资源库，收集油茶种质资源1458份，容器基质化种苗生产能力上升至5亿株。选育出了一批以'长林53号'、'长林4号'、'长林40号'等为代表的油茶良种及杂交新品种，研发茶油产品5个。提出了油茶分系良种应用、配置栽培和质量安全生产等一整套发展思路及策略；研发出了一大批油茶良种和高效规模扩繁技术，为油茶全区域科学发展奠定基础；形成以良种配置为核心的栽培技术体系，奠定油茶持续丰产基础；研发出油茶高效加工及副产品利用技术，建立了一批生产示范线。

在全国15个省（自治区）建设良种应用及新品种配置技术标准化示范基地50余个，示范林超过50000亩，通过技术培训带动良种推广面积超过1000万亩，累计培训人员逾18000人次。中心成立以来，组织完成国家、行业及地方各类项目30余项，形成科技成果11项；起草标准12项；获授权发明专利30件；获浙江省科技进步奖二等奖3项，梁希林业科学技术奖二等奖3项；编写著作3部。

（二）国家林业草原马尾松工程技术研究中心

为解决马尾松产业共性问题和工程技术需求，2015年3月国家林业局批复依托亚林所成立马尾松工程技术研究中心，共建单位为广西林科院。该技术中心由国内从事马尾松研究的大专院校、科研院所、良种基地和加工企业等单位组成，技术和管理人员60余人。

中心成立以来，通过建立高效运行机制和灵活的管理体制，明确工作任务和目标，构建了高效、开放的马尾松工程技术研究和推广平台，先后获批"十三五"、"十四五"国家重点研发项目3项，科技创新2030—农业生物育种重大项目1项，对马尾松高世代育种和良种繁育、人工林高效培育、病虫害防控和林产品高效利用等关键工程技术持续研发，突破了高抗马尾松早期高效鉴定技术，选育了我国第一个马尾松新品种（抗性）"亚青"，形成了"马尾松高生产力高抗良种选育和种子园矮化丰产技术"、"马尾松骨干育种资源挖掘保护与创新利用"等成果，构建了马尾松材脂兼用林高效培育技术模式，建设工程示范线2条，其中，水白松香树脂生产线年生产量 3000 吨，β-蒎烯裂解生产月桂烯生产线年生产量 100 吨。通过持续吸收、转化、产出具有自主知识产权的新品种、新技术、新工艺和新产品，大幅度提高我国马尾松育种和良种繁育推广水平、人工林培育和林产品高效利用技术水平，同时，培养了一大批林业青年科技人才，有效支撑和促进我国松树产业高效、优质发展。

（三）国家林业草原山茶花工程技术研究中心

国家林业草原山茶花工程技术研究中心于 2018 年 10 月获国家林业和草原局批准成立。工程中心根据山茶花全产业链科技创新需求，关注山茶花特异新品种培育及标准化生产等前沿热点问题，以产品品质提升及市场份额增长为目标任务，解决新品种知识产权保护问题，提高新品种的转化效果，促进山茶花新品种新技术新工艺工程化，推动山茶花产业稳步发展。工程中心依靠中国林科院亚热带林业研究所，采用传统育种与新技术育种的理论与技术，研发茶花特异新品种及高品质培育技术。

工程中心现装备了先进的仪器设备和完善的配套设施，有观赏园艺实验室等实验研究场地，总面积约 300 平方米，购置仪器设备 20 余台套，合计人民币 500 万元。牵头申报国家重点研发计划课题、国家自然科学基金项目、浙江省林木花卉新品种选育专项课题、浙江省—中国林科院省院合作课题 8 项，经费 500 万元；发表学术论文 10 篇；获授权专利 1 件；起草行业及地方标准 2 项，标准成果认定 1 项。

工程中心实行首席专家负责制，研究团队由首席专家负责，由 15 名以上的研究人员组成，形成紧密型研究小组。现有在编职工 10 人，合同制聘用人员 5 人。其中研究人员 7 人，技术人员 8 人，管理人员 1 人；具有博士学位 5 人；高级职称 5 人。组织 38 人赴法国南特市参加国际茶花大会；派出专家出访 1 人次，接待来访 2 人次，每年接受所外实验任务 100 余次，促进了科研仪器资源的社会共享。

（四）国家林业草原国外松培育工程技术研究中心

2019 年 5 月，国家林草局正式发文批准依托中国林科院亚林所组建国外松培育工程技术研究中心。工程中心批复以来，成立了专家技术委员会，制订了五年（2022—2026 年）发展规划，组建了国外松遗传改良、生态栽培等研发团队，积极申报项目开展相关研发工作，创造条件搭建实验体系，主动面向生产开展技术服务，几年来中心运行顺利并取得良好成效。

工程中心围绕国家木材资源培育基地建设和国外松材用和脂用产业林速生、优质、高抗、高效的经营目标，聚焦国外松良种持续选育与生产体系建设、国外松产业林集约栽培与高效经营技术体系构建、国外松生态系统健康维护与林地资源可持续管理等关键技术和发展热点进行工程技术研究开发，形成了一批适于规模化生产、高质量的工程化和产业化技术成果，为产业发展提供了全方位技术支撑。

工程中心对科研人员成长发挥了积极作用，有9人晋升高级职称，其中4人晋升研究员，5人晋升副研究员，1人入选中国林科院优秀青年创新人才培养计划。培养（含在读、联合培养）硕士研究生13人，博士研究生1人，其中获国家奖学金、茅以升科学奖学金等4人次，获中国林科院优秀毕业生等2人次。

工程中心在平台软硬件建设方面取得了一系列奠基性的先进成果，公开发布了我国首套自行设计的湿地松、火炬松基因芯片，研建了基于无人机和AI算法等技术的国外松高通量图像表型分析平台，建成了具有海量数据保存和运算能力的中小型服务器计算中心，初步完成染色体级别的湿地松基因组数据测序。中心在软硬件建设方面为国外松创新发展打下了坚实的基础。

（五）国家林业草原柿工程技术研究中心

为更好地实现产学研紧密结合，促进柿科技成果及时转化为生产力，2021年6月1日，国家林草局批复依托中国林科院亚林所成立柿工程技术研究中心。

柿工程中心旨在凝聚全国柿研究技术力量，根据我国经济林产品供给侧结构性改革要求，以市场需求和产品质量为导向，针对我国柿资源挖掘、品种选育、良种育苗、栽培管理、采后储运和深加工产品开发等柿产业发展中的关键性、基础性和共性的技术问题，进行系统化、配套化和工程化的技术集成开发；构建高效、开放的柿产业工程技术研发、推广与转化平台，加速科研成果向现实生产力转化，促进一二三产业融合，形成完整的柿全产业链体系，提升我国柿产业国际竞争力；培养一流的柿育种、栽培、加工等柿产业创新团队和技术人才，助力乡村振兴。

柿工程中心现有核心成员20余名，建有研发实验室近500平方米，现代化智能温室500平方米，简易遮阴育苗大棚10000余平方米。同时，分别在我国浙江、河南、陕西、广西、云南等地建设柿种质资源库及规模化育苗、推广试验示范基地10余个，总面积逾5000亩。

柿工程中心成立以来，组织完成国家、行业及地方等各类研究项目30余项，形成科研成果16项，起草浙江省地方标准1项，获得发明专利4件，培育柿良种2个；获首届浙江省知识产权（植物新品种）二等奖1项，广西科学技术进步奖三等奖 1 项，浙江省"科技兴林奖"一等奖 1 项。通过技术培训带动良种和栽培技术推广 40 万亩；累计培训人员 3000 余人次。培养合作单位技术人员 10 人，晋升高级工程师 3 人。

（六）国家林业草原山核桃工程技术研究中心（共建）

为推进山核桃科研攻关，开发新技术，实现科技成果的工程化和产业化，国家林业局于 2014 年 10 月批复成立山核桃工程技术研究中心，依托安徽省林科院、中国林科院亚林所组建。

山核桃工程中心的目标是围绕产业关键技术需求，开展资源收集、良种选育、丰产栽培、加工利用等技术研发，突破技术瓶颈，构建产业化工程技术体系。建立技术研究、开发和成果转化专业队伍，形成集技术创新、成果转化、技术咨询（培训）、人才培养及对外合作于一体的产业支撑平台。主要任务是针对产业发展的共性及关键性需求，开展科技攻关，开发新技术、新工艺、新产品，提高产业竞争力，促进山核桃产业的发展。

现有技术骨干及研究人员 22 名，建有 300 余平方米研发实验室。成立以来，组织完成国家、行业及地方各类研究与技术开发项目 20 项，形成成果 6 项，起草标准 12 项，获授权专利 8 件，审（认）定良种 10 个，获梁希林业科学技术奖科技进步三等奖 1 项。在全国建有示范基地 30 余个，示范林面积超过 30000 亩，累计培训科技人员和林农逾 3000 人次。

五、创新联盟

（一）油茶产业国家创新联盟

为有效整合技术创新资源，提升油茶产业发展水平，服务国家发展战略，原全国油茶产业技术创新战略联盟于 2018 年 9 月整合重组，由亚林所牵头，联合行业内 73 家油脂加工企业、高等院校及科研院所，获批成立了油茶产业国家创新联盟。联盟秘书处设在亚林所。

联盟以"引导产业发展、推动技术创新"为宗旨，坚持面向市场、平等自愿、优势互补、风险共担、利益共享的原则，集成和共享技术创新资源，加强合作研发，促进产业共性技术的研发与应用，积极推动创新要素向企业集聚，建立跨地区、多层次的自主研发与开放合作并存的创新模式，构建行业产学研结合的技术创新体系，提升自主创新能力。

依托前期基础，联盟承担完成了"十二五"、"十三五"和"十四五"国家重点研发有关油茶的科研任务，完成了三个油茶物种基因组测序，入选"2022年林草科技十大进展"；牵头编写了《全国油茶品种志》，并配合国家林业和草原局制定了《全国油茶主推品种和推荐品种目录》，为全国油茶产业大发展提供品种指导与技术护航。选育的新一代杂交良种通过审（认）定，将逐步替代二代无性系良种大面积应用于生产。联盟内科研院所科技支撑企业成员20多项次，研发获得一批国家专利。

（二）山茶花产业国家创新联盟

为有效推动我国山茶花产业的健康发展，山茶花产业国家创新联盟于2018年10月获批。首届联盟成员52家，其中企业26家，科研院所等26家，涵盖了国内茶花主要产区的重点企业，其中上市公司2家（棕榈生态城镇发展股份有限公司、云南欣绿茶花股份有限公司）。

联盟定位是建立以企业为主体、市场为导向、产学研相融合、关键技术协同攻关的创新体系，提升我国山茶花产业在花卉产业中的竞争力，扩大山茶花市场份额。重点任务是针对山茶花产业的重大技术需求，借助现代物联网、现代营销新方式和现代栽培设施，研发新品种、新技术、新产品、新标准，推进技术创新及系统集成示范，促进生产技术、创新能力、产品质量和品牌价值的不断提升。

联盟累计承担各类项目58项，其中国家重点研发课题2项、子课题2项，国家自然科学基金面上5项，国家林草标准项目5项，植物新品种与专利保护应用项目9项。获得授权品种权92件，审（认）定良种5个，起草各类标准5项，获发明专利10件；发表论文40篇，出版专著3部。晋升二级研究员2人，晋升正高级职称10人，晋升博士生导师1人，硕士生导师3人。获聘国家林草乡土专家3人，浙江省林业乡土专家10人。培养硕博士研究生30人，博士后人员2人。

（三）国外松国家创新联盟

国外松国家创新联盟是由中国林科院亚林所牵头组建，由国家林业和草原局于2019年11月批准成立的全国性林业科技创新合作组织。首批成员包括全国开展国外松科研、示范推广的28家高校、科研院所以及林场、企业等单位。

联盟组织机构由理事会、专家委员会和秘书处构成，秘书处设在亚林所。秘书处组织召开理事会，制定了联盟章程；组织召开专家委员会，制定了五年发展规划（2020—2024）等。联盟成立以来，在科技项目争取、科研成果产出及支持产业发展方面取得了显著的成效。"十四五"开局以来,联盟承担国家重点研发项目(课题、专题)5项以上,承担国家科技创新2030项目2项,争取国家科技经费达4000万元以上,是"十三五"期间的10倍;牵头起草了我国首个国外松培育技术标准《湿地松、火炬松培育技术规程》;鉴定成果"国外松多目标育种群体构建关键技术及应用"为我国国外松产业提质增效做出了重要贡献。

(四)薄壳山核桃国家创新联盟

薄壳山核桃国家创新联盟建立于2019年,依托单位为中国林科院亚林所,由从事薄壳山核桃技术研究、栽培种植和加工利用的科研院所、高校、企业等64家单位组成,联盟成员涵盖了90%以上薄壳山核桃研发、生产、加工单位和企业。

联盟的重点任务是通过联合攻关,研发具自主知识产权的技术与产品,引领产业技术持续创新;通过集成创新与应用,促进科研成果系统化和实用化,为产业提供成熟、高层次的综合技术,实现产、学、研、用的有机结合,持续支撑薄壳山核桃产业的健康发展;通过共享知识产权和资源,培养人才,提升企业成员单位的自主创新能力。利用联盟成员的群体优势,示范带动薄壳山核桃相关产业科学发展和持续升级。

联盟先后承担省部级项目10余项,经费500多万元,成果转让费45万元。支撑国家良种基地3处,起草标准3项,审(认)定良种5个,发布软著4件,获授权专利5件,培养研究生4人,鉴定成果1项,发表论文40多篇。良种先后在安徽、浙江、重庆等12个省(直辖市)引种栽培,为我国薄壳山核桃产业良种化发展提供了保障;研究提出的品种配置技术广泛应用于丰产示范林营建,累计辐射推广面积超30万亩;研发形成的薄壳山核桃容器育苗技术为企业创造了良好的经济效益,仅联盟理事长单位近5年来容器苗销售额就达600多万元。

(五)椿树国家创新联盟

椿树国家创新联盟于2020年10月19日成立,依托单位为中国林科院亚林所,由来自国家级、省级、地市级科研单位、高校和相关企业等18家单位组成。

联盟紧紧围绕共同富裕、乡村振兴、生命健康、木材安全等国家战略,聚集行业主要创新主体和重要龙头企业,整合香椿、红椿、毛红椿等科技研发和加工生产资源,以建设品种研发体系、栽培标准化与规模化技术体系、产品深加工与质量标准体系及开拓功能性食品药品与康养新领域等为主要目标任务,构建共性关键技术创新平台,助推产业高质量一体化发展。

自成立以来，联盟承担了"十四五"国家重点研发专项、"十四五"浙江省林木育种专项、安徽省重大研究专项和陕西省重点研发计划等项目，完成了香椿、红椿、毛红椿三个树种的基因组测序；牵头起草了《香椿》《植物新品种特异性、一致性、稳定性测试指南 香椿属》等行业标准和《香椿菜用栽培技术规程》等地方标准5项；获授权植物新品种1个，审（认）定椿树良种9个，为全国椿树产业高质量发展提供了品种和技术保障。支撑建设了浙江、湖北、陕西和河南等16个主产区的香椿产业示范基地。

六、其他平台

（一）挂靠平台

1. 全国马尾松和亚热带阔叶树良种基地技术协作组

为积极推进国家林木良种基地高质量建设和集约经营，亚林所作为全国马尾松和亚热带阔叶树良种基地技术协作组依托单位，组织国内从事马尾松和亚热带地区主要阔叶造林树种育种和良种繁育的科研院所、林业种苗管理机构以及国家重点林木良种基地等力量，组成科技含量高、科技支撑覆盖面广、科技服务功能强、能解决实际问题的专家队伍。

近10年来，针对国家马尾松良种基地面临的升级换代和精细化经营以及树种结构调整的需求，指导30多个国家重点林木良种基地发展规划编制、马尾松种子园矮化经营和抗性种子园营建、乡土珍贵树种良种选育和良种繁育基地建设等，先后在浙江、广西和湖南等地召开5次全国性的技术培训班，加强了省际、省内基地间的技术交流，并深入各基地进行多种形式的技术指导，受训技术人员上千人，有效支撑了全国马尾松和亚热带阔叶树种良种基地的树种结构调整和良种生产，保障了主要乡土珍贵树种造林的良种用种。同时，结合基地科技支撑，牵头起草国家林业行业标准《林木种子生产基地建设技术规程》。

2. 全国油茶产业技术协作组

为促进我国油茶产业持续发展，2011年8月，国家林业局场圃总站成立全国油茶产业技术协作组，秘书处设在亚林所，负责日常事务，姚小华为协作组组长。技术协作组是由油茶产业行业管理部门、油茶生产企业及油茶技术研究相关科研院所、高等院校组成的林木技术联盟，旨在建立以良种基地为平台、科研机构为主体、技术创新与技术服务为导向、产学研紧密结合的产业技术创新与服务机制。

协作组成立以来,通过组织培训班、现场观摩及线上培训等方式,持续培训油茶产区各级管理、生产等人员,向广大油茶生产者传授先进的油茶种植、加工和管理技术,提高了他们的技能水平和生产效益,通过科技部"科技列车渝东南行"、国家林草科技大讲堂,科技特派员,团中央、中组部"博士服务团",浙江省林业局"特色经济林科技推广服务团队"等活动,线下培训林农5000多人次,线上培训60多万人次。积极贯彻落实《加快油茶产业发展三年行动方案(2023—2025年)》,先后赴广西、贵州、重庆、湖北、河南、湖南等地开展技术指导与服务,技术支撑贵州黔东南、湖北黄冈申报国家油茶奖补项目等。

3. 中国林学会竹子分会

2015年以来,中国林学会竹子分会连续9次获得"中国林学会优秀分支机构"称号。现有理事单位142个,团体会员单位90个,个人会员达1480多人,遍及全国19个省(自治区、直辖市)。为实施创新驱动战略,建立了5个专业性服务站和5个区域性服务站。现任理事长为蓝晓光,副理事长兼秘书长由谢锦忠担任。

2015年以来,分会组织形式多样的学术会议40余场,其中组织召开的中国竹业学术大会现已成为我国最具影响力的竹子学术盛会;发起并承办的中国(上海)国际竹产业博览会暨国际竹产业发展学术研讨会已成功举办5届,总展出规模近50000平方米,参展商500多家,展示产品1200多种,参观人数超过10万人次;组织2届世界竹藤大会平行会议。科技服务方面,累计组织500多人次赴南方竹产区进行现场技术指导和培训,培训竹农3万余人次,得到组织单位、当地政府和竹农的一致好评,编写印刷并发放各种科技推广材料15余万份。此外,积极组织开展竹产业可持续发展调研,撰写了《新时代浙江省竹产业发展提出了对策与建议》,并以蒋剑春院士的《院士建议》上报浙江省人民政府,受到浙江省政府和浙江省林业局的重视,为国家、地方出台竹产业发展政策提供了依据。

4. 中国林学会松树分会

松树分会是集科学研究、科普教育、学术交流为一体的松树领域重要的全国性学术组织,于2016年9月选举产生了中国林学会松树分会第一届委员会,亚林所为松树分会的依托单位。该分会以活跃学术交流氛围为核心,紧密围绕服务科技进步、服务产业发展、服务广大会员的使命要求,建设品牌论坛,搭建高层次学术交流平台,引导全国学术界对松树科研领域前瞻性、战略性和深层次问题进行深入研讨,形成高质量、多层次的学术交流体系。同时,以宣传工作为保障,促进学会科学普及工作开展，为政府决策提供专业咨询服务，全面扩大分会社会影响力。

分会成立以来，先后在浙江杭州、广西南宁、北京、甘肃天水、黑龙江哈尔滨和陕西蓝田等地召开了6次高质量松树产业发展学术研讨会，参会人数800余人次，学术氛围活跃，获得中国林学会2017年度学术交流工作先进单位。同时，组织联络了全国研究松树育种、资源培育和高效利用的科技专家，推进松树领域资源培育与技术集成创新，为我国松树产业发展提供强有力的科技支撑。

（二）支撑基地

亚林所持续支撑21个国家级、省级林木良种基地，及8个林木种质资源库的建设和运行。主要林木种质资源基地见表1。

表1 种质资源平台体系建设情况

基地类别	基地名称
国家林木良种基地	建德市林业总场国家楠木、青冈良种基地
国家林木良种基地	龙游县林场国家彩叶树种良种基地
国家林木良种基地	滁州市林科所国家薄壳山核桃良种基地
国家林木良种基地	赣州市林科所国家油茶良种基地
国家林木良种基地	江西省林业科技实验中心国家青冈、油桐良种基地
国家林木种质资源库	安吉县龙山林场无患子国家林木种质资源库
国家林木种质资源库	中国林科院亚林所山茶、木兰国家林木种质资源库
国家林木种质资源库	广德县竹类国家林木种质资源库
国家林木种质资源库	淳安县富溪林场红豆树、栎树国家林木种质资源库
国家林木种质资源库	遂昌县牛头山林场石栎、苦槠国家林木种质资源库

（三）种质资源

1. 中国林科院亚林所山茶、木兰国家林木种质资源库

中国林科院亚林所山茶、木兰国家林木种质资源库位于杭州市富阳区亚林所试验林场，总面积278.8亩，目前累计保存种质资源620份，包括油茶、山茶、木兰、国外松以及珍贵阔叶树种、珍稀观赏竹种等种质资源，现已成为我国亚热带区域重要的林木种质资源保存基地之一。建有国家油茶核心种质（浙江）资源库1个，占地150亩，包含各类油茶种质资源102份；亚热带珍贵树木园1个，占地30亩，引进普陀鹅耳枥等珍贵阔叶树种82种；亚热带竹种园1个，引进珍稀观赏竹种132种。

自2016年成立以来，森林培育、遗传育种等相关种质资源成果辐射长江流域

19个省（直辖市），累计营建示范林2万亩，带动林农增收5000余万元，有效支撑了乡村振兴、生态安全等国家战略实施。

2. 国家林草植物新品种杭州测试站

为进一步加强我国山茶和油茶新品种保护，更有效支撑和促进林木种业产业发展，2015年，国家林业局科技发展中心批准同意依托亚林所筹建山茶、油茶新品种DUS测试站；2017年12月，测试站通过由国家林业局科技发展中心（国家林业局植物新品种保护办公室）组织的山茶、油茶DUS测试能力专家组评估；2018年3月，国家林业局科技发展中心（国家林业局植物新品种保护办公室）发布《关于启动杜鹃花属、山茶、油茶申请品种田间测试的公告》；2020年9月，国家林业和草原局办公室发布《关于设立林草植物新品种测试机构的通知》，命名设立6个林草植物新品种综合性测试站，其中之一便是"依托中国林业科学研究院亚热带林业研究所设立'国家林草植物新品种杭州测试站'"；2020年11月，国家林草局科技发展中心领导到所举行授牌仪式。

亚林所根据国家林草局科技发展中心的要求和新品种DUS测试的标准，在基础设施建设、人员配备、测试技术研究、已知品种收集等方面开展了大量工作。测试站建设50亩测试基地，建设完成测试用温室、大门、道路、围栏，512平方米玻璃温室一座，50立方米蓄水池一座，覆盖测试基地安全监控一套，测试相关设施设备完备，完成测试站管理、测试技术手册等相关文件编写；截至目前，接受在站山茶DUS测试委托52件，完成23件；接受山茶属现场实审委托421件，组织实施现场审查新品种349件，出具山茶属植物新品种分子鉴定报告11件。测试站的设立是服务种业产业、促进种业创新的重要保障，是促进知识产权保护、加强植物新品种权保护的重要技术支撑，同时也是支撑亚热带区域种业发展，辐射周边地区的重要平台，运行十年来充分发挥创新平台作用，对推广、宣传新品种制度，服务地方林业发展战略的现实需求，促进亚热带地区林业种业产业发展和生态建设同样具有重要作用和意义。扎实推进了国家植物新品种全面保护进程，保护了企业或个人的植物新品种知识产权，同时极大地推动了林木、花卉以及木本油料等植物新品种产业的健康发展。

3. 亚热带林木培育国家长期科研基地

亚热带林木培育国家长期科研基地位于浙江省杭州市富阳区，是集林木种质资源库、新种质创制和森林培育为一体的研究平台，为亚热带区域林业发展和生态建设提供科技支撑和示范。

其建设目标与任务是开展亚热带主要树种核心种质资源收集保存利用评价与良种创制、南方天然次生林经营改造与提质增效等工作，建成我国亚热带特色林木资源收集最多、覆盖面最广的高水平种质资源库和良种创制基地，收集保存山茶、木兰等种质资源10000份以上；建设主要造林树种种质资源设施库1个，低温保存种质资源2000份以上；建成亚热带天然次生林培育经营技术长期试验示范基地，打造集成果转化、科普教育、开放共享为一体的长期基地。

第四节 科技信息

2016年，实施了局域网三期改造升级工程，将局域网主线带宽升级至200Mbps，新增视频网络宽带一条，网络中心机房迁至实验楼，下设4个二级交换机房，并将防火墙交换机等网络硬件全部更换成"华为"品牌。2021年，增设了覆盖全部办公区域的无线网络，购买上网行为管理、无线网络准入两套软件设备，从根本上解决了端口不足、IP地址冲突、有线网络线路故障导致无法上网等问题。亚林所网络与信息系统主要包括亚林所门户网站、大型仪器开放共享预约系统和亚林所内控管理系统。门户网为公用信息发布平台，内容主要是宣传信息发布和单位基本情况介绍，亚林所综合办负责信息后台发布；大型仪器开放共享预约系统主要用于实验仪器设备的共享预约和信息发布等；内控管理系统主要包括项目预算管理、支出管理、协同办公、合同管理、资产管理和绩效管理等模块，实现在线审批和办公功能。亚林所门户网站由中国林科院统一采取相应技术手段进行防护管理，所综合办负责日常数据维护和监测，发现异常情况及时向中国林科院报告。大型仪器开放共享预约系统由亚林所实验室管理办公室负责日常运行管理，安装并启用系统和软件防火墙；在路由网关进行端口映射，做到安全隔离；共享系统采用访问控制技术，对登录用户权限做访问控制。亚林所内控管理系统由亚林所计划财务处负责日常运行管理，安全防护措施包括Web应用防火墙WAF、企业主机安全、态势感知、云监控服务CES、云审计服务CTS、统一身份认证等多维度全方位防护。

第十五章
科技产业

近十年来，亚林所林业科技力量发展迅速，各种产出中虽以公益性科技成果为主，但亦有不少具有商业开发价值的成果，如薄壳山核桃良种选育与规模化扩繁技术研究、甜柿优质新品种及高效栽培技术等。油茶、马尾松、薄壳山核桃等树种成果覆盖了全国主要产区，构建了从种苗、高效培育、低产林改造到质量安全标准体系的全产业链体系，在开展公益性成果推广的过程中，相关的成果更是得到了广大林区群众的肯定和认可。

但是受限于研究所的公益属性，在成果组装和转移转化过程中，尤其是科技产业发展过程中，相关科技成果转化工作由科研人员各自为战，与科技产业发展相脱节，没有真正创造出应有的市场价值。

近年来，亚林所产业工作根据国家相关政策，重点着眼于加强企业的内部管理。2022年9月，中国林科院松花粉研究开发中心、杭州黄公望森林公园有限公司、杭州富阳亚热带植物新品种权事务所有限公司三家企业被财政部纳入中央国有资本经营预算实施企业。总体来看，亚林所相关产业企业规模小，占用国有资产有限，机制不活，市场竞争力弱，没有达到预期经营效果。

第一节　松花粉健康产业

为建立现代企业管理制度，应对市场经济激烈竞争，松花粉研究开发中心被列为院所改革试点单位之一，于 2010 年进行了股份制改造。改制后松花粉研究开发中心转为投资主体，注册成立浙江亚林生物科技股份有限公司。浙江亚林生物公司承继松花粉研究开发中心原有业务，继续依托亚林所技术、人才、平台等资源，紧密围绕松花粉、铁皮石斛等特色产业和优势领域，专注于林特资源的开发利用和成果转化。

2013—2016 年，苏州神元生物科技股份有限公司、浙江微易健康管理有限公司等社会资本陆续参股公司，股本结构更加多元。2014 年，4000 平方米的生物工程中试车间建成投产，开辟了新的代加工等业务。2016 年，完成并购并全资控股杭州金日生物科技有限公司。2023 年，《亚林·松花粉行业缔造者》纪录片在央视上映，同年公司也跃升为规上企业。公司持续进行设施设备性能提升和节能环保改造，电子数粒、片剂罐装、制粒机、背封式粉剂包装机等一应新设备和先进生产线逐步换装到位，产能、效率大幅提升。现占地 30 余亩的亚林健康产业园，拥有 1 万多平方米的固体制剂大楼、生物工程中试车间等现代化 GMP 生产厂房，粉剂、片剂、颗粒剂、硬胶囊、软胶囊等保健食品生产剂型较为齐全，并能进行植物提取、微生物发酵、干燥浓缩等中试生产，固体制剂实验室、质量分析实验室等品质检验与保障设施完备。公司已持有注册制保健食品批文 7 个、备案制保健食品批文 8 个、QS 食品生产许可证 12 个，研发内服与外用产品共 20 多种，市场遍布全国近 30 个省份，受益人群数百万。

公司现已形成产品销售及委托加工两大主业和上百名员工规模。最近 10 年来，累计营业收入近 2 亿元，上缴税收 2000 多万。

第二节　花卉产业

2014—2024 年，杭州富阳绿园园艺公司（杭州黄公望森林公园有限公司）逐步向花卉产销和租摆转型，主产文心兰、观赏凤梨、春石斛等花卉，其中观赏凤梨达规模化生产水平，基本形成"生产基地 + 销售门市"的经营格局，即：三桥基地主责繁育和批发，公司总部专司花卉租摆和零售，就近服务消费群体，降低经营成本；同时结合长三角区域优势，积极参展、主动推销，努力拓展营销市场。公司生产的"富绿"牌观赏凤梨、文心兰等花卉在浙江乃至华东地区享有一定的知名度。

三桥基地建有设施苗圃100多亩，其中现代化连体大棚20多亩，为杭州市农业花卉示范基地。基地是富阳及杭州周边地区中低端花卉的主要批发卖场之一，成为绿植园艺店与租摆商家的供货点、单位活动采购点。乘互联网经济东风，公司采用互联网＋卖场的模式，线上宣传推广，线上线下同步销售，有效扩大了客户群体与市场影响。2017年开始，公司利用在庭院设计、施工、养护等方面积累的丰富经验，为全国各中高职院校开展全方位的园林庭院景观施工技能培训。

公司虽开展了一系列经营转型措施，但相对来说，近十年的经营状况仍不尽如人意。公司经营效果不佳的重要原因是缺少核心竞争力，没有自己的拳头产品，销售渠道未充分打开，亚林所的科研技术优势未予充分体现与发挥。

2021年根据国有企业公司制改制等政策，富阳绿园园艺公司与杭州黄公望森林公园有限公司合并，相关资产及业务整体由杭州黄公望森林公园有限公司承继。

第三节 林木种苗产业

富阳中亚苗业有限责任公司在2014—2021年主要从事园林绿化新优树种、特色生态经济树种的选育、引种、扩繁和配套栽培技术研究开发等业务。公司鼎盛时期建有富阳三桥、千家、泗洲、新村和河南原阳等五处各具特色、种植面积达1000余亩的苗木基地。公司立足浙江地区，逐步建成集生产、科研、推广、示范于一体的国内一流的景观森林苗木示范园区。公司基地获评杭州市林水局新品种引种示范基地、杭州市市级珍稀苗木特色基地、国家林业局木本花卉推广试验基地、科技部成果转化项目绿化苗木多功能介质生产应用基地。

公司在进行苗木生产和经营的同时，发挥亚热带林业研究所的科研优势，承担了科技部、国家林草局等部委近10个示范和产业化研究项目，为公司在苗木培育和新品种开发利用方面提供了技术支撑。依托中亚苗业公司，成立了富阳最大的苗木专业合作社，由200多位从事苗木生产的专业农户组成，社员分布于富阳区各个街道及乡镇，苗木种植面积20000余亩。

但近几年由于公司生产基地租期相继到期，在国有企业体制机制变革的背景下，中亚苗业公司于2021年注销。相关苗木产业及业务，由杭州黄公望森林公园有限公司继续经营。

第十六章
国际合作与交流

亚林所十年来利用国际资源，发展壮大自己，取得长足进展，目前已初步形成多渠道、多形式、多元化合作格局。现与世界上 30 多个国家和国际组织开展了合作与交流，34 人次专家在国际组织或国际期刊任职。通过各种渠道争取了一批项目、资金，改善了科研条件，培养了一批科技人才，产生了一批科技成果，取得了明显的社会效益和经济效益。亚林所的国际合作与交流工作不断扩大合作层次，创新合作机制模式，大力引进国外科技人才，积极推动林业科技人员走向国际舞台，在林业研究大格局中的地位明显上升。

一、拓展交流渠道，积极推动对外交流与合作

自国家进一步放宽对科研人员因公临时出国政策以来，亚林所科研人员出国交流访问的机会大幅增加，通过国际会议、学术培训、接待来访、合作研究等一系列活动，不断接受国际先进科学技术。累计派出 100 人次科研人员赴美国、澳大利亚、瑞士等 20 多个国家开展合作、交流，其中通过国家留学基金、中国林科院留学支持计划、国家自然科学基金等各类项目选派了 20 人次青年科研人才出国开展中长期学术交流。

接待来自美国、加拿大、巴西、埃塞俄比亚等国家和地区外宾 94 人次。其中包括巴西圣保罗农业研究所、埃塞俄比亚农业部、泰国清迈皇家农业研究中心、国

际竹藤组织及国际知名院校的多位专家。

埃塞俄比亚代表团连续三年到亚林所开展学术交流。2016年，埃塞俄比亚环境、林业和气候变化部及州长代表团一行在国际竹藤副总干事李智勇等陪同下到亚林所进行座谈交流，了解亚林所研究成果，并表示了浓厚兴趣，希望今后能签订合作协议，加强合作交流。2017年，埃塞俄比亚农业部国务部长卡巴．约格萨博士一行在国际竹藤组织东非办事处主任傅金和博士陪同下，与亚林所经济林和竹类专家进行深入交流。2018年，埃塞俄比亚农业部自然资源司司长 TEFERA TADESSE GETNET 一行15人在国际竹藤组织傅金和博士陪同下来所交流生态治理、竹子产业化利用、科研成果推广等方面的问题。

此外，通过邀请法国农业科学研究院、英国皇家植物园邱园、美国克莱姆森大学等科研院校多位海外专家来所开展学术交流，围绕试验设计、数据分析、论文写作等方面做学术报告；指导研究生毕业论文的选题、试验设计等。在各位海外专家指导下，累计合作发表SCI论文27篇，其中1区论文14篇。

二、强化项目带动，推动科技成果走向国际

国际合作项目在国际合作交流中起到重要作用。近10年来，累计新增国际合作项目3项，引智示范推广项目5项。

利用科技部高端外国专家引进计划"长三角生态保护修复科技创新能力建设和提升研究"项目，亚林所邀请来自日本、英国和美国的专家分别围绕森林环境利用和森林疗养、树木—共生真菌、生物多样性领域开展学术活动8场，累计参加人员近500人；指导论文撰写8篇，其中发表5篇，参与申报国家重点研发项目课题1项。通过与外方专家进行多维度（微信、邮件、会议）线上交流，加深了与国际顶级实验室的交流互动和相互了解，进一步增强与国际著名科学家的联系，促进了亚林所与国际著名实验室展开长期合作的平台搭建，为合作促进科技研发创新、解决重大科学技术难题奠定了基础。

通过引智示范推广项目"长江流域薄壳山核桃引智基地成果推广示范"，亚林所在浙江萧山、安徽全椒、江西鄱阳建立了示范林220亩；提供了长江流域薄壳山核桃引种评价报告和技术进展报告各1份；培养了一批薄壳山核桃栽培技术管理人员，有效提高了安徽、江西、浙江等省育苗能力，累计繁育良种苗木20万株，获得国家林草局科技发展中心充分肯定。

三、加大合作力度，促进国合平台走深走实

国际科技合作平台在亚林所对外科技合作工作中具有重要的引领和示范作用。近 10 年来，亚林所在已有亚热带珍优树种引进及利用技术引智成果示范与推广基地基础上，新增竹子培育与利用浙江省国际科技合作基地。

亚热带珍优树种引进及利用技术引智成果示范与推广基地成立以来，引进了经济林、用材林、防护林、观赏植物、污染土壤植物修复等大批社会发展急需的种质资源和技术，并在我国亚热带地区得到大面积推广应用。薄壳山核桃通过多年的消化、吸收和不断完善，生产技术已经得到很大的提升，已成为我国经济林主推树种之一。目前亚林所审（认）定的 12 个薄壳山核桃良种，在我国浙江、安徽、江苏、江西等 13 个省（自治区、直辖市）以长江、淮河、云贵、川陕渝分片区建立了薄壳山核桃试验示范基地。通过高产示范带动、辐射推广，当前我国薄壳山核桃栽培面积已由十年前的 20 万亩左右发展到目前近 100 万亩，仅安徽省在"十三五"期间就发展种植了近 40 万亩。

竹子培育与利用浙江国际科技合作基地成立于 2016 年 12 月，现有竹子科技人员 28 人，其中研究员 6 名，副研究员 10 名，博士 18 名。基地自建立以来，已与巴西、印度、孟加拉国、斯里兰卡、美国等国建立了良好的合作关系，承担了科技部对发展中国家科技援助项目"中国援助巴西竹子栽培与竹材产业化利用技术输出"、"中国向巴西提供竹子培育与高效利用技术"等，向外方提供了竹子组培快繁、竹苗圃建设、竹林培育、竹笋加工、林下经济等技术，培训了来自巴西、西班牙、斯里兰卡、孟加拉国等国的技术人员 120 余人次，项目合作成果得到了国家科技部的高度肯定。在我国南方 10 省（直辖市）建立竹子试验基地 30 余处，拥有毛竹大径材培育、竹笋高效培育、林下经济（食用菌、药材）、竹子病虫害防治等成果 20 余项。

国际合作创新团队中森林生态系统和气候变化团队海外专家顾连宏研究员、李迈和研究员和林业生态工程团队海外专家王高峰教授多次来所开展系列学术交流活动，指导合作团队开展相关试验设计和方案改进等。

四、重视对外交流，不断提升亚林所国际影响

国际合作与交流的顺利进行，使亚林所在国际上的知名度大大提升。近 10 年来，亚林所主持举办国际学术研讨会 9 次，34 人次科研人员在相关国际组织或学术

期刊任职。

  国际会议方面，在2021年主办的首届卷羽鹈鹕东亚种群保护国际研讨会上提出卷羽鹈鹕的保护倡议，为我国卷羽鹈鹕接下来的研究和保护工作打下了基础。此外，分别于2018年和2022年受邀承办两届世界竹藤大会分会6场，主题分别为"竹藤高效培育与健康经营"、"中日韩竹藤产业合作与人文对话会"、"竹产业创新与高质量发展论坛"、"竹子林下经济与竹林康养产业发展论坛"、"中小径竹笋产业发展论坛"和"竹藤遗传育种学研究"，促进了亚林所竹类研究成果的国际化宣传，为亚林所与世界竹藤组织或研究机构搭建了很好的国际交流平台。2019年，成功举办第二十五届国际林联世界大会"高价值楝科植物管理和科学研究进展"技术会议，推动楝科植物在全球的发展。2021年，召开了中新国际合作项目申请研讨会等。

  国际组织和学术期刊任职方面，李纪元研究员担任国际山茶学会理事会会员注册官兼理事，国际植物新品种保护联盟（UPOV）林木与观赏植物技术工作组专家，山茶DUS测试指南首席专家；傅金和副研究员任国际林联竹藤工作组副组长，国际竹藤组织驻埃塞俄比亚办事处主任、东非地区协调员；刘军副研究员任国际林联楝科工作组组长；袁志林研究员任《Frontiers in Microbiology》客座编辑；殷恒福研究员任《Current Genomics》客座编辑、《BMC Genomics》编委；陈光才研究员任《Biochar》青年编委会成员等。

党建 和精神文明建设

全面建设社会主义现代化国家，全面推进中华民族伟大复兴，关键在党，关键在人。亚林所党委始终把习近平总书记关于党的建设的重要思想贯彻落实到党建和精神文明建设各领域全过程，紧紧围绕全所中心工作，着力加强党的政治建设、思想建设、作风建设和制度建设等，充分发挥基层党组织的政治核心、战斗堡垒和党员先锋模范作用，连续获"中国林科院十佳党群活动"表彰，开创"一棵树"党支部工作法，使党组织党建工作不断提质增效。与此同时，指导工会、妇女委员会、共青团等群团组织开展丰富多彩的活动，支持统战组织参政议政，助推亚林所各项事业迈上新台阶。

我们相信，新时代的亚林人在所党委的领导下，在林草科技工作的实践中必将不断传承和践行"献身林业、严谨务实、自强不息、勇攀高峰"的亚林精神，不断厚植林草科技工作者的鲜明底色，将科学家精神根植于亚林所的历史长河里，沉淀于亚林所的文化中，用亚林人的独有干劲勾勒出亚热带林草事业最美的画卷。

第十七章
党组织的建设

亚林所党组织始终坚持以习近平新时代中国特色社会主义思想为指导，坚决执行党的路线方针政策和党中央重大决策部署，认真贯彻落实新时代党的建设总要求，紧紧围绕全所中心工作，认真履行全面从严治党主体责任，全面加强思想建设、组织建设、作风建设、纪律建设、制度建设和院所文化建设等，着力加强班子和干部队伍建设，充分发挥基层党组织的政治核心、战斗堡垒作用和党员先锋模范作用，不断推进党建与业务深度融合，为亚林所的改革发展和稳定提供了坚强有力的政治思想保证。

第一节 发展历程、主要工作

2016年11月，亚林所召开党员大会，选举产生由马力林、李纪元、汪阳东、吴明、盛能荣5名同志组成的第十届党委会，马力林为党委书记；同时，选举产生了由李纪元、汪阳东、赵艳组成的第四届纪律检查委员会，汪阳东为纪委书记。2019年1月，中共国家林业和草原局党组研究决定，汪阳东任亚林所党委书记，2021年8月，召开党员大会增补贾兴焕为党委委员。所党委高举习近平新时代中国特色社会主义思想伟大旗帜，紧密围绕"服务中心、建设队伍、服务群众"的工作思路，认真贯彻落实新时代党的建设总要求，成立党委书记任组长的党建工作领导小组，对全所党的建设实行统一领导，出台《亚林所党委工作规则》《亚林所党委会议事规则》《党委委员联系党支部工作制度》《亚林所党建和群团活动经费管理办法》《亚林所党务公开实施办法》《党支部工作考评办法（试行）》《亚林所关于进一步加强意识形态工作的意见》等制度，规范和加强议事、意识形态和基层党建工作，在职党员通过"学习强国"学习平台进行常态化学习，制定一个职能部门党支部＋一个科研业务部门党支部结对一个定点扶贫区域基层支部的"1+1+1"结对模式，所内管理党支部＋科研业务部门或业务对口部门的"1+1"结对模式，进一步有效推动中心工作，增进了所内干部职工的交流、合作与融合。

2021年10月，召开党员大会选举产生由刘泓、汪阳东、吴统贵、贾兴焕、盛能荣5名同志组成的第十一届党委会，汪阳东为党委书记；同时，选举产生了由张守英、贾兴焕、莫润宏组成的第五届纪律检查委员会，贾兴焕为纪委书记。2022年6月，经中共国家林业和草原局党组研究决定，吴红军任所党委书记。2023年9月，召开党员大会增补田晓堃、袁志林为党委委员，贾兴焕为党委副书记。所党委始终以习近平新时代中国特色社会主义思想为指导，认真贯彻落实上级的决策部署，严格执行"第一议题"制度，带头践行"两个维护"，严肃党内政治生活，认真履行从严治党责任，抓好意识形态阵地建设，启用"党支部工作在线"模块，实时掌握党支部落实组织生活会制度情况，开展"学查改"工作，开展"优秀主题党日活动"评选，评出5个优秀主题党日活动，开展基层党组织建设质量提升三年行动实施情况总结评估工作，制修订《亚林所意识形态领域突发事件应急处置预案》《亚林所关于加强"一把手"和领导班子监督责任清单》《亚林所关于加强人文关怀深入开展慰问工作的实施意见》、"两优一先"考评办法等10余项制度。

党员队伍不断壮大、质量不断提高。截至2024年5月，全所14个党支部共有208名党员，其中在职党员115人，离退休党员44人，研究生党员49人。在党组织的感召下，基层党员创先争优，涌现出多名先进典型，1人获2021年度浙江省直属机关优秀党务工作者，1名老党员获"富阳好人"荣誉称号，1人获国家林草局演讲比赛一等奖，2人分别获中国林科院演讲比赛二等奖、三等奖，3人获中国林科院知识竞赛二等奖，1人获浙江省"八八战略"宣讲比赛二等奖。

党组织党建工作不断提质增效。"一棵树"党支部工作法获得2021年浙江省省直机关"最佳组织举措"评选十佳案例；2021年，综合办党支部以"示范林"党支部建设获得中国林科院十佳标杆党支部典型；亚林所党委被评为中国林科院2020年度扶贫工作"先进党组织"、2014—2022年连续5届院"十佳党群",2020年和2022年连续获得院第一届、第二届"十佳党课";2022年亚林所"共富路上的亚林青年"活动被评为中国林科院"十佳青年活动"。

第二节 党的思想和作风建设

一、开展"三严三实"教育活动

2015年6月开始,为贯彻从严治党的要求,亚林所在全体党员中开展"三严三实"教育活动。以讲"三严三实"主题党课启动了该教育活动,将"严以修身、严以律己、严以用权"三个专题作为重点内容组织开展学习研讨,以践行"三严三实"为主题,召开领导班子民主生活会和党员干部组织生活会。同时,围绕中心工作和职工期盼,推进"三严三实"取得较好成效:一是出台亚林所宣传工作管理办法,建立通讯员队伍,宣传工作上新台阶,在中国林科院宣传培训会上作典型发言;二是党政班子关心青年人才成长,出台《亚林所青年人才基金管理办法》、《亚林所中级破格晋升专家管理办法》、《亚林所学历教育办法》等,出国进修、博士学习和破格专家等呈现良好势头;三是关心研究生综合素质提高,出台《亚林所研究生综合素质测评细则》、《研究生学业奖学金管理办法》、《研究生联合培养办法》等,并在中国材料院研究生会议典型发言。

二、开展"两学一做"学习教育

2016年,全党开展"两学一做"学习教育。党支部为主的"有理想、守规矩、做表率"三个专题活动相继展开。"两学一做"的目标之一是坚定信念、服务大局,认准方向路线。为此,所党政班子在全体职工大会上宣传贯彻中国林科院工作会议精神,解读院"十三五"规划;职代会专题讨论亚林所"十三五"规划要点;党委中心组学习国家《深化科技体制改革实施方案》,明确改革方向;2019年7月1日,成功举办"庆祝建党95周年"全所文艺汇演,起到了"坚定信念,凝聚力量,高扬党旗"的积极效果。"两学一做"的目标之二是保持党的先进性,做合格党员,担当有为,解决精神懈怠问题。为此,所党委两次召开全体党员大会,开展"我为高水平全面小康做贡献"活动,组织党员撰写体会文章;全体党员听《学党章 强党性争做一名合格党员》专题报告；完善《亚林所党的先进集体和个人评比办法》等，旗帜鲜明地树先进、讲正气。

三、开展"不忘初心、牢记使命"主题教育

2019年6月起，在全体党员中开展"不忘初心、牢记使命"主题教育。一是推动党章党规、习近平总书记系列重要讲话、十九大报告、党史、新中国史、改革开放史、社会主义发展史等内容往深里走、往心里走、往实里走。二是对照学习教育的目标要求，解决单位发展的实际问题，优化学科团队、出台青年后备人才培养机制，克服多重困难，使全体职工顺利加入浙江省医保等。三是为干部群众办实事解难题，如落实职工工伤保险、解决干部职工子女入学、争取地方政策提高午餐补贴标准、完善干部职工的活动场地、推动住宅小区直饮水工程等。

四、开展党史学习教育

2021年，亚林所以"学党史悟思想、弘扬科学家精神、服务国家战略"为主题，开展党史学习教育。一是坚持党建引领"全面学"，党委班子带头"示范学"，干部职工每天坚持线上学，通过"党史学习读书班"定期组织集中研讨学习。二是丰富载体"创新学"，开展"访古村，走古道"、"学党史传千鹤"、"童心向党迎百年"等主题活动，以及书画摄影展、征文、知识竞赛、"礼赞百年路，谱写新征程"文艺汇演等系列活动；"亚林之声"合唱团传唱曲目，还被选入浙江省直机关工委献礼建党100周年视频展播。三是坚持结合业务"融合学"，编制"十四五"发展规划和实施方案、做好人才队伍建设布局、大力争取各类资源，推动创收有突破；全年制定12项为群众办实事清单，切实通过学习教育，解决实际问题。

五、开展学习贯彻习近平新时代中国特色社会主义思想主题教育

2023年4—8月，开展学习贯彻习近平新时代中国特色社会主义思想主题教育。一是打牢"学思想"基础。为党员干部征订4本必读书目和4本选修书目，共1180余册。12个学习组开展为期8天的专题读书班，参加绿色大讲堂、林科讲坛等辅导，青年通过青年说、演讲比赛、知识竞赛、亚青论坛等创新开展理论学习。二是突出"重实践"运用。所领导围绕科研院所使命导向试点改革、油茶节本增效、科技创

新平台等重点难点问题带头深入基层一线、兄弟单位及企业进行调研，把调研成果转化为推动亚林所发展的思路方法和政策制度。聚焦干部职工"急难愁盼"问题，解决电动车充电桩、篮球场加盖雨棚、老年活动室改造、太阳能补偿等4项民生实事。三是抓好"检视问题"整改。形成检视问题整改清单，制定整改措施、明确整改目标、确定整改时限、落实责任领导和牵头部门，形成整改工作方案，分管领导亲自抓，销号式推动整改，切实做到学思用贯通、知信行统一。

六、开展党纪学习教育

2024年4—7月，开展集中性纪律教育工作。一是理论学习走深走实，组织全所党员干部深入学习《中国共产党纪律处分条例》，通过开展个人自学、读书班集中学习和研讨，参加国家林草局绿色大讲堂，收看专家辅导，所领导讲廉政党课等；二是典型案例与现场教学相结合，通报剖析典型案例，观看《持续发力纵深推进》《李宗星贪欲案件》等警示教育片，参观浙江省监狱系统教育基地、"中国共产党人的家风"档案展，建立党员干部日常言行标准等，推动党纪学习入脑入心，引导党员干部学纪、知纪、明记、守纪。

第三节　形式多样的正风肃纪工作

所党委始终把党风廉政建设和反腐败、加强作风建设等作为一项重要工作来抓，坚持严的主基调不动摇，持续深化正风肃纪。自觉接受院分党组、局党组等上级部门的全面从严治党巡视巡察、审计检查等工作，并以对党绝对忠诚的态度抓好巡察审计反馈意见的整改落实。

一、加强制度建设

严格遵守科研经费管理和财务管理的规章制度，贯彻落实《中国共产党党员领导干部廉洁从政若干准则》，并不断完善各项管党治党制度，制定印发《亚林所党风廉政建设责任制实施意见》《亚林所贯彻落实中央八项规定实施细则精神的实施办法》《亚林所关于对干部职工进行提醒、函询和诫勉谈话的实施办法》《亚林所纪律检查委员会工作规则》《亚林所科研行为负面清单》等10余项制度，做到用制度管权、管事和管人。

二、常态化警示教育

2017年，组织开展"以案释纪明纪 严守纪律规矩"的"七个一"主题警示教育活动，组织学习研讨，观看警示教育视频《科研腐败案频发 金额不等》，组织党员干部学唱《共产党员廉洁自律歌》，赴浙江省法纪教育基地——杭州市南郊监狱接受廉政和法纪警示教育，发放廉政书籍并开展警示教育征文。2019年，在"不忘初心、牢记使命"主题教育中开展警示教育活动，组织"讲规矩、守底线"学习研讨会，观看《以案为鉴 警钟长鸣》等警示教育片。2022年7月，开展纪法专题学习教育月活动，观看《零容忍》、赵宇翔案例警示教育片，组织党员干部前往富阳区廉政警示教育馆开展警示教育及廉政谈话等。2023年，开展信息化领域反腐蚀、反"围猎"警示教育和"以案为鉴明纪法 廉洁从政促发展"警示教育活动及年轻干部廉洁从政警示教育，通过组织观看《"醉倒在江湖"的青年才俊》、《扣好廉洁从政的"第一粒扣子"》、《贪欲不减 自酿苦酒》等警示教育片，参观警示教育基地，签订党风廉政责任书，每月编发典型案例，排查廉政风险点，集中廉政谈话等一系列活动，进一步提高干部职工防范风险意识。2023年9月至2024年1月，深入开展警示教育工作，组织党员干部通过抄写习近平总书记关于廉洁方面重要论述摘编、听取廉政警示教育报告、观看张鸿文忏悔录警示片、深入剖析典型案例、走进于谦祠和杭州青年清廉馆等"十个一"系列警示教育活动，引导党员干部增强纪律规矩意识和底线思维能力。2024年4—7月，开展集中性纪律教育工作，以学习《中国共产党纪律处分条例》为抓手，开展集中学习研讨、通报剖析典型案例、观看警示教育片、所领导讲廉政党课、参观教育基地等系列活动，让党员干部受警醒、明底线、知敬畏。

通过开展一系列警示教育活动，引导党员干部时刻保持清醒头脑，加强自我约束，不踩红线，守住底线，增强廉洁从政的自觉性，不断增强干部职工政治定力、纪律定力、道德定力、抵腐定力。

三、认真开展专项整治工作

2016年，为贯彻落实中央八项规定，开展了纠正"四风"自查自纠工作；2018年，按照院分党组统一部署，院巡查组对亚林所开展全面从严治党巡察试点工作；2020年，开展2019年度预算执行情况内部审计并完成问题整改，当年还开展了"灯下黑"等问题排查和整改；2021年，开展违规"吃喝"、违规收送礼品礼金、违规领取交通补助问题自查自纠工作；2022年，院巡察组对亚林所开展全面从严治党巡察"回头看"工作；2023年，开展落实《中国林业科学研究院落实中央八项规定及其实施细则精神负面清单》和《中国林业科学研究院科研经费管理使用负面行为清单》自查自纠及招投标自查自纠等工作；2024年，按照院巡察工作规则，院分党组对亚林所开展新一轮全面从严治党巡察工作。

  通过开展各项巡察审计、自查自纠等工作，定期对本所工作进行全面体检，针对问题立行立改、常抓不懈，扎实做好整改后半篇文章，推动亚林所各项工作规范化、制度化、科学化。

第十八章
群团统战建设

第一节 工 会

一、发展历程

第七届工会委员会，2016年1月至2021年7月，李纪元同志任工会主席。第八届工会委员会，2021年8月至今，其中2021年8月至2024年1月，刘泓任工会主席；2024年1月至今，贾兴焕任工会主席。

2020年，亚林所工会通过浙江省直机关工会"先进职工之家"复验，2021年被国家林业和草原局选为基层工会代表，推荐撰写创新工作案例，收录《中央和国家机关工会创新案例选编》。2022年获评浙江省直机关工会工作成绩突出集体。

二、主要工作和成绩

第七届工会委员会：在推进民主管理监督、维护职工合法权益、加强工会组织建设及单位改革发展、精神文明建设等方面发挥了重要作用。审议通过了《亚林所改革与发展战略研究》、《亚林所行政事项决策规则》、《关于亚林所集体加入"浙江省省级单位职工基本医疗保险"的实施意见》、《职工疗休养管理办法》、《亚林所职代会工作细则》、《亚林所职代会提案管理办法》、《亚林所工会经费开支管理办法》

等制度和报告。

每年组织职工参加身体健康检查，组织 10 批近百名职工到省内外各地进行疗休养。开展送清凉、送温暖活动，慰问一线职工，及时探望生病住院职工，为结婚生育、亲人去世、生活困难职工送关怀等，为职工发放蛋糕券、电影票及各类福利等。疫情期间组织志愿者在住宅小区开展疫情防控活动，为保障职工健康和安全发挥了积极作用。

在党委的指导下，精心组织、认真排练节目，参加省直机关工会、省林业局直属机关工会、中国林科院、富阳区及全省林业系统等各级组织主办的相关活动并获得优异成绩。组织合唱团参加省直机关工会合唱比赛、院庆六十周年文艺汇演均获佳绩；参加富阳区第九届全民运动会，获得机关组团体总分第八名和优秀组织奖；获得浙江省林业局第二届趣味运动会 2 个项目第一、2 个项目第三的佳绩。定期开展职工篮球、乒乓球、羽毛球、气排球以及趣味运动会，激发职工锻炼健身的热情，增进职工交流，提高了职工身体素质。

第八届工会委员会：在推进民主监督管理、改善职工活动条件、解决民生实事、完善工会集体决策机制及院所文化等方面发挥了重要作用。审议通过了《亚林所 2021 年工作总结和 2022 年工作计划》《亚林所 2023 年主要工作计划》《亚林所 2024 年工作要点》《亚林所薪酬绩效改革实施方案（试行）》等制度和报告。制修订《中国林科院亚林所职工代表大会工作细则（试行）》《亚林所所职工疗休养管理办法》《中国林科院亚林所工会经费收支管理实施细则（试行）》《亚林所工会工作评先评优表彰考核办法》等，进一步规范工会有关工作。

为助力乡村振兴，工会每年采购脱贫地区产品。重视职代会提案和民生实事征集，并由专人督促落实，累计督办提案和民生实事 10 余件；积极改善职工活动场所，新增职工健身室 1 处，购置动感单车、乒乓球台等健身设备 10 台。常态化开展"夏送清凉、冬送温暖"系列慰问活动，对困难、生病、生育、直系亲属亡故、高温一线职工及时慰问；办理职工大病医疗互助参保，每年组织职工参加健康检查，并组织 160 余人次参加形式多样的疗休养活动。开展心理健康讲座、摄影培训、户外防护知识讲座、为困难学生捐款等活动，以贴心的关怀和细致的服务，不断增强职工归属感与幸福感。

在春节、端午节、"三八"节等重点节日期间开展了"我们的节日"系列主题活动。组建成立了篮球、羽毛球、乒乓球、气排球、健身瑜伽舞蹈、棋牌、摄影与小视频、户外徒步等 8 个兴趣小组，不定期组织比赛和健身月活动。同时组织了文艺汇演、摄影展、知识竞赛、春秋游、第三届美食节等，丰富了职工文化生活。组织职工参加浙江省林业局第二届职工趣味运动会，获 2 项第一名、2 项第三名；参加浙江省林业局第三届趣味运动会，获得 2 项银奖、2 项最佳组织奖；参加国家林业和草原局直属机关工会联合会举办的乒乓球比赛，获得女子单打第二名。充分展现了亚林所职工积极向上的精神面貌。

第二节　共青团和青年组织

一、发展历程

2018 年 5 月，进行了青年联合会的换届选举，由刘毅华担任第二届青年联合会主席。2022 年 4 月 20 日，成立由高暝担任组长的青年理论学习小组；2023 年 9 月，青年理论学习小组由一个调整为三个，分别由赵艳、高暝、彭龙担任青年理论学习小组组长。2003 年 6 月，成立亚林所团委，赵艳担任第一届团委书记。

二、主要工作和成绩

一是加强团员青年思想政治和道德素质教育，用科学的理论武装青年。抓好习近平新时代中国特色社会主义思想的学习、贯彻、落实，把思想和行动统一到党的路线、方针、政策上，统一到围绕亚林所改革发展的中心工作上。

二是加强团组织建设，增强团员青年队伍的战斗力和向心力。优化团支部的结构，在党委的领导下，正常进行换届和改选，及时为团总支注入新的活力，成立团委以及青年理论学习小组等青年组织。

三是组织参与丰富多彩的活动，增强团员青年的凝聚力。开展"五四"青年节主题活动，通过座谈交流、听报告、爱国主义教育基地实地学习等方式对青年团员进行爱国主义教育；根据科研院所特点，创新开展"亚青论坛"，为青年成长成才搭建平台；积极组织青年团员参与党委、工会等开展的演讲比赛、篮球比赛、文艺晚会等，在活动中激发青年团员的热情，增强青年团员的凝聚力。

2014 年，1 人获中国林科院"同心共筑林科梦"演讲比赛一等奖；2018 年，2 名团员青年参加中国林科院"纪念建院 60 周年　彰显林科风采"演讲比赛，分别获一等奖和三等奖；2021 年，1 人获得国家林草局"听党话，感党恩，永远跟党走"纪念中国共产党建党 100 周年主题演讲比赛二等奖，1 人获中国林科院"青年科技人员的责任与担当——向建党 100 周年献礼"主题演讲比赛三等奖；2023 年，2 名团员青年分别获中国林科院"学用新思想 奋进新征程"演讲比赛二等奖和三等奖，1 名团员青年参加国家林草局演讲比赛获一等奖，1 人参加省直机关工委"八八战略"宣讲比赛获二等奖。2021 年，获中国林科院"党史在心中"知识竞赛三等奖；2023 年，获中国林科院党的二十大精神知识竞赛二等奖。

第三节　妇委会

一、发展历程

第六届妇委，2015 年 5 月至 2019 年 5 月，刘泓任主任，杨莹莹任副主任，委员有刘青华、屈明华、罗凡、王树凤；第七届妇委会，2019 年 5 月至 2025 年 5 月，杨莹莹任主任，范正琪任副主任，委员有李渝婷、高暝、张涵丹。

二、主要工作和成绩

亚林所妇委会在所党委和浙江省林业局妇委会的领导和支持下，坚持以习近平新时代中国特色社会主义思想为指导，认真贯彻落实党的方针政策，切实履行妇委会职能，紧紧围绕所中心工作，在完成上级下达的任务的同时，积极开创具有亚林品牌特色的活动，充分发挥妇委会桥梁纽带作用，团结带领全所女职工为建设和谐、文明和更加辉煌的亚林贡献巾帼力量。

一是提升政治素养，强化思想引领。根据院分党组和所党委的统一部署，全体女职工深入开展学习党的十八大、十九大、二十大精神，扎实开展"两学一做"、"不忘初心、牢记使命"、党史学习教育、学习贯彻习近平新时代中国特色社会主义思想主题教育等活动，积极参加中国林科院及亚林所组织的专题讲座，努力加强女职工思想政治教育，使全所女职工能够保持积极向上的精神状态，争取思想进步和工作进步。

二是加强制度建设，提升管理水平。为进一步加强和规范所妇委会工作，于 2015 年出台《中国林科院亚林所妇女委员会工作条例》，从任务、组织、经费等方面对妇委会工作提出了明确的要求，有效指导妇委会的工作。妇委会委员积极参加省直机关妇委会干部培训活动，通过学习和交流，进一步提升妇委会工作管理能力。

三是创建"家风"品牌，开展特色活动。妇委会以"建设好家庭、涵养好家教、培育好家风"为主线，以所党建工作为中心，结合全年节日开展"三八"、"六一"和母亲节等主题活动。每年组织"三八"节活动，分别前往湘溪村、千鹤妇女精神教育基地、白塔湖湿地公园、G20主会场、淳安县经济林废弃物发酵和基质化育苗示范实验基地等场所参观学习，进一步促进职工间交流，增强凝聚力；自2015年起，连续举办九届"六一"主题联欢活动，同时开展"传家风"书画展、"最美家庭在行动"、"好家风伴成长"以及"相伴六十载，我与亚林'童'成长"图片展等系列展览，为职工及职工子女搭建亲子互动、增进感情、展示自我的平台，进一步增强职工的归属感和幸福感；结合母亲节，开展"感恩母爱、共谱家风"等活动，通过讲党课、优秀家风案例学习等环节，倡导建设和谐文明的亚林家庭；为积极响应浙江省直机关妇委会有关培育好家风，持续开展清廉家风宣传教育活动计划，妇委会联合所纪委开展"树清廉家风，建和美亚林"家庭助廉活动，通过征集助廉寄语、发放助廉倡议书、签订助廉承诺书、开展清廉书画展等形式营造风清气正的良好氛围，守住幸福家庭的"廉洁线"；积极组织女职工参加中国林科院、浙江省林业局及所党委和工会组织的各类活动，展现良好亚林巾帼风貌。

四是维护妇女权益，关注妇女健康。看望生病及生孩子的女职工50余次，为女职工增加体检项目，建立健康档案；组织开展"幸福讲堂"系列活动，内容涵盖女性礼仪、化妆技巧、心理健康、中医调理、《民法典》解读等内容，进一步提醒女职工要关爱自己、关爱健康，同时提升法律意识和维权能力，切实保障女职工合法权益。

亚林所女职工在面临家庭和工作双重压力下，通过不懈努力取得了优异成绩，1人入选浙江省万人计划科技创新领军人才，1人入选林草科技创新青年拔尖人才，1人入选中国林科院优秀青年，2人入选中国林科院杰出青年，1人获得浙江省三八红旗手（2023年）。

第四节　民主党派

一、发展历程

亚林所现有民主党派3个，分别为中国农工民主党（简称农工党）（2人）、中国民主建国会（简称民建）（1人）和九三学社（16人），另有无党派民主人士（2人）。

九三学社亚林所支社属于九三学社浙江省委直属基层组织，在九三学社浙江省委、亚林所党委的领导和关怀下，支社换届民主选举产生委员。第六届委员会（2012.12.20—2017.11.24）由王浩杰、周志春、杨校生、谢锦忠4位同志组成，王浩杰同志任主委，周志春同志任副主委。第七届委员会（2017.11.24—2022.12.30）于2017年产生，由周志春、舒金平、谢锦忠、王亚萍组成，周志春同志任主委，舒金平同志任副主委。2021年12月周志春辞去主委，调整为舒金平同志担任主委。第八届委员会（2022年12月30日至今）于2022年12月30日产生，由舒金平、谢锦忠、钟立文、张成才组成，舒金平同志任主委，谢锦忠同志任副主委。

截至目前，九三学社中国林科院亚林所支设有社员16人，其中在职社员8人，离退休社员8人；有研究员7人，副高职称8人。

二、主要工作和成绩

九三学社亚林所支社全体社员在各自的工作岗位上恪尽职守、担当作为，积极参政议政、服务社会，为国家及浙江的林业发展和生态建设发挥重要科技支撑作用，为亚林所的发展做出了重要贡献。亚林所支社4次被评为浙江省社会服务工作先进集体，6人被评为浙江省社会服务工作先进个人。1人获得全国绿化奖章，1人被评为全国生态建设突出贡献先进个人，1人被评为国家林草最美推广员，1人获评浙江省"千万工程"和美丽浙江建设突出贡献个人，2人被评为中国林科院"扶贫先进个人"，4人被评为浙江省农业科技先进工作者。支社现任主委舒金平研究员是浙江省政协委员。

第五节　侨　联

亚林所侨联成立于2011年4月，是富阳区首家企事业单位侨联组织，是在亚林所党委直接领导下联系归国华侨、侨眷的基层组织，并接受富阳区侨联的业务指导。主要职责是加强自身建设，提高工作水平，发挥侨联的积极作用，服务归侨、侨眷；积极参与富阳和亚林所的建设；深入调查研究，积极参政议政，为相关决策提供及时有效的参考。亚林所侨联人员主要包括亲属旅居国外的离退休职工、子女在外留学的在职职工、有国外留学和学术访问交流经历的在职职工等。现任侨联委员会主席由叶小齐担任、秘书长由胡立松担任。亚林所侨联积极开展各项侨务工作，及时掌握党和国家关于侨务工作的最新政策，积极参与富阳区侨联组织的各类专题学习、访问和调研活动，积极参与、协助亚林所工会、各群团组织开展与侨务工作相关的活动等。

第六节　离退休协会

亚林所离退休职工的队伍逐渐壮大，在所班子和有关部门的关心指导下，活动条件不断改善，生活质量不断提高，文体活动丰富多彩，离退休职工老有所养、老有所为、老有所乐，为营造亚林所和谐氛围作出了一定的贡献。

一、发展历程

一是协会领导不断增强。2013年起离退休协会会长由赵艳担任，萧江华任协会顾问兼名誉会长，徐军谊任秘书长，刘若平和吕志祥分别任文体委员和生活委员。2018年，协会委员进行了增补，由蒋进生任生活委员，刘若平继续任文体委员，吕志祥不再担任协会委员。2024年，经沟通，由卞尧荣担任协会生活委员，蒋进生任协会的名誉会长，萧江华不再担任协会顾问兼名誉会长。

二是支部建设不断加强。2013—2019年，支部书记由赵艳担任，支部委员包括陈益泰、赵锦年、李桂华、徐军谊等；2019—2021年，支部书记继续由赵艳担任，支部委员包括马力林、赵锦年、胡国荣、蒋进生；2021年至今，支部书记由马力林担任，支部委员包括马乃训、蒋进生、胡国荣、董汝湘。

三是队伍规模不断壮大。2015年退休人员125人；2022年起，迎来了退休的热潮，截至2024年6月，退休人员已达144人，其中离休干部1人，副司局级干部4人，副处级及以上干部7人，正高级职称29人，副高级职称35人；80岁以上63人。

四是活动条件不断改善。2022年，对老年门球场条件进行了改善，地面铺了新的塑胶草坪，钢架顶棚进行了修补和刷漆等；2023年，对离退休活动室进行维修，屋顶、外墙、内墙都进行了翻新，安装了新空调，购买了新桌椅，设计了上墙内容，充分体现了所领导对离退休职工的关心和重视。为了提高离退休管理服务的质量，丰富离退休职工生活，促进离退休职工身心健康，2014年离退休活动经费从5万元/年增加到6万元/年，2016年起，离退休活动经费按人均600元划拨，2021年起离退休活动经费提高到人均900元。

五是生活质量不断提高。2018年起，加入浙江省养老保险，退休待遇按浙江省标准由省养老中心按时发放；2019年起参加了浙江省机关事业单位医疗保险，医疗待遇与浙江省公务员和事业单位人员相同。

六是政治待遇得到重视。发挥离退休党支部作用，根据离退休党员实际情况，适时组织离退休党员参加"三会一课"等组织生活。每年组织1～2次全体离退休职工大会，邀请所领导传达所情、院情，使离退休职工了解全所、全院的发展。注重民主管理，每年根据所里发展需要和工作进展情况，特别是在涉及全体离退休职工利益的重大事情上，组织召开专题会议，向离退休职工征求意见、建议、解决办法等，使离退休职工为所里的发展建言献策、发挥余热。离退休协会委员不定期召开碰头会，讨论近期工作安排和需要集体讨论的事项。

二、主要工作和成绩

一是老有所乐，每到"三八"妇女节，协会组织妇女同志到文化古迹、文明村落、先进单位等地参观学习。每年重阳节，组织开展趣味运动会、文艺汇演、寿庆等丰富多彩的文体活动。同时组织参加富阳区、浙江省林业局等地方单位开展的有关活动。二是老有所为，为离退休职工发挥余热搭建平台。三是老有所养，注重对离退休职工的人文关怀。每年春节前后组织走访慰问困难职工，在端午节、中秋节、重阳节进行普遍慰问，对于生病住院的职工及时探望和关心。每年组织离退休职工体检，举办健康讲座及各类公益助老活动，对异地离退休职工，经常联系了解他们的身体和生活情况。对于独居或者身体状况不太好的老同志，按楼区建立联系人，及时沟通、了解情况。对于离退休职工临时交办的事情，协会也积极帮助解决完成，比如帮助异地人员报销医药费等。为加强对离退休人员的服务和管理，出台了《加强离退休人员服务和管理工作实施细则》。

2022年，亚林所荣获富阳区老年体育先进单位和第十届老年人体育健身运动会最佳组织奖，门球队荣获杭州市会员杯门球比赛第五名；刘若平获得浙江省老年体育先进个人。

第十九章
院所文化

第一节 "亚林精神"的传承

通过一代代亚林人的接续奋斗，新时代的亚林人在林草科技实践中不断践行着"献身林业、严谨务实、自强不息、勇攀高峰"的亚林精神，不断厚植林草科技工作者的鲜明底色，将科学家精神根植于亚林所的历史长河里，沉淀于亚林所的文化中，用亚林人的独有干劲勾勒出亚热带林草事业最美的画卷。

一、献身林业的敬业精神，让生态更葱郁

新时代的亚林人以"板凳要坐十年冷"的韧劲与执着，默默坚守在林地间，将献身林业的敬业精神刻画在一件件得力的举措、一幕幕生动的实践上来，从冰冷的板凳到广袤的林地、从试验的探索到成果的运用，接续将论文写在大地上、将成果播在山林。

（一）将论文写在大地上

亚林所专家坚持服务国家大局，将论文写在大地上、将成果播种在田地间，让科研成果与生产实际充分结合，近年来100余项成果入选国家林业科技推广成果库，并得到了广泛推广应用。年均派出专家200余人次赴亚热带区域各省（自治区、直辖市）进行现场技术指导和培训，通过技术支撑和项目合作，为当地产

业发展和生态修复提供了有力支撑。以科技特派员制度、"送科技下乡"为引领的科技服务活动已经成为支撑地方发展的"金名片"。干部职工积极争当服务群众、服务社会的模范，一批专家学者积极建言献策，发挥好地方人才库、专家库及思想智库作用，真正将论文写在大地上。

（二）深耕科技特派员制度

2023年，习近平总书记给浙江省科技特派员代表的重要回信引发强烈反响，而亚林所专家很荣幸成为20名写信的科技特派员代表之一。亚林所坚持把科技特派员工作当作科技人才服务乡村振兴、助力共同富裕的重要抓手，深耕科技特派员制度，自浙江省推行科技特派员制度以来，累计有130余人次的科技特派员走出实验室、奔赴林间，建设科技特派员示范基地40余个，推广新品种新技术400多项次，培训人员2万余人次，为推动乡村振兴和共同富裕作出重要贡献，相关事迹在《中国绿色时报》《浙江日报》等主流媒体报道。亚林所先后10次被评为"浙江省科技特派员先进单位"，18人次获"浙江省科技特派员工作先进个人"等称号。

（三）小甜柿蕴藏着大幸福

近年来，亚林专家扎根林业一线、奉献青春，不断突破完善柿幼胚抢救、分子辅助育种技术，逐步建立自身特色的甜柿遗传改良技术体系。在亚林精神的指引下，育成了甜柿广亲和性砧木'亚林柿砧6号'，以及富有特色的'小果甜柿'、'泰富'砧木，率先攻克了甜柿嫁接砧木技术难关。小甜柿蕴藏着大幸福，以'亚林柿砧6号'嫁接的'太秋'甜柿每千克可以卖到50~80元，亩收入达到2万~5万元，打造出"一亩山万元钱"甜柿高效模式。甜柿的产业旺起来了、林农的腰包鼓起来了。

（四）珍贵树种保育水平大幅提升

亚林所专家既在实验室里兢兢业业甘坐冷板凳，又在科研实践中一心向林甘为孺子牛。亚林所牵头的林木新品种选育协作历时十余年，系统开展珍贵树种的种质发掘利用与精细化培育技术研究，围绕红豆树、楠木、南方红豆杉、赤皮青冈等珍贵树种育种目标，在种质资源收集与保存、良种选育与繁殖、林木高效培育等方面取得重要突破，珍贵树种保育水平大幅度提升，有效保障了浙江省新植1亿株珍贵树种五年行动、新增百万亩国土绿化行动、千万亩森林质量精准提升工程、松材线虫病防控五年行动等重大林业生态工程的苗木需求。

二、严谨务实的求是精神，让工作更扎实

严谨务实的求是精神已成为亚林人工作生活的写照，这不仅体现在严谨的治学理念、踏实的工作态度、勤恳务实的生活态度中，更烙印在60年来一代代亚林人坚实的精神品格里。

（一）林草科普教育广传播

亚林自然教育学校是中国林学会评选的全国自然教育学校（基地），依托科研优势、人才队伍和自然资源，以自然为教材、以森林为课堂，不断加强科普基地建设和科普活动开展，共开设12门科普课程，为中小学生提供接触自然、感受自然、聆听自然、保护自然的机会。亚林专家秉持严谨务实的求是精神，注重理论与实践相结合，科研和科普相促进，聚焦乡村振兴、生态文明建设，为中小学生搭建感受林草科学艺术、探索自然奥秘的平台。近年来，荣获"青少年教育基地"、"生态环保教育基地"、"富阳日报小记者团实践基地"、"浙江省中小学劳动实践基地暨学农基地"等称号，不断彰显亚林特色科普教育风采。

（二）竹农共富好帮手

林业科学的探索离不开严谨的学风，也离不开务实的探索。近年来，通过亚林专家跋山涉水的野外调查，首创了笋竹两用林高效经营模式，创新提出"高温+化学"杀菌相结合的发酵技术，创新集成了毛竹林下黄精复合经营技术，提出了"两步栽培法"、"竹荪+大球盖菇"一年两季、"竹荪+黄精"和"竹荪+笋"轮作等栽培模式，有效解决了因竹荪种植必须轮休导致的基础设施利用率较低问题。团队专家采用"边研究、边总结、边推广"模式推广关键核心技术，直接经济效益超过2.4亿元，真正让林下经济成为林农共富的好帮手。

（三）让茶花绽放得更绚烂

山茶花是我国传统十大名贵花卉之一，栽培历史近两千年。为了有效推动我国山茶花产业的健康发展，亚林所牵头成立了山茶花产业国家创新联盟。亚林人发扬严谨务实的工作作风，在山茶花种业、名品、名园、名企、名镇等工程建设中开展联合创新，筹建山茶花高品质产品技术攻关组，取得一批优秀成果。其中"山茶花新品种选育及产业化关键技术"获第七届（2016年）梁希林业科学技术奖二等奖。亚林专家推广应用关键技术，实现了共同创新技术的专利共享、市场资源共享、社会资源共年享，真正让山茶花绽放得更加绚烂。

（四）森林卫士守护绿色安宁

森林卫士是对亚林专家深入林区一线，实施专项除治生态控制行动最贴切的称呼。亚林专家严谨务实，甘当森林绿色安宁守护者，积极参加各类科技行活动，技术支撑我国油茶、薄壳山核桃等木本粮油重大病虫害绿色防治。亚林专家综合营林技术、行为调控、生物防治、辅助化学防治等技术手段，开展了多点、多次、多方法的防治试验，最终优化确定了专门化的森林综合治理技术。相关团队和成员荣获全国生态建设突出贡献先进个人、浙江省农业科技先进工作者，并获"森林浙江"先进集体等称号。

三、自强不息的拼搏精神，让社会更美好

自强不息是中华优秀文化传统和中华民族精神的重要内容，是不断推进中华民族伟大复兴事业不断前进的精神力量。自强不息精神同样也激励着一代代亚林人前赴后继、顽强拼搏、锐意进取，在加大科研攻关、保持科创定力、加快建设林草科技强国等方面提供精神力量。

（一）服务国家战略

一代人有一代人的使命，一代人有一代人的担当。新时代亚林人以实用技术担当扶贫重任，以自强不息的拼搏精神积极支撑国家战略和大政方针。专家服务团以点线面结合方式，强化经济林、林下经济资源培育技术研发，大力推广南方松脂材两用高效栽培、珍贵彩色树种培育、竹—菌和竹—药复合经营等林业产业技术，有效带动区域贫困户通过经营相关林产品脱贫。重点支撑国家林草局定点帮扶县，助力脱贫攻坚。

（二）助力疫情防控

团结拼搏是战胜艰难险阻的力量保证，自强不息精神是团结拼搏的力量源泉。2020年，突如其来的新冠肺炎疫情席卷全球，距离武汉重灾区700多公里的亚林专家心系灾区群众，第一时间将一辆满载着新鲜香椿、白菜和萝卜等蔬菜物资的货车送到疫区，解决当地人民的燃眉之急。全体亚林人众志成城、团结一心、自强不息，积极参与所在社区的疫情防控、捐助物资和善款，筑牢了亚林生活区安全屏障，真正将亚林精神注入抗疫精神中。

（三）把废物变成宝

我国经济林种植面积约6亿多亩，每年在采集、加工过程中会产生大量剩余物，

如果壳、果渣等，仅油茶、核桃、板栗果壳年产量就有2930万吨。为解决大量林农剩余物无法处理的技术难题，提高经济林综合效益，新时代亚林人自强不息、十年攻关研制出"基质新配方"，通过对油茶果壳等经济林剩余物进行高温有氧发酵、脱毒和灭菌等系列处理，复配成适合幼苗生长的基质，构建了低成本、低污染、低能耗和安全稳定的果壳废弃物生产食用菌和花卉苗木基质工艺，就地、就近、短期处理果壳废弃物，为经济林产业提质增效和健康可持续发展提供了技术支撑。

（四）铜陵尾矿变公园

习近平总书记指出，基础研究要勇于探索、突出原创，拓展认识自然的边界，开辟新的认知疆域。亚林人牢记习近平总书记嘱托，传承自强不息的优良传统，坚持问题导向潜心研究，奔着最紧急、最紧迫的问题去解决社会所需。在安徽铜陵，遍布了大片已经关闭或者正在开采的铜矿山。亚林专家在铜陵开展矿山植被恢复研究时发现，铜矿山上特有植物铜草花，对土壤中的重金属铜具有很好的吸收和富集能力，是重金属铜污染土壤生态修复和铜矿山尾矿库植被恢复的有效植物。亚林专家不断拓宽认知领域边界，克服重重困难开展了铜草花矿山尾矿库复垦连片试验种植，打造了铜草花主题公园，让原本几乎寸草不生的尾矿库，变成植被茂盛、姹紫嫣红的靓丽风景线。

四、勇攀高峰的创新精神，让科技更强劲

寒来暑往、冬去春回，新时代亚林人时刻牢记勇攀高峰的精神实质，以奋发有为的姿态、昂扬向上的斗志，突破重重障碍，攻克了一个又一个林业科研难关。

（一）让试点改革行稳致远

作为科研院所使命导向改革中全国14个试点单位和林草行业唯一试点单位，新时代亚林人奋力跑好新时代的"接力棒"，提出了制定章程、明确创新方向、优化资源布局三项改革措施；优化管理机制、完善评价机制、健全激励机制三项创新机制；加强任务牵引及平台支撑、改进人事管理、强化跟踪监督和绩效管理的监督保障机制等改革思路。亚林人向上而行、勇攀高峰，充分发挥科技创新的引领作用，让科技创新塑造林草事业发展的新动能新优势，促进林草科技实现新的跃升，为总结形成可复制可推广的科研院所试点改革工作做好了充足的准备。

（二）让特色林木挂满致富果

科技是第一生产力，创新是引领发展的第一动力。近年来，亚林专家弘扬科学家精神、传承亚林精神，围绕南方特色林木资源开展抗性与品质育种专项工作，建立天然化工原料树种种质资源库，建立节本高效的无性繁殖技术体系，在贵州独山县建成全球规模最大、资源最全的油桐种质资源库（基因库），为推动油桐产业乡村振兴提供强有力的保障。利用审定通过的抗病高产良种"金盾油桐"，将5000余亩油桐枯萎病林重建为高产抗病油桐林，产量实现2倍以上的增长。绘制出首个山苍子基因组图谱，在特色林木资源科研创新上不断取得新突破，在创新之路上永不停歇，让林农挂满致富果，为林业新质生产力发展提供重要支撑力量。

（三）让油茶成为林农的"摇钱树"

油茶花美丽动人，果实油脂丰富，茶油是我国特有的传统食用植物油，具有极高的营养价值。亚林所油茶研究的发展伴随着亚林所成长、壮大的全过程。通过四代油茶人70年的接力攻关，成功组装了全球首个高质量油茶基因组，揭示了油茶物种的进化历史，为保障我国粮油安全奠定了重要基础，这一研究成果打开了油茶生命活动的"黑匣子"。目前，亚林所建成了全国最大最全的油茶种质资源库，育成国家及省级审（认）定良种28个，油茶产量比实生林提高了7~10倍。新时代亚林人连续十年攻关，解决了河南光山油茶种植关键技术难题，使油茶成为当地林农增收致富的"摇钱树"，为光山县顺利实现脱贫摘帽做出重要贡献，获得习近平总书记点赞。

（四）筑牢海岸万里绿

沿海防护林在防风减灾、保障生态安全和人民生命财产安全方面具有重要作用。亚林专家不断创新、勇攀高峰，创制了"长三角沿海防护林体系构建与功能提升关键技术"，对维护我国沿海区域生态安全、改善人居环境质量具有重要意义。牵头组建长三角生态保护修复科技协同创新中心，起草浙江省林业首个长三角区域统一标准——《沿海防护林生态效益监测与评估技术规程》，构建亚热带泥质海岸水杉和杨树防护林冠层结构优化技术模式，在国家公园建设、自然保护地调整和示范区产业发展等方面科技创新取得了显著成效，在守护沿海区域生态安全的同时，也增进了民生福祉，筑牢了海岸万里绿，为生态文明建设提出坚实保障。

历史车轮滚滚向前，新时代的亚林人，将沿着亚林所60年来的发展足迹，深耕不辍、笃行不怠，在党的二十大擘画的宏伟蓝图里不负韶华、在林业科技道路上不忘初心、在亚林所腾飞的道路上不畏艰险、在林农最需要的时候不辞辛劳，携手并进、迎难而上、再创辉煌，为新时代林草事业发展注入新时代的亚林精神和亚林力量。

第二节　精神文明建设

亚林所始终把精神文明建设作为一项重要工作来抓，并纳入亚林所"十四五"发展规划，充分发挥省级文明单位的示范带头作用，常态化开展新时代精神文明实践活动，制定出台了《亚林所精神文明建设考核办法》，不断巩固拓展精神文明创建成果，持续多年保持浙江省文明单位荣誉称号并多次通过复评，2021年被浙江省直机关工委列为全国文明单位培育对象。围绕文明创建实施"引领、和谐、强基、领雁、舒心"五大工程，开展了党组织建设、理想信念深化、社会主义核心价值观强化、院所文化增和、文明风尚增绿、内部管理提升、科研业绩创新、社会责任履行、优美环境营造等9项重点行动，全所职工积极参与"我为文明单位创建加一分"活动。

所党委突出政治引领，深化理想信念教育，以"第一议题"、中心组理论学习、青年理论学习小组及"三会一课"等为载体，深入学习贯彻落实习近平总书记系列重要讲话精神和党的十八大、十九大及二十大有关会议精神，扎实开展党史学习教育、"不忘初心、牢记使命"等主题教育，形成学习贯彻习近平新时代中国特色社会主义思想学习教育长效机制，开展弘扬伟大建党精神、红船精神、塞罕坝精神、延安精神、科学家精神、四史等专题党课、专家辅导、所领导讲党课及主题党日活动，培养和增强干部职工爱党爱国爱社会主义的情怀。以橱窗、电子屏、道旗等平台和入职教育、传家风、普法讲座等活动开展"四德"和社会主义核心价值观宣传教育，利用新华网、《中国绿色时报》、国家林草局和院网所网等平台宣传先进人物事迹和亚林故事，传播正能量。开创"1+N"党建共建模式助力乡村振兴，即通过"1个管理支部+1个科研支部+结对帮扶支部"模式，分别与浙江江山、广西龙胜、罗城，贵州独山等基层党支部结对，构建党建帮扶共同体。"一棵树"支部工作法获浙江省直机关"最佳组织举措"表彰，深受国家林草局好评；"示范林"党支部建设法获中国林科院十佳标杆典型；连续6届获"中国林科院十佳党群活动"第一名。

构建科学规范的现代院所治理体系，围绕六大业务领域不断强化内控建设，制修订集体决策、健全考评激励、优化分配机制、规范资产管理与资金监管等方面制度，落实党务、所务公开机制，制定完善以职代会为主体的民主管理监督机制，建立健全百余项规章制度，形成有机配套的管理政策体系，规范全所科研创新和管理活动。为扎实落实"放管服"政策，构建了包括预算管理、资产采购与管理、用章、车辆预约、合同管理、财务报销等在内的信息化平台，实现了安全便捷服务、风险管控防控系统。持续开展"我为群众办实事"，解决了职工医保、养老保险等社保问题，推动住宅小区直饮水工程，完善干部职工的文体活动场地，改善提升工作生活保障设施等。

组建成立了涵盖党员干部在内的亚林所志愿服务队，围绕新时代文明实践活动，不定期组织开展"文明大接力—出行讲规则"骑行宣传、平安巡防、交通劝导、疫情防控、文明出行、文明祭扫、全民清洁、助力亚运等志愿服务活动，大力开展垃圾分类、绿色出行、文明就餐、文明祭扫、文明上网、绿色办公、礼仪文化等文明倡议发布和风尚行动，积极践行"浙江有礼"、"浙风十礼"文明风尚，引导党员干部争做文明创建的引领者、宣传者和践行者，积极培育和践行社会主义核心价值观。亚林自然教育学校为地方中小学学生开展科普教育实践活动，受众上万人次，发挥文明单位应有的作用。

群团组织开展丰富多彩文体活动，凝心聚力打造文化品牌。以"我们的节日"为主题，开展了"新春送福"、"巾帼聚力创文明，勇担使命展风采"、"片片粽叶情，亚林一家亲"、"家风润童心，文明筑未来"、"感恩慈母情，共谱好家风"、"情暖中秋"等春节、"三八"节、母亲节、端午节、中秋节、重阳节系列主题活动，传承弘扬中华优秀传统文化。妇委会打造的"传家风"系列活动，持续 10 余年受到全所职工及家属的广泛赞誉，地方媒体进行报道和赞扬。工会常态化开展篮球、羽毛球、乒乓球、气排球、健身瑜伽舞蹈、棋牌、摄影、户外徒步等健身活动和比赛，以及文艺汇演、摄影展、手工作品展、书法展、春秋游、美食节等各类活动，丰富职工文化生活。青年群体组织开展了歌手大赛、知识竞赛、宣讲等活动，积极选派青年代表参加上级组织的各类活动并获好成绩。合唱团于 2014 年、2015 年参加省直机关工委组织的合唱大赛，分别获得三等奖、银奖。2017 年 3 月正式成立"亚林之声"合唱团，2017 年、2019 年代表浙江省林业局参加了省直机关工会主办合唱比赛，均获银奖；2019 年参加中国林科院庆六十周年文艺汇演，获二等奖。

2014 年至今的 10 年间，亚林所精神文明建设取得明显成效，1 人被评为浙江省最美志愿者，1 人被评为富阳十大百姓新闻人物，1 人被评为浙江省三八红旗手、1 人被评为浙江好人。

亚林
人才

江山代有才人出，各领风骚数百年。

　　在历史的长河里，一代又一代怀揣着绿色梦想与责任担当的亚林人汇聚一堂，他们来自不同的地域，拥有各异的背景，却共同为了林业事业的繁荣与发展而携手奋斗。在这片广袤的绿色疆场上，他们或是深耕于科研一线，致力于林木品种的改良与生态修复技术的创新；或是活跃在造林护林的现场，用汗水浇灌希望，以坚韧守护绿色；还有的则投身于林业政策的制定与推广，为林业可持续发展和乡村振兴铺路架桥。

　　他们之中，有经验丰富的老专家，以毕生所学为林业事业添砖加瓦；也有朝气蓬勃的青年才俊，带着新鲜的思想与活力，为林业注入新的生命力。他们相互学习，共同进步，绘就一幅幅林业事业蓬勃发展的壮丽画卷。

第二十章
十年间入所职工信息

下面将近十年入所的人员按入所年份（同年度按姓氏拼音排序）一一做简要介绍。

焦盛武

1984年生，山东阳谷县人，农工党党员，毕业于北京林业大学，博士研究生学历，助理研究员。2015年入所，从事鸟类生态学研究工作，东亚—澳大利西亚候鸟迁徙通道伙伴协定卷羽鹈鹕工作组国际协调员。在职。

张　振

1986年生，山东单县人，中共党员，毕业于东北林业大学，博士研究生学历，副研究员。2015年入所，从事南方主要针叶树种遗传育种和良种繁育技术研究工作，任中国林学会松树分会副秘书长，2017年获国家自然科学基金项目资助，获浙江省科技进步奖二等奖1项，浙江省"科技兴林奖"一等奖2项。在职。

吴立文

1984年生，江西九江人，毕业于中国农业科学院水稻所，博士研究生学历，副研究员。2016年入所，从事栎树遗传育种和重要性状相关基因克隆与功能解析工作，担任中国林学会栎类分会第二届委员会副秘书长。在职。

莫润宏

1987年生，浙江余姚人，毕业于浙江农林大学，硕士研究生学历，实验师。2016年入所，从事经济林产品质量安全检测工作，全国经济林产品标准化技术委员会秘书长。在职。

张　威

1985年生，河南南阳人，中共党员，毕业于中国林科院，博士研究生学历，副研究员。2016年入所，从事林业有害生物综合治理技术研究工作。在职。

王　桐

1993年生，河北承德人，中共党员，毕业于中国林科院，硕士研究生学历，审计师。2016年入所，从事出纳、审计等工作。离职。

邱文敏

1986年生，湖南衡阳人，中共党员，毕业于浙江大学，博士研究生学历，助理研究员。2016年入所，从事林木非生物逆境响应分子机制与转基因抗性育种研究工作。在职。

张成才

1986 年生，山东青岛人，九三学社社员，毕业于中国农科院和华中农业大学，博士研究生学历，副研究员。2017 年入所，从事木本油料育种与培育工作，获 2019 年国家基金青年项目资助。在职。

刁 姝

1987 年生，辽宁沈阳人，中共党员，毕业于中国林科院，博士研究生学历，助理研究员。2017 年入所，从事国外松、含笑遗传育种研究工作。在职。

张涵丹

1990 年生，浙江嵊州人，中共党员，毕业于中国科学院生态环境研究中心，博士研究生学历，助理研究员。2017 年入所，从事流域水文过程与生态服务功能提升的研究工作，获国家基金青年项目、省基金探索公益项目资助。离职。

肖 江

1987 年生，湖北监利人，毕业于中国科学院大学，博士研究生学历，副研究员。2018 年入所做博士后，2020 年 12 月出站留所，从事受损土壤调理剂研发和生态修复的研究工作，入选 2020 年度中国博士后科学基金资助者选介（100 人／年），获中国博士后科学基金第 12 批特别资助与第 64 批一等面上资助，2022 年国家自然科学青年基金、国家重点研发子课题等项目资助。在职。

彭 龙

1988年生，河北保定人，毕业于北京林业大学，博士研究生学历，副研究员。2018年入所，从事新型土壤共生真菌与树木互作机制研究以及新型土壤真菌高值化利用研发工作，获2020年国家自然科学基金青年基金项目和中国林科院优青项目资助。在职。

王 佳

1987年生，河南洛阳人，中共党员，毕业于中国科学院大学，博士研究生学历，助理研究员。2018年入所，从事荒漠生态系统植被更新与恢复研究工作，获2020年中国林科院面上项目、2021年国家基金青年项目和2023年中国林科院面上项目资助。在职。

李彦杰

1986年生，河南安阳人，中共党员，毕业于新西兰坎特伯雷大学，博士研究生学历，副研究员。2018年入所，从事林木种质资源表型高通量评价和林木表型组学研究工作，2019年获得国家人社部高层次留学人才回国资助，2022年入选中国林科院优秀青年创新人才培养计划。在职。

刘伟鑫

1987年生，浙江文成人，毕业于南京农业大学，博士研究生学历，助理研究员。2019年入所，从事观赏植物遗传育种研究工作。主持国家自然科学基金面上项目、中国林科院院基金面上项目、浙江省自然科学基金等项目。在职。

王舒琦

1994年生,黑龙江人,中共党员,毕业于东北林业大学,硕士研究生学历,工程师。2019年入所,从事群团、精神文明建设和意识形态管理工作,现任团委组织委员。在职。

周 方

1997年生,辽宁抚顺人,中共党员,毕业于北京林业大学,本科学历,助理工程师。2019年入所,从事科研管理工作。在职。

张嘉琳

1997年生,浙江杭州人,中共党员,毕业于嘉兴学院南湖学院,本科学历,助理会计师。2019年入所,从事财务管理工作。在职。

杨预展

1989年生,安徽濉溪人,中共党员,毕业于中国科学技术大学,博士研究生学历,副研究员。2019年入所,从事森林土壤微生物研究工作。在职。

高 凯

1992年生,山西高平人,毕业于北京林业大学,博士研究生学历,助理研究员。2020年入所,从事马尾松抗性遗传改良和良种繁育技术研究工作。在职。

赵耘霄

1992年生，山东济南人，毕业于中国林科院，博士研究生学历，副研究员。2020年入所，从事特色林木资源育种与培育研究工作，入选第五批林草科技创新青年拔尖人才，获中国林科院优青项目资助。在职。

原文文

1989年生，河南焦作人，中共党员，毕业于中国林科院，博士研究生学历，助理研究员。2020年入所，从事防护林气象研究工作。在职。

童 冉

1990年生，山东日照人，毕业于中国林科院，博士研究生学历，助理研究员。2020年入所，从事森林生态系统结构和功能、低效林改造等研究工作，获2023年国家基金青年基金项目资助。在职。

刘翠玉

1990年生，甘肃白银人，毕业于南京林业大学，博士研究生学历，助理研究员。2021年入所，从事柿果品质调控和高效栽培技术研究工作，获2024年浙江省自然科学基金项目资助。在职。

蔺星娜

1992年生，山西灵石人，中共党员，毕业于北京林业大学，博士研究生学历，助理研究员。2021年入所，从事湿地水文和水质遥感方面研究工作，担任《国际水土保持研究》的科学编辑。在职。

王衍鹏

1990年生，山东滨州邹平人，中共党员，毕业于西北农林科技大学，博士研究生学历，助理研究员。2021年入所，从事板栗、锥栗和山桐子遗传育种与品质改良研究工作，获2023年中国林科院"启航"项目资助。在职。

于 磊

1992年生，黑龙江佳木斯人，中共党员，毕业于东北林业大学，博士研究生学历，助理研究员。2021年入所，从事竹类遗传转化和竹笋品质改良研究工作。在职。

李忠风

1995年生，山东海阳人，毕业于中国科学院微生物研究所，硕士研究生学历，助理研究员。2021年入所，从事盐碱地共生菌功能生物学及利用研究工作，获2023年国家基金青年项目资助。在职。

张舒婷

1995年生，浙江义乌人，中共党员，毕业于北京林业大学，硕士研究生学历，助理工程师。2021年入所，从事科普教育工作。在职。

盖 旭

1991年生，山东临沂人，毕业于中国林科院，博士研究生学历，助理研究员。2021年入所，从事困难立地土壤修复技术及微生物—植物互作研究工作。在职。

朱念福

1995 年生，湖北大冶人，毕业于中国林科院，硕士研究生学历，研究实习员。2021 年入所，从事人工林生态研究工作。在职。

范艳如

1992 年生，山东济宁人，毕业于中国林科院林业研究所，博士研究生学历，助理研究员。2021 年入所，从事阔叶树种种质资源保育研究工作。在职。

盛　宇

1990 年生，河南商城人，毕业于南京林业大学，博士研究生学历，助理研究员。2021 年入所，从事经济林树种遗传育种研究工作，衢州市博士创新工作站成员，获 2023 年浙江省科技推广项目资助。在职。

李　妞

1989 年生，江苏连云港人，群众，毕业于复旦大学，博士研究生学历，助理研究员。2021 年入所，从事滨海湿地碳氮循环研究工作，获浙江省林业科技项目 / 浙江省基础公益研究计划项目资助。在职。

徐　静

1987 年生，辽宁锦州人，九三学社社员，毕业于沈阳农业大学，博士研究生学历，中国农业科学院出站博士后，副研究员。2022 年入所，从事林木生长发育及逆境适应机制研究工作。获 2019 年国家自然科学基金青年项目资助。在职。

吴红军

1972年生，四川仁寿人，中共党员，毕业于中南林业科技大学，博士研究生学历，高级工程师。曾任国家林业局宣传办公室政工处副处长、国际竹藤网络中心国际合作与交流处副处长、国家林业局专家咨询委员会秘书处办公室处长（期间在广西柳州挂职，任市政府副秘书长）、国家林草局科技司综合管理处处长。2022年6月调入亚林所，任所长、党委书记（副司局级）。在职。

罗 超

1993年生，江西南昌人，中共党员，毕业于北京林业大学，博士研究生学历，助理研究员。2022年入所，从事脆弱生态系统植被恢复研究工作。在职。

王民炎

1991年生，四川达州人，毕业于中国林科院，博士研究生学历，助理研究员。2022年入所，从事林木功能基因组与分子育种研究工作，获2023年国家青年基金项目资助。在职。

应 玥

1994年生，浙江杭州人，中共党员，毕业于中国林科院，硕士研究生学历，助理研究员。2022年入所，从事森林有害生物综合治理工作。在职。

李　豪

1993年生，山西太原人，中共党员，毕业于黑龙江大学，硕士研究生学历，助理工程师。2022年入所，从事综合管理工作。离职。

魏祯倩

1996年生，江苏无锡人，中共党员，毕业于南京农业大学，硕士研究生学历，助理研究员。2022年入所，从事可食用林产品加工副产物高值化利用研究工作，获国家林业和草原局青年主题演讲比赛一等奖。在职。

曹　森

1993年生，山东烟台人，毕业于北京林业大学，博士研究生学历，助理研究员。2022年入所，从事林木遗传育种与培育研究工作。在职。

凡莉莉

1994年生，安徽淮南人，中共党员，毕业于福建农林大学，博士研究生学历，助理研究员。2022年入所，从事竹笋产量和品质形成机理、竹笋品质改良技术等研究工作。在职。

孔令蔚

1997年生，山东日照人，中共党员，毕业于中国海洋大学，硕士研究生学历，助理会计师。2022年入所，从事纪检审计工作。在职。

张静瑶

1997年生，河南伊川人，中共党员，毕业于浙江海洋大学，硕士研究生学历，助理工程师。2022年入所，从事科研管理工作。离职。

段梦然

1994年生，江西上饶人，毕业于南昌工学院，本科学历，中级会计师。2023年6月从中国林业科学研究院热带林业实验中心调入我所，从事出纳工作。在职。

赵紫晴

1998年生，黑龙江哈尔滨人，中共党员，毕业于中国林科院，硕士研究生学历，研究实习员。2023年入所，从事亚热带森林生态系统结构和功能研究工作。在职。

熊仕发

1994年生，安徽马鞍山人，中共党员，毕业于中国林科院，博士研究生学历，助理研究员。2023年入所，从事栎类等树种遗传育种与培育技术研究工作。在职。

王　欣

1994年生，山东临沂人，中共党员，毕业于鲁东大学，硕士研究生学历，研究实习员。2023年入所，从事林下食药用菌栽培及遗传育种研究工作。在职。

陆铸畴

1995年生，浙江绍兴人，中共党员，毕业于中国林科院，博士研究生学历，助理研究员。2023年入所，从事林木对重金属、盐碱等非生物胁迫抗性的分子机制研究工作。在职。

刘文婷

1997年生，江西上饶人，毕业于南昌大学，硕士研究生学历。2023年入所，从事可食用经济林产品检验检测工作。在职。

刘　彬

1991年生，吉林省吉林市人，毕业于中国林科院，博士研究生学历，助理研究员。2020—2023年，在浙江大学博士后流动站进行研究工作。2023年入所，从事马尾松抗松材线虫病育种研究工作。在职。

陈娟娟

1994年生，河南省驻马店市人，毕业于中国林科院，博士研究生学历。2024年入所，从事经济林剩余物高值化利用研究工作。在职。

丁显印

1994年生，河南鹿邑人，中共党员，毕业于中国林科院，博士研究生学历，瑞典农业大学联合培养博士。2024年入所，从事林木种质资源收集与评价、湿地松基因组育种研究工作。在职。

景春林

1998年生,辽宁本溪人,中共预备党员,毕业于沈阳农业大学,硕士研究生学历,助理工程师。2024年入所,从事办公室综合业务和研究生管理工作。在职。

李爱博

1995年生,辽宁锦州人,毕业于中国林科院,博士研究生学历,助理研究员。2024年入所,从事森林康养研究工作。在职。

蓝凯敏

1998年生,浙江金华人,毕业于杭州师范大学,硕士研究生学历。2024年入所,从事植物抗重金属胁迫机制及矿区生态修复研究工作。在职。

茆卫琳

1997年生,江苏泰州人,中共党员,毕业于北京林业大学,硕士研究生学历。2024年入所,从事科技项目管理工作。在职。

叶崇宇

1995年生,浙江台州人,中共党员,毕业于浙江农林大学,博士研究生学历。2024年入所,从事人工林生态功能研究工作。在职。

第二十一章 荣誉榜

荣　誉	获奖人员（以姓氏笔画为序）
国家林业和草原局林草科技创新领军人才	吴统贵　陈光才
国家林业和草原局林草科技创新青年拔尖人才	赵耘霄
浙江省科技创新领军人才	吴统贵　汪阳东　陈光才　陈益存　袁志林
中国林科院青年英才工程青年领军人才	袁志林
中国林科院青年英才工程杰出青年	刘毅华　陈光才　陈益存　袁志林
中国林科院青年英才工程优秀青年	刘明英　李彦杰　赵耘霄　彭　龙

媒体聚焦

近年来，亚林所的科研成果和技术转化工作，不仅为中国林业产业的发展提供了有力支撑，同时通过推广新技术、新品种和新模式，提高了林业生产的效益和可持续性，促进了农民增收和乡村振兴。

丰富的科研成果、技术创新也吸引了包括新华社、《人民日报》、《科技日报》、《经济日报》、《光明日报》、《中国绿色时报》以及《浙江日报》等在内的权威媒体的关注。各级媒体通过专题报道、深度访谈等形式，深入挖掘亚林所的科研故事、典型人物以及创新实践等方面的内容。这些报道不仅向公众展示了亚林所的科研成果和贡献，提高了知名度和影响力，也为公众提供了更加全面、深入了解亚林所的窗口，促进了社会对林业科研工作的理解和支持。更重要的是，通过与媒体的合作和报道，亚林所积极传播生态文明理念，提升公众生态意识，让更多公众关注和支持林业生态建设事业。

本篇章撷取了十年来央级及行业媒体关于亚林所的部分典型报道，让我们通过生动、详实的新闻报道一起走进亚林所、认识亚林所。

"竹林仙子"成为竹农共富好帮手

"头戴艳皇冠,身穿白婚纱,真菌皇后范,国宴把国倾。"这是现代诗人对竹荪菌的赞美之词。

竹荪菌又名竹笙、竹参,是一种重要的珍贵食用菌,素有"竹林仙子"、"雪裙仙子"、"真菌之花"、"菌中皇后"等美称。20世纪90年代初,竹荪大田栽培技术实现突破,进入寻常百姓的餐桌。但由于种植竹荪的基质是木屑、棉籽壳、谷壳等混合物,且部分种植地的重金属含量较高,使一些竹荪产品的氨基酸、多糖和微量元素等含量降低,品质变差,市场价走低,菇农种植积极性受挫,竹荪产业日渐萎缩。

竹荪菌

我国大部分竹林分布在经济欠发达的山区,竹林经营是这些地区农民增收致富的重要途径和主要经济来源。中国林科院亚热带林业研究所竹资源培育研究团队坚持对林下经济进行深入探索和研究,2008年,团队通过对竹荪产业发展的调研,提出了以竹荪大田培育技术为基础,把竹荪重新引入竹林进行仿野生栽培的产业发展思路。

研究团队以竹林废弃物为原料,创新基质发酵模式,提出"高温+化学"杀菌相结合的发酵技术,简化了发酵所需要的条件和环节,方便竹农个体操作。在传统种植技术的基础上,创新了种植方式,提出了"两步栽培法",即无纺布袋容器栽培法,探索了微量元素硒对竹荪生长的影响。为解决竹荪存在的连作障碍对竹农收入的影响，提出了"竹荪+大球盖菇"一年两季、"竹荪+黄精"和"竹荪+笋"轮作等栽培模式，有效解决了因竹荪种植必须轮休导致的基础设施利用率较低问题。

竹荪仿野生栽培技术的突破，不仅对壮大森林粮库具有重要的意义，而且将对森林钱库持续增加发挥积极作用。

团队经过10余年的努力，获得了"麻竹林下竹荪仿野生栽培技术"、"毛竹林下竹荪仿野生栽培技术"等技术成果，并起草浙江省地方标准《竹荪仿野生栽培技术规程》。团队采用"边研究、边总结、边推广"模式，将竹荪仿野生栽培技术从重庆、四川等省市，逐步推广到福建、浙江、湖南、湖北等11个省（市、区）30多个县。目前该技术已累计推广超过1.2万亩，直接经济效益超过2.4亿元。其中，在重庆荣昌麻竹林、广西昭平撑篙竹林、浙江富阳毛竹林等的干菇产量达到每亩45公斤以上，而在浙江安吉刘家塘村富硒毛竹林中的干菇产量更是达到每亩100公斤以上。这些地方的竹农们，通过使用团队开创的栽培新模式，仅发展竹下食用菌亩产值就超过5万元，亩利润超过2.5万元。

在团队的技术支持下，安徽省岳西县菖蒲镇发展竹荪、大球盖菇、羊肚菌等林下食用菌种植基地40余亩。经过多年发展，菖蒲镇林下食用菌种植项目实现产值102万元，带动村集体增收23.2万元，直接带动竹农竹园租金收入5.2万元，增加群众务工收入超30万元。"竹林仙子"真正成为竹农共富的好帮手。

针对今后竹荪等林下食用菌产业的发展，亚林所竹资源利用团队提出了系列建议。

一是积极探索竹山的"两山"转化路径，充分利用丰富的竹林资源及其加工废弃物，大力研发竹林下竹荪等竹基食用菌仿野生高效栽培模式。

麻竹林下竹荪试验

二是继续开展竹荪品种的驯化与选育，特别是对优良品种——红托竹荪的菌种培养技术进行优化，缩短其培育周期，降低生产成本，提高经济效益。

三是开发与竹荪可以轮作的食用菌新品种，提高竹林基础设施的利用率和综合经济效益。

四是通过举办全国性竹荪等林下经济产业发展论坛、特色产区农民丰收节等交流和产品推介活动，加强竹荪等食用菌林下栽培技术的推广。

竹荪等林下经济隐藏巨大潜力和发展空间，通过实用技术在田间地头推广应用，可真正让森林发挥钱库和粮库作用，惠及万家百姓。

（本文刊登于2024年5月14日《中国绿色时报》，作者谢锦忠系中国林科院亚热带林业研究所研究员、中国林学会竹子分会副理事长兼秘书长）

如何从"柿业大国"迈向"柿业强国"

据联合国粮农组织统计,2021年我国柿树收获面积96.6万公顷,年产量343万吨,均居世界首位,是"柿界"中的"超级大国"。除日本、韩国、西班牙、意大利等柿传统产区外,近年来,土耳其、德国、巴西等国发展柿产业的热情不断提升,柿树正从东亚特产成为世界性果树。

我国柿年产量排名前10位的省份,南北各占50%,广西与陕西居于前两位,此外,云南是全国产量最大的甜柿产区,浙江尽管产量居于中位,但效益较高,在柿业中极具特色。

柿果营养丰富,含糖量高,常作为充饥食品,在我国的栽培和利用历史悠久。史书多载:饥年,民常赖柿全活。明代,柿便有"救命树"、"凌霜侯"之称,民谚有云"枣柿半年粮,不怕闹饥荒"。按热量当量计算,每亩1300公斤柿果及20%的脱壳和磨粉损耗计,一亩柿子相当于310公斤小麦或395公斤左右水稻的热量,与国内小麦、水稻亩均产相当,真正做到"一亩柿子一亩粮"。且柿树一年种植,多年受益,是名副其实的"木本粮食"、"铁杆庄稼"。大力发展柿产业是实现乡村振兴的重要路径。

种质资源是育种选育的基础

从1992年起,中国林科院亚热带林业研究所、经济林所和西北农林科技大学、华中农业大学等多家单位开始甜柿育种,并着手完善柿幼胚抢救、分子辅助育种技术,逐步建立自身特色的甜柿遗传改良技术体系。

优良砧木的缺乏严重限制了甜柿在我国的推广。亚林所育成的甜柿广亲和性砧木'亚林柿砧6号',率先攻克了甜柿嫁接砧木技术难关。以'亚林柿砧6号'嫁接的'太秋'甜柿每公斤可以卖到50~80元,亩收入达到2万~5万元,打造出"一亩山万元钱"甜柿高效模式。此外,'小果甜柿''泰富'砧木也颇有特色,丰富了我国柿砧木的利用。

针对生产中"毁灭性"的柿果顶腐病

'亚林柿砧6号'嫁接'太秋'结果枝

等新型病害，亚林所研发形成柿果顶腐病科学防治技术，使发病率从30%~50%降到3%以下，并集成了一套包括配方施肥、整形修剪、病虫害防治等技术的甜柿优质丰产技术体系，在国内多地推广并取得了较高的经济效益。

我国系统的柿研究起步较晚，但经过30多年的发展，走完了国外同行100余年的"路"，目前育种栽培技术紧随日本等发达国家水平。经过多年育种选育，各地选育了一些优良农家品种，有力促进了柿产业发展。据了解，国家柿种质资源圃已收集品种资源700多份，亚林所收集了600多份国外以及我国南方柿基因资源，构建了柿主要种质的表型、分子数据库。

重视甜柿的宣传推广和多值化利用

与传统农作物以及木本油料相比，柿产业的宣传和政府支持力度较少。相对木本油料每亩1000~2000元补助来说，柿良种没有补助。另外，高品质甜柿品种及其砧木适宜区域目前尚不明确。这些因素一定程度限制了柿良种的推广，导致我国柿良种水平较低，涩柿占柿品种的99%，而高效益的甜柿良种不到1%。高效栽培技术中，轻简化、精准化与智能化不高。除个别县市外，由于全国大面积的柿产业缺乏政府支持，产学研有效结合不足，许多高效栽培技术成果产业熟化程度不够，在生产实际中应用少，导致目前我国大面积柿单产只有发达国家的五分之一，优质果率更是只有十分之一。加之具市场竞争力的精深加工产品缺乏，导致我国虽是柿产业大国，但整体效益偏低，非柿产业强国。

我国甜柿生产中品种单一，缺乏具有多样风味、适宜不同人群和不同成熟期配套的高品质良种。各国"甜柿遗传改良计划"均面临近交退化和育种周期过长的双重困境。20世纪90年代以后，日本鲜有市场竞争力的新品种育成，西班牙、意大利目前尚未有新品种。

我国柿资源丰富、遗传多样性高，开发有机综合常规育种与现代育种技术，高效创制甜柿新种质才能加快育出甜柿新品种。然而，目前我国只有一个位于陕西眉县的柿国家种质资源圃，广大南方地区极度缺乏柿国家资源圃，导致国内优质丰富的柿资源没有得到充分利用，种质远没有发挥出对育种应有的贡献，优良种质创制效率仍较低。

"好吃"是检验水果的首要标准，但柿的口感评价体系未明确，品质定向育种也刚起步。柿果功能性保健价值更是多停留在古籍记载以及民间流传层面，具有生物活性的功能成分尚不明确，相应的功能性产品开发和良种选育缺乏有效科学指导。

加快培育美味且营养的甜柿良种

甜柿是一种健康、营养丰富的美味"树粮"，大量发展甜柿对贯彻落实大食物观，壮大森林粮库具有重要意义。首先，甜柿作为木本粮食，有效体现了森林粮库在保障国家粮食安全方面的重要意义。此外，甜柿极大地丰富了森林食物的种类，不仅给人带来愉悦的食味感受，还有助于提高人们饮食结构的多样性，促进人体健康，符合大食物观倡导的多样化、健康饮食理念。其次，甜柿产业的发展也能促进林地资源的合理利用和保护，有利于维护和壮大森林粮库，提升森林生态的稳定性和可持续性。

当前，科学评价甜柿良种的优势产区，注重平衡生产与市场需求，科学有序推广，保障产业健康发展是当务之急。要进一步整合科技资源，推动科研单位与企业的产学研结合，构建全国范围的岗位专家体系，在我国南方地区设立国家层面柿资源圃，提供专项经费支持。要明确柿果口感的物质基础及功能性成分，将常规育种与现代生物技术有机结合，进行优良种质高效创新，育成既"好吃"又"吃了有好处"的高价值功能型甜柿良种。

（本文刊登于2024年4月15日《中国绿色时报》，作者龚榜初系中国林科院亚热带林业研究所研究员、首席专家、中国园艺学会柿分会副理事长，徐阳系中国林科院亚热带林业研究所副研究员、国家林业草原柿工程技术研究中心秘书长）

科技储"油"丰钱库，共"桐"富裕走新路

"户有万株桐，幸福永无穷"，这是周恩来总理在20世纪60年代视察贵州时的题词。

油桐原产于我国，是重要的工业油料树种和战略储备树种，栽培利用历史逾千年。油桐生产的桐油是植物油中最优的干性油，具有干燥快、耐酸碱、防腐、绝缘、抗辐射、抗渗透等多种优良特征。现阶段，桐油应用的重点从传统领域转向蓬勃发展的电子工业，大量用于电路板浸渍材料及其他高分子材料，在化工、军工、电子等行业有不可替代的用途。

我国油桐种植面积近1000万亩，年产桐油6万吨，年需桐油25万吨，市场供不应求，油桐已经成为我国西南山区实施乡村振兴战略的特色产业。但受油桐枯萎病危害以及育苗、种植及加工利用技术缺乏的影响，60%以上的油桐林有不同程度的减产，产业附加值不高。加之品种退化等因素，制约了油桐产业可持续健康发展。

中国林科院亚林所的油桐研究工作始于20世纪50年代，在油桐资源收集保存、高产良种选育上取得了重要进展。自2007年以来，亚林所特色林木资源育种与培育团队在国家林业行业专项和国家基金的资助下，重点聚焦高产抗枯萎病良种选育开展研究，逐渐形成了以油桐抗枯萎病高产品种选育、配套嫁接技术及生物防治综合技术体系为核心，高效育苗和培育技术相配套的产业

利用抗枯萎病良种挽救的独山万亩油桐林

发展科技支撑体系。

  针对油桐枯萎病难题，团队应用"油桐抗枯萎病高产品系选育技术"成果，将5000余亩油桐枯萎病林成功改造为高产抗病林分。在帮助企业挽回经济损失1500余万元的同时，揭示了抗病油桐根木质部防御机制，获授权国家发明专利5件。

  利用选育出的油桐3个高抗品系，团队在国家林草局定点帮扶县贵州独山完成了抗病高产嫁接育苗80万株。成果辐射至贵州、广西、重庆等地，累计营建油桐抗病示范林8万余亩，带动示范区2000余户就业，户年均收入增加2万~4万元。山区林农走上了共"桐"富裕之路。

（本文刊登于2024年2月29日《中国绿色时报》，作者陈益存研究员）

食物多元化不能忘了薄壳山核桃

薄壳山核桃是胡桃科山核桃属大乔木，商品名为碧根果，是集优质干果、木本油料、园林绿化和高档木材为一体的生态经济型树种。

薄壳山核桃的果仁营养丰富，富含17种氨基酸，以氨基酸比值法评价薄壳山核桃超过长柄扁桃、党参和澳洲坚果等植物蛋白，接近牛肉、羊肉和鸡肉等动物蛋白。其种仁粗脂肪含量最高达70%，不饱和脂肪酸含量93%左右，其中油酸含量高达61.4%~83.0%，远高于花生油、豆油和橄榄油，仅次于茶油。在大食物观背景下，积极发展薄壳山核桃产业对于壮大森林"粮库"、丰富百姓餐桌、提升多元化食物供给具有重要价值。

薄壳山核桃鲜食坚果（常君 摄）

薄壳山核桃的树干通直、高大，树姿优美，生长速度快，可广泛应用于农田林网、庭院绿化和材用林。在当前确保耕地"非粮化"、稳定粮食生产的大背景下，配套种植薄壳山核桃既可以保证粮食生产稳定，又可以提升粮食的多元化供给。

薄壳山核桃原产自美国和墨西哥。目前，美国已实现从果园营建、土壤管理、树体管理、肥水管理、病虫害防治和坚果采收、脱壳、烘干、分级等全部环节的机械化作业。我国从19世纪末引入薄壳山核桃，至今已有120多年的引种栽培史，目前主要在我国的安徽、云南、江苏和浙江等16个省（市）栽培种植。但产业未能实现规模化发展，主要受国内育种进程缓慢影响而导致良种匮乏，以及品种适宜栽培区不明确，早期品种发展单一且配置精准度低，无性扩繁技术落后而良种壮苗供应不足，以及栽培管理粗放等多种因素制约导致。

中国林科院亚热带林业研究所、国家林草局山核桃工程技术研究中心、安徽省林业科学研究院等单位紧紧围绕薄壳山核桃创新和产业发展问题开展技术研究，联合产区创新和产业力量，建立薄壳山核桃国家创新联盟等创新平台，在资源收集保存与评价、良种选育、规模化扩繁、高效栽培、机械化采摘、产品开发等方面取得了一系列成果。20世纪末，先后研发了品种配置和授粉技术，裸根苗富根嫁接和大容器嫁接苗规模化扩繁技术，突破了我国薄壳山核桃产业化关键技术，有力支撑了产业发展。

安徽、江苏、云南、江西、贵州、河南、浙江等省将该树种作为重要产业推进，自此，薄壳山核桃产业发展步入快车道，薄壳山核桃种植面积在全国已有近150万亩，年产量超5000吨。

近年来，国务院办公厅印发《关于防止耕地"非粮化"稳定粮食生产的意见》，国家林草局、国家发展改革委、财政部联合印发《加快油茶产业发展三年行动方案（2023—2025年）》，这些政策的出台，对稳固粮食安全、发展油茶产业意义重大。一些地区发展薄壳山核桃的实际经验告诉我们，薄壳山核桃也是我国粮油安全的重要补充。

长江流域低山缓坡薄壳山核桃标准化示范园（常君 摄）

薄壳山核桃国家创新联盟各协作单位为推动薄壳山核桃产业发展，保障我国粮油安全，先后开展了"林粮"、"林油"、"林药"等复合经营模式的研究。

安徽阜阳在薄壳山核桃林下，推广种植5268亩小麦、高粱等作物。2022年，亩收小麦530多公斤、高粱360多公斤，薄壳山核桃坚果180公斤，套种粮食作物增收近900万元，薄壳山核桃坚果产值超过1300万元，为乡村振兴树立了良好典型。

安徽肥东在薄壳山核桃林下套种油菜，2021年，亩收菜籽油50多公斤，亩均增收1000多元。

为应对当前劳动力成本高、用工难等难题，科研人员还研发了无人机授粉和机械化采摘等先进技术，逐步在薄壳山核桃主产区推广应用，无人机授粉技术应用实现增产15%以上，效率提高十数倍，机械化采摘节约人工成本75%以上。

薄壳山核桃是经济价值高的坚果，是优质的植物蛋白来源，是改善国民膳食结构的高端食用油。当前我国的粮食自给率不到90%，植物油自给率30%左右，大力发展薄壳山核桃产业，是保障我国粮食安全、助力提供多元食物供给、促进乡村振兴和共同富裕的较好选择。

建议加强政策引导与宣传，充分利用"四旁"、农田林网、道路和城市绿化等空间，进一步发展壮大薄壳山核桃产业，加大"林粮"、"林油"等模式的推广应用，紧紧围绕薄壳山核桃创新和产业发展问题，重点从育种本土化、良种精准化、栽培轻简化、产品多元化和加工精深化等方面，实现产业化发展。

（本文刊登于2024年2月1日《中国绿色时报》，作者姚小华系中国林科院亚林所研究员、经济林首席专家，常君系中国林科院亚林所副研究员、薄壳山核桃等木本油料树种育种专家）

油茶是我国特有的优质木本油料作物，已有2000多年的栽培历史。在国家和各地共同努力

让全国油茶产区都种上科技油茶

下,我国油茶形成了 7000 万亩、上千亿元产值的大规模产业。作为我国四大油料作物之一,茶油是我国特有的高档食用油,在我国人民食用油组成中占据重要份额,预计 2035 年后占比将达到 8%。经测算,100 克茶油的热量相当于 3.9 碗白米饭。茶油食用量多了,米饭自然也就节省下来了。现如今,油茶可谓农民致富、保障粮油安全、助力乡村振兴的重要法宝。

从 20 世纪 50 年代至今,以中国林科院亚林所和亚林中心为代表的四代油茶人,历时 70 余年在参与国家重大产业发展计划中接力协同攻关,取得了一系列重大科研成果,实现了两个"全覆盖":一是集成打造了资源收集、良种选育、种苗繁育、高效栽培、加工利用等产业链全覆盖科技支撑体系;二是依托挂靠一系列产业创新平台包括油茶科学中心、工程中心、产业联盟、协作组织等,实现了北至河南光山、南到海南岛、西到云南腾冲、东到浙江沿海山地的油茶全分布区的技术全覆盖。

亚林所营建了全国最广最全的油茶种质资源库,牵头完成了我国第一个经济林树种遗传资源调查编目,为类似树种遗传资源调查编目工作提供了示范和基础,并在不同产业带分带营建油茶种质资源圃 1100 余亩,保存各类种质 2000 余份;在这些工作基础上,累计育成了亚林系列、长林系列、亚林 Z 系列等国家及省级审(认)定良种 28 个,油茶产量比实生林提高了 7~10 倍;研制的主推良种在 15 个省(自治区、直辖市)规模发展;研发的油茶芽苗砧嫁接技术,至今仍是油茶苗木繁育的关键核心技术。

在技术创新研发的同时,亚林所坚持面向全区域布局开展成果推广和技术服务。在河南光山县,油茶产业发展模式与效果已成为油茶北部产区的典范,应用自主选育的长林系列主栽良种和配套栽培技术,形成的丰产面积已超过 20 万亩,引建了 3 家茶油加工企业,搭建了油茶全产业链发

'长林 4 号'油茶品种

展体系，产区 3000 多户林农人均增加收入 2000 多元。

目前，相关良种和技术已在河南、安徽、湖北的大别山区、伏牛山区、秦岭以南辐射应用，先后带动安徽安庆和六安、湖北随州、河南信阳等地建成大面积高产示范区，有效提升了当地油茶产业发展和农民增收。其中安徽省安庆市潜山县应用长林良种与相应管理技术，盛果期经测产达到亩产果 1500 公斤，亩产值超过 6600 元，成为全国最高产量典型之一，1 亩油茶相当于 3 亩水稻的产值。在油茶各产业带，分别启动良种组合科学应用和高效技术推广。

"长林"系列品种高产示范林

面对新时代高质量发展需求，为拓展油茶产业的"粮库"和"钱库"功能，亚林所研究团队正从以下几个方面加强科技攻关。

一是持续开展种质创新，继续积聚核心技术，创制高产宜机化大品种，产量再提高 20% 以上。

二是研发轻简化、园艺化、水肥一体化高效培育技术，实现产业提质增效，节本增效 30% 以上。

三是深度开发副产物和茶油精深加工产品，提升产品质量品牌，拓展技术市场，效益再提高 30%。完善林地管理、整形修剪、油茶鲜果脱壳等全过程剩余物利用技术，实现油茶产业的"吃干榨净"。同时，依托产业推广平台，高效推广应用，实现产业技术全面提升，林分增产，林农增效，油茶产业总体效益再提高 50% 以上，相当于每亩油茶再增产 1.5 亩地的粮食。

（本文刊登于 2024 年 1 月 17 日《中国绿色时报》，作者姚小华、王开良均系中国林科院亚林所研究员、首席专家）

向森林要食物，
中国林科院亚林所把论文写在山林间

我国广袤的森林蕴藏着丰富的食物资源，是天然的大粮仓、大油库。越来越多的研究发现，来自森林的粮油食物营养更全面、更均衡，吃起来更美味、更健康。

常言道，樱桃好吃树难栽。森林食物好吃，同样面临着树难栽、种难选的问题，良种选育、种苗繁殖、高效栽培、加工利用、技术推广，哪一个环节都不容易。特别是林木育种周期长，选育一个良种，需要林业科技工作者以"板凳要坐十年冷"的韧劲与定力默默坚守。

10月16日，在南京举办的2023年世界粮食日和全国粮食安全宣传周活动主会场，发布了一批"践行大食物观 保障粮食安全"的典型案例。其中，第一个就是中国林业科学研究院亚热带林业研究所向森林要食物、选育油茶良种的案例。

亚林所集4代人之力，用60年时间，在全国油茶产区建起19个油茶种质资源库，保存了2800多份珍贵的油茶种质资源。他们攻坚克难，破译油茶遗传密码，开启油茶生命活动的"黑匣子"，实现了从传统育种向分子育种的跨越。他们选育出数十个优良品种，推广覆盖了全国15个油茶产区，创新、集成油茶丰产稳产栽培和绿色加工技术，将茶油产量由每亩5公斤左右提高到30~50公斤。他们用科技创新的力量，向森林要食物，推动经济发展，带动林农增收，促进生态良好，助力国家粮油安全，为百姓餐桌提供更多绿色营养的粮油产品。

践行大食物观，向森林要食物，科技支撑是关键。

作为森林食物的主要来源，经济林是名副其实的"种粮大户"。经济林育种与培育是亚林所传统优势学科之一。从20世纪60年代起，亚林所一代代科技工作者相继开展油茶、山核桃、薄壳山核桃、柿、锥栗、香榧等木本粮油和油桐、山苍子、无患子等工业原料树种的育种与培育研究，绘制了全球第一张染色体级别的油茶基因组图谱，破译了樟科代表树种山苍子精油合成分子机制，构建了萜类次生代谢物合成机制研究平台，创制了油茶、薄壳山核桃、柿子、山核桃、锥栗等50余个高产良种并推广。他们发明的油茶芽苗砧嫁接技术，在全国95%以上的油茶育苗基地中应用。他们攻克油茶、板栗、锥栗、柿低产林综合改造技术，增产增效50%以上。研发柿、栗轻简化、园艺化高效栽培技术体系，建立了5000多亩国家和省级种质资源库。拥有国家油茶科学中心、工程技术研究中心、技术协作组、产业技术创新联盟等一批科技支撑平台，为我国木本粮油产业提质增效作出了重要贡献。

亚林所木本粮食育种与培育研究组研究员龚榜初带领团队踏遍18个省份100多个县市，率先攻克了甜柿嫁接亲和性砧木难关。他们筛选出的'太秋'甜柿良种，具有"苹果的脆、梨的水分、哈密瓜的甜"等特点，因其味道独特、营养丰富、采摘期长、耐储存、丰产稳定等特点，入选了"2018年度中国最受关注的水果品种10强"，成为国家重点推广的优质山地果树。团队培育的'亚林柿砧6号'获得了第一届浙江省知识产权（植物新品种）二等奖，为浙江、广西、云南等山区群众增收致富和乡村振兴发挥了重要作用。

在林产品加工利用方面，亚林所集中开展了可食用森林资源加工及质量安全研究，包括油茶、核桃、香榧、山核桃等木本油料脂质及副产物加工利用和产品开发，松花粉、香椿等可食林产品的加工工艺优化。

建立了油茶籽采后处理—油茶籽—油茶籽油—油茶饼粕—油茶皂素标准体系，研发了以油茶籽分级为基础的精准制油技术，以油茶低温压榨—适度精炼为核心的高得率、低营养成分损失的精炼技术、水酶法油茶籽油提取技术以及油茶皂素低耗高效连续提取技术等。同时，开发了浓香、清香、日化用油茶籽油及茶皂素系列产品，先后获得授权专利24件，起草国家及行业标准8项。亚林所相关技术与产品在浙江、湖南、江西、广西、贵州、陕西等多地得到转化和应用，建设生产线10余条，有力支撑了当地油茶产业发展。

亚林所还首创了笋竹两用林高效经营模式，研究集成了以竹笋、竹荪、黄精、灵芝为代表的竹林复合经营技术，研发了油茶、核桃、马尾松等林业剩余物基质化利用关键技术，探索出林业剩余物种植大球盖菇、茯苓、花卉苗木等"一亩山万元钱模式"，先后在浙江、安徽、江西等20余家企业推广应用，产生了显著的生态效益、经济效益和社会效益。这些科技成果让林下生态废弃物资源变废为宝，孕育出生态共富林产品，有效缓解了森林防火压力，必将成为前景广阔的新兴产业。

一批批接地气的"林教授""竹专家""油博士"扎根山林，一个个"林业村""竹子乡""油茶镇"随之崛起，百姓餐桌上绿色健康的森林美食也越来越丰富。

"良种相当于林业发展的'芯片'。一个油茶良种的选育，没有15年的时间，是拿不下来的。"11月30日，亚林所木本油料育种与培育研究组研究员任华东在接受记者采访时说，研究团队在首席专家姚小华、王开良的带领下，成功选育了18个油茶良种，"每当看到我们选育的油茶良种改变了国家油茶产业面貌，让老百姓增收致富，再漫长的寂寞坚守都不值一提。"

亚林所所长吴红军表示，大食物观的提出，为森林"粮库"高质量发展提供了难得的机遇。亚林所将持续加强木本粮油产业的科技创新，持续努力把科研成果写在大地，种在山间，造福百姓。

作为林草科研国家队的一支尖兵，亚林所用科技创新的力量向森林要食物，把论文写在山林间，既体现了可贵的实干精神与使命担当，也让大食物观伴随着森林食物进入寻常百姓家而落地生根。

（本文刊登于2023年12月12日《中国绿色时报》，作者刘慎元、宋平、田晓堃、杨莹莹）

借科技之力催动山村巨变
——记中国林科院亚热带林业研究所科技特派员服务浙江 20 年

从"实践探索"到"普遍共识",从"全面小康"到"共同富裕",从"守住绿水青山"到"铸造金山银山"……科技特派员制度在浙江推行 20 年来,已成为农业科技工作的一张"金名片"。20 年间,一位位科技特派员应地方产业发展之需,深入田间地头,借助科技之力,与乡亲们一道奋力描绘乡村振兴的新画卷,切实催动了山村巨变。

中国林科院亚热带林业研究所(亚林所)作为亚热带地区的林业"国家队",自 2003 年开展科技特派员制度以来,累计派出科技特派员 130 余人次,其中个人科技特派员 117 人次、法人科技特派员 1 家、团队科技特派员 3 个;共推广新品种新技术 400 多项次,技术培训 600 多场次,培训人员 2 万余人次,指导建设科技特派员示范基地 40 余个,提出经济林、竹子和林下经济等产业发展建议 20 多项。

多年来,亚林所科技特派员始终把为林农增收致富作为检验技术的"金标准",先后 10 次获"浙江省科技特派员工作先进单位"称号,"毛竹产业开发"团队科技特派员获"浙江省优秀团队科技特派员"称号,18 人次获"浙江省科技特派员工作先进个人"称号,2 人被评为"浙江省农业先进工作者",1 人被评为"国家林草局咨询专家",2 人被评为"最美林草科技推广员",4 人被评为"浙江省林业技术推广先进个人",所里研发的技术成果 80% 以上应用于浙江,且服务区域覆盖全省 80% 以上县区,为浙江共富之路谱写出波澜壮阔的时代新篇。

油茶"科技之花"绽放乡村田野

油茶育种和栽培是亚林所的优势研究方向。该团队姚小华、王开良、叶淑媛等人先后赴文成县、缙云县、桐庐县等多地开展科技特派与技术帮扶工作,针对油茶产量和附加值低等问题,他们主要在优新品种引种、低产林改造、'一亩山万元钱'复合经营模式、茶油产品精深加工、林业废弃物利用等方面送技术下乡,累计新品种试验示范面积营建超 10 万亩。其中,复合经营技术推广示范面积超 1 万亩,低产林改造面积超 5 万亩,举办线上线下各类培训班 100 多期,培训林农 1 万多人次,支撑和改造油茶生产加工线 5 条。缙云县油茶林总面积从 2010 年的 6.1 万亩增加到 2023 年的 10.27 万亩,茶油产量从平均每亩 5 公斤增加到每亩 18 公斤,经济效益从每亩 500 元增加到每亩1800元。当地年产油茶籽近4000吨、茶油近1000吨，年产值达1亿元，累计为缙云县农民增收10多亿元。

"叶淑媛老师的科技帮扶，在三溪乡油茶产业发展中起到了至关重要的作用，我们非常感激她。"缙云县三溪乡副乡长胡祝杰说。

如今，这些技术已经辐射推广到广西、贵州和重庆等地的油茶产业中。

叶淑媛（右）指导林农进行油茶树修剪

小柿子成就大"柿"业

柿子是浙江省台州市天台县雷峰乡的重要产业之一。2011年，亚林所"甜柿爸爸"龚榜初研究员被派驻到天台雷峰乡担任科技特派员。经过调研他发现，当地柿产业由于技术缺乏、管理粗放、林农思想观念陈旧，导致优质果率产量较低，柿子的经济效益没有得到显现。随后，龚榜初在引入新品种的基础上，推广高效栽培技术，使雷峰乡柿子产量从2010年的40万公斤增加到2011年的60多万公斤。

龚榜初指导甜柿高效栽培技术

"酒香也怕巷子深"，为提高天台红朱柿的知名度，在龚榜初的提议下，天台县人民政府和亚林所等单位共同主办了"首届天台红朱柿文化节"及优质果与柿树王等评比活动，起到了很好的传播效果。红朱柿的平均价格从每公斤1.6元提高到每公斤3.6元，不仅产量翻番，效益还实现了倍增，柿产值达230多万元，比2010年净增产值160多万元。同时，他引入绿色加工技术，解决了残次柿果的综合利用，每亩额外增收700多元，提升了农民发展柿业的积极性。

锥栗让农民鼓起"钱袋子"

"我承包的110多亩锥栗山，以前不知道怎么管理，产量很低，病虫害也很严重，江博士来了以后，对锥栗种植采取有效措施，换品种、降密度等，还教我怎么修剪、施肥和防治病虫害，并在林下套种了多花黄精，几年下来，我的锥栗山起死回生，现在1亩能收100多公斤锥栗，还有黄精收入，现在靠着这片锥栗山，每年能挣15万元以上，还买了房子车子。"丽水市庆元县荷地镇高住村吴远生高兴地说。

"锥栗是荷地镇林业主导和特色产业，目前在管面积4300余亩，居庆元县首位，但低产低效问题突出。"作为这一领域的专家，亚林所副研究员江锡兵表示，2017年他被派驻到荷地镇解决锥栗产业问题。"通过应用亚林所选育的'早香栗'、'YLZ 2号'等早熟、优质高产良种，以及配套的轻简高效栽培技术，对荷地镇锥栗低产低效林进行了综合改造，建立示范推广林3000余亩，使锥栗产量从改造前的亩产不足50公斤提升到亩产75~100公斤，单产增加50%~100%。改造后的锥栗品质也得到了显著提升，得到省内外收购商、加工企业的认可，鲜果统货收购价从每公斤12~14元提高到每公斤24~32元，每亩锥栗收益2000~3000元。2022年，荷地镇党委书记徐和青更是通过现场直播带货，使锥栗加工产品销售价增至每公斤120~180元，实现经济收益成倍增长。"

此外，江锡兵带来的锥栗林下复合经营林—药、林—菌技术再次充实了林农的"钱袋子"。仅种植黑皮鸡枞一项，净增收3000元。算上锥栗收益，每亩锥栗林可增收5000~6000元。

在江锡兵的科技帮扶下，锥栗逐渐成为荷地镇农林产业的"金招牌"，得到了庆元县委、政府和科技局等领导的高度肯定。

在江锡兵的指导下，荷地镇的锥栗产量大幅提升

从"望竹兴叹"到重现生机

浙江省有着丰富的竹资源，但受多种因素影响，竹产业市场低迷。面对一片片竹海，如何将"绿水青山"转化为"金山银山"，成为竹农心头沉甸甸的一块石头。

亚林所先后派出竹专家杨清平、李正才、郭子武等人，扎根在江山市、文成县、庆元县、台州市等地，为竹林的增产增效找出路。"一竹三笋"技术的引入，解决了当地竹农"望竹兴叹"的难题，冬笋、春笋和鞭笋产量平均每亩超过130公斤，年竹笋产值每亩2500元，较原来提高8倍，示范推广1万余亩。同时，毛竹林下复合经营多花黄精、竹荪等林下经济也是特派员主要推广的技术之一，在郭子武提供科技支撑的保安乡，林下经济产值超过7000万元，是2016年前的10倍，已成为保安乡重点扶持发展的农林产业，成为浙江省"一亩山万元钱"的典型模式，为竹林第一产业的转型发展蹚出一条新路。

一位特派员就是一个生动的故事，一位特派员就是一曲乡村帮扶的赞歌。过去20年，广大科技特派员秉承初心，下沉基层，传播先进技术，为富民产业作出了重要贡献。新时代，亚林所将继续为山区林农增收致富"把脉开方"，鼓励更多专家把实用、新型的技术送到农民家、把论文写在森林间，推动林业产业出彩出新，为浙江"两个先行"、"重要窗口"贡献智慧和力量！

（本文刊登于2023年8月30日《中国绿色时报》，作者刘青华研究员）

四代油茶人 70 年接力攻关

作为我国四大油料作物之一，油茶是农民增收、保障粮油安全、助力乡村振兴的"重要法宝"。自 20 世纪 50 年代起，经过四代科技工作者的艰苦努力，我国油茶主栽良种衍生出数百个品种。而首个染色体级别的高质量二倍体油茶基因组测序工作的完成，标志着油茶育种将全面进入功能基因组大数据时代。

中国林科院亚林所在油茶研究方面具有悠久的历史和扎实的基础，并有充足的团队协作经验。从 20 世纪 50 年代起，亚林所就开始了油茶种质资源收集、筛选评价和良种选育方面工作。"六五"、"七五"期间，亚林所油茶专家庄瑞林连续主持了国家科技攻关项目"油茶、油桐、核桃、板栗良种选育的研究""油茶良种选育研究"等，并以此为基础，由亚林所牵头成立了全国油茶协作组，组织开展全国协同攻关，开展油茶二代育种，拉开了油茶良种专业培育的序幕。

"十一五"期间，亚林所油茶首席专家、研究员姚小华承担国家科技支撑油茶专项"油茶产业升级关键技术研究与示范"项目，再次成功地组织了全国油茶研究协作网，开展了长达 20 多年的全国大合作。2019 年，姚小华主持了国家重点研发项目"特色经济林生态经济型品种筛选及栽培技术"，开展油茶生态经济型品种筛选。2020 年，亚林所研究员王开良主持国家重点研发课题"油茶和板栗优质轻简高效栽培技术集成与示范"。依托项目和平台，亚林所油茶团队联合全国油茶研究单位又开展了新一轮的油茶科研协作工作。2019 年，亚林所油茶科技创新团队被国家林业和草原局评为"林业和草原科技创新团队"。

自 2017 年起，亚林所聚焦油茶油脂合成与调控机制，开展需求导向的科技攻关，集聚所内外创新资源，加强"学科—任务"整合，实现各方科研力量的有机融合和高效协同。亚林所根据项目研究需求进行人才布局，联合所内油茶团队和山茶团队组建了跨学科、平均年龄为 35 周岁的青年科学家团队，集中力量攻克难题。在项目执行过程中，亚林所先后组织所内外同行专家召开了 5 次专项讨论会，就基因组测序选材、实验方案设计等重要内容进行多轮讨论、建议和把关。在这种开放、集成的新型科研组织模式下，团队成员深耕 4 个春秋，经过上百次的讨论、磨合，完成了油茶基因组测序及油脂驯化机制的研究。

经过四代油茶人近 70 年的接力攻关，目前，亚林所建成了全国最大最全的油茶种质资源库，保存油茶及山茶属油用种质 2000 多份，有资源圃 1100 多亩；育成了长林系列、亚林系列、亚林 ZJ 系列等国家及省级审（认）定良种 28 个，油茶产量比实生林提高了 7~10 倍；研制的主推良种在

14个省（区、市）规模发展；研发了油茶芽苗砧嫁接技术，至今仍是油茶苗木繁育的主要技术；在 Genome Biology（《基因组生物学》）等期刊发表论文 200 多篇；出版《中国油茶》等专著 7 本；授权发明专利 19 项；获得省部级及以上奖励 11 项，其中"油茶高产品种选育与丰产栽培技术及推广"于 2008 年获得国家科技进步奖二等奖；建立省部级以上科技平台 4 个。

中国科学院钱前院士评价说，油茶基因组测序工作也是科技创新协作攻关的生动案例。目前，团队成员正与国内外多个研究团队合作，旨在以二倍体油茶基因组为基础，对更多原产于我国的具有重要经济性状的多倍性油茶开展基因组方面的研究，如小果油茶、普通油茶等，通过更广泛和更全面的比较基因组分析，对油茶共性或特性生物学问题进行探索性研究，重点研究方向包括油脂产量与品质、功能性成分和抗性形成等性状的调控机制等。为提高油茶良种分子进程，保障油茶产业快速健康发展提供有力科技支撑。

（本文刊登于 2022 年 1 月 14 日《中国绿色时报》，作者林萍副研究员）

为建设美丽中国增绿添彩（节选）

——习近平总书记在参加首都义务植树活动时的重要讲话激励广大干部群众积极行动绿化祖国

……

在重庆市涪陵区的一处薄壳山核桃果材两用丰产示范基地，一棵棵薄壳山核桃树迎风挺立。这几天，中国林科院亚林所木本油料育种与培育团队副研究员常君经常一大早就来查看苗木长势。

"如果顺利，再过半年多就能见到成熟的杂交子代果实了。"常君对下一步发展充满信心，他和团队研究的薄壳山核桃树种既能产出经济价值高的优质坚果和高档食用油，还能用于园林绿化和高档木材供给，并助力碳达峰碳中和，实现生态效益、经济效益、社会效益相统一……

重庆市涪陵区薄壳山核桃基地夏季修剪现场指导

重庆市涪陵区薄壳山核桃基地结果状

（新华社北京 2024 年 4 月 3 日电，作者系新华社记者）

让更多绿色拥抱春天（节选）
——写在我国第 46 个植树节到来之际

……

近年来，森林作为水库、钱库、粮库、碳库的重要性愈发深入人心。这个春天，不仅属于忙碌种树的人们，也同样属于耕耘梦想、播种希望的森林经营者、林业科学研究者们。

清晨，浙江杭州市淳安县千岛湖林场的珍珠半岛基地上，一棵棵高大的马尾松、栎树、苦槠树下，大球盖菇、羊肚菌生机勃勃地生长着。有的松树桩下隐藏着壮硕饱满的"金疙瘩"茯苓。

淳安珍珠半岛的林农在采收林下栽培的大球盖菇

松木枯立木林下栽培的茯苓

这是中国林科院亚林所研究员张金萍团队多年来精心探索的用森林抚育枝叶、灌木、疫木等林下废弃物养殖的"宝贝"。"由于生长环境好，市场很欢迎。"张金萍说，我们要继续加强研究，不断挖掘培育更高质量的森林食物，用科技力量帮助林农增收致富，努力推动森林产业成为更有价值的绿色大产业。……

（新华社北京 2024 年 3 月 12 日电，作者系新华社记者胡璐、王瑞平）

打开森林粮库,让中国饭碗更丰富

——中国林科院科技助力森林食物产业发展

冬日清晨,浙江杭州庙山坞林区的一片试验竹林。温暖的阳光在林地里投射下片片斑驳竹影。仔细看,一堆堆小土包上,黑褐色的小蘑菇零零散散地露出了头。

"我们正在探索用竹林废弃物种植大球盖菇,在以环保方式处理林业废弃物的同时,促进森林食物产业发展。"中国林业科学研究院亚热带林业研究所试验林场场长陆人方告诉记者,那些不起眼的小土包,正是用竹屑、落叶等按照配比研发出来的"生态营养包"。由于生长环境好,种植的大球盖菇口感好、营养价值高,这几年市场价格一路上涨。

森林食物,是在森林生态环境下生长的各类可食用林产品,代表着绿色和健康。随着人们生活水平的提高,对食物绿色、营养和多样性的需求明显增长,森林食物产业也迎来更大发展契机。

竹林下大球盖菇仿野生栽培

我国有34亿多亩森林、8000多种木本植物,蕴藏着丰富的食物资源。党的十八大以来,通过重点林业生态工程和经济林生产基地建设,森林食物生产能力不断提高。作为林业科技的"国家队",中国林科院积极开展多功能、高品质、广适应良种培育,不断优化栽培技术,努力向广袤的森林寻求更多更好的绿色食物。

这几年,在西南地区,"甜柿爸爸"龚榜初的名字越来越响亮。"柿子在灾荒年代就是粮食资源的重要补充,如今生活条件好了,人们喜欢口感好、自然脱涩的甜柿。"中国林科院亚林所研究员龚榜初说。

但甜柿好吃树难栽,甜柿对嫁接繁殖时承受接穗的植株即砧木要求很高,嫁接不易成活。为破解这一技术难题,龚榜初团队历经20多年的钻研,选育出'亚林柿砧6号'等4个甜柿广亲和性砧木。针对生产中甜柿品种单一、采摘期短的局限,团队选育出'太秋'、'富有'等不同熟期的优良鲜食品种,实现了在云南等南方地区长达4个月以上的采摘周期。

"我们还研究了一系列高效栽培方法,在浙江、广西、江西等地建立甜柿示范基地5000余亩,推广面积5万余亩。甜柿生产已成为不少地区推动乡村振兴、实现共同富裕的重要途径。"龚榜初说。

记者了解到,近年来不仅是甜柿、油茶等大众熟知的木本粮油产品得到较快发展,一些较少受到关注的森林元素,在林业科技的支撑下也逐渐发挥越来越重要的作用。

甜柿优良品种

你能想象一枚山苍子的多种功效吗?在中国林科院亚林所研究员汪阳东团队的长期研究下,它的果、花、叶都得到充分利用。果实被用于在汤里提鲜去腥,远近闻名的贵州酸汤鱼少不了这种调味品。由于山苍子具有良好的抑菌作用,科研人员从其果实里提取出精油,加入动物饲料里以提高动物的免疫力。

团队科研人员高暝透露,用植物成分的精油代替抗生素药物,从源头端助力食品安全,这一成果一经推出就受到市场欢迎。"从这个过程中,我们感受到森林食物产业的发展潜力,投入研究的动力更足了。"

虽然森林食物营养丰富、消费潜力强劲,但由于生产周期较长、起步相对较晚、产业规划和配套不足等因素,一些产业发展不可避免地遇到困难。

薄壳山核桃引入我国已有百余年历史,曾因品种配置不当等令大规模种植推广遭遇挫折。从20世纪末开始,中国林科院系统开展树种研究,实现了无人机授粉、富根容器嫁接苗规模化扩繁等关键技术的突破,还研发了机械化采摘,逐步在主产区推广应用。

山苍子

"虽然产业发展进入快车道,但大面积推广仍然不易。"中国林科院亚林所木本油料育种与培育团队副研究员常君说,这一树种既能产出优质干果,籽油的营养价值也很高,还能用于园林绿化和高档木材供给,经济效益很好。未来团队将聚焦产业发展需求,在国产化良种培育、山地机械化采摘及虫害绿色防控技术突破等方面发力,推动产业发展助力乡村振兴。

中国林科院副院长陈幸良说,前不久召开的中央经济工作会议再次提到树立大农业观、大食物观,这为森林食物高质量发展提供了难得机遇。中国林科院将持续加强木本粮油等森林产业的科技创新,不断攻克产业瓶颈、提升技术水平,把科学践行大食物观的论文写在山林间。

(新华社北京2023年12月15日电,作者系新华社记者胡璐)

三个国家级研究所见证农林业现代化之路（节选）

......

1964年，30多名南京林业科学研究所的专家、研究人员来到富春江边，彼时的富阳县红旗林场正式划归中国林科院，而依托林场而建的研究站，就是中国林科院亚热带林业研究所的前身。

亚林所科研处处长吴统贵介绍，经历50多年发展，亚林所科研范围从油茶、油桐、毛竹的育种和丰产栽培技术等，已扩展到林木育种、保育性苗圃、困难绿地修复、生态湿地保育等领域。

亚林所经济林研究首席专家姚小华是一名油茶研究领域专家，除了实验室的理论研究，几十年的亚林所工作经验，让他成了不少林农遇到困难时总会想到的"救火"专家。

多年前，一些海拔较高地区的山核桃种植户反映果树授粉条件差、果实小，姚小华团队结合实践，利用无人机装载水与花粉分撒，大大提高授粉率，还创新地将小核桃异砧嫁接碧根果，使得10年结果期缩短为3到4年。

团队在淳安开展无人机授粉生产应用

用薄壳山核桃花粉进行山核桃无人机授粉后果实膨大状况　　山核桃无性系苗培育（薄壳山核桃作砧木）

林业研究的成果少有轰动性，但那些看似微小抽象的研究成果背后，却实实在在改变了农户的生活、区域的生态、产业的兴衰。

在贵州、广西一些贫困县山地上，一种兼有苹果脆、香梨水、蜜瓜甜的甜柿，脱胎于亚林36号品种，一斤可以卖到30多元，亩均产值突破1万元；在杭州湾沿岸，原本寸草不生的整片滩涂上，如今种满了弗吉尼亚栎、水杉、木麻黄；在华南多地，农民房前屋后不起眼的竹子，通过速生丰产改良，成了纸浆厂的"香饽饽"。

……

（新华社北京2019年7月25日电，作者系新华社记者黄筱、方问禹、吴帅帅）

助推林草产业高质量发展

《国家林业和草原局关于促进林草产业高质量发展的指导意见》明确，到2025年，力争全国林业总产值在现有基础上提高50%以上，到2035年实现林草产业强国目标。

林草产业领域多样，诸如经济林、林下经济、竹产业、森林康养、森林中药材等。发展林草产业有利于建立健全我国生态产品价值实现机制，实现生态美和百姓富的有机统一，还可以扩大优质生态产品的有效供给，满足人民日益增长的美好生活需要。

但同时也需要看到，我国林草产业还存在许多短板，例如产品整体素质不高、产业结构不平衡不稳定、高端产品的市场认同程度不足等问题，还具有较大的发展空间。如何更好地发展林草产业，实现"绿水青山转变为金山银山"，笔者认为可以从以下几个方面着手。

首先，加强科技创新，提升林草产业全链条科技支撑水平。林草产业要着眼于高水平科技自立自强，通过选育高产高抗优良种质、突破丰产栽培和加工利用新技术，研发科技含量和附加值高的林草产品，积极发展木本粮油、林下经济等特色产业，实现生态效益、经济效益和社会效益有机统一，助力乡村振兴。

其次，深化科技服务，以人才赋能方式助力林草产业发展。"科技兴则人才兴、人才兴则产业兴"，通过深入实施科技特派员制度，将科技力量下沉到产业发展一线，以专家讲座、现场培训、结对指导等多种方式，培育乡土专家，为林草产业发展提供智力支撑，突破产业科技壁垒，拓宽产业深度。

最后，推动产学研相互合作，以高质量发展途径助力林草产业发展。充分利用高校及科研院所各类创新资源，系统搭建林草产业发展产学研一体化平台，加快突破关键核心技术，围绕地域区域特色，引入更多科技人才创新协同发展，以多方合力共推成果转化，持续在乡村振兴与共同富裕中提供发展动能。

（本文刊登于2024年1月13日《经济日报》，作者吴红军系中国林业科学研究院亚热带林业研究所党委书记、所长）

深入推进使命导向管理改革

党的十八大以来，以习近平同志为核心的党中央把科技创新摆在国家发展全局的核心位置，强调要强化国家战略科技力量、提升国家创新体系整体效能。国家战略科技力量是能够体现国家意志、服务国家需求、代表国家水平的科研队伍。开展使命导向管理改革，是强化国家战略科技力量的必然要求。中国林业科学研究院亚热带林业研究所按照学习贯彻习近平新时代中国特色社会主义思想主题教育和大兴调查研究的要求，积极开展政策分析，并赴广东、广西、云南、上海等省区市相关科研院所开展实地调研。根据调研情况，我们将重点在以下几个方面聚力突破，努力探索形成可复制、可推广的试点经验，为深入推进使命导向管理改革提供借鉴路径，打造强化国家战略科技力量的标杆院所。

探索建立适应使命导向的现代院所法人治理结构。制定覆盖单位主责主业、机构建设、运行管理基本模式等主要内容的《中国林科院亚热带林业研究所章程》，并以章程为基本大纲，指导单位运行和改革发展。制定科学的决策责任制度，制定完善的管理制度，建立健全体系化内控机制。

明确战略任务和主攻方向。坚持战略性需求导向，确定科技创新方向和重点，着力解决制约国家林草事业发展和生态文明建设的重大难题，明确科技创新主责主业。明确战略任务，提出使命导向清单。以战略任务为引导，提出科技创新的主攻方向、重大任务。围绕创新方向，提出试点期标志性成果。

优化资源布局，提升科研组织化水平。一是优化学科方向与内设机构。围绕科技创新主攻方向，优化经济林、森林资源和生态保护修复学科的具体研究方向；以提高科技创新效率为核心，优化内设机构，组建高水平的支撑体系和管理体系。二是聚焦主攻方向强化人才培养。聚焦科技创新主攻方向，分学科、分层次精准选拔一批学术思维活跃、创新意愿强、学科专业互补的中青年科研骨干，定制培养方案；强化青年科学家项目申报，加快青年人才培养。三是优化科研资源布局。进一步完善各类平台运行机制，更好服务主攻方向。四是构建协同攻关组织新形式。充分发挥单位的统筹力、组织力，围绕优势树种，以重大项目为载体，以重点培养人才为骨干，从育种、培育到加工组建协同创新团队；围绕优势学科团队，以学科群为载体，聚焦智慧育种、碳汇功能提升等重大学科问题开展协同攻关。

完善评价、激励和保障措施。在评价机制方面，一是优化单位内部考核评价方式。以"能力、质量、贡献"为导向，建立定性"同行评议"与定量"科学计量分析"相结合、符合林业科研规律的分类科研评价指标体系和评价程序。二是构建科学的创新团队评价机制。围绕使命任务，制定注重实绩贡献的科研团队评价办法，探索实行团队负责人负责制，实现个人与团队的协同发展。对承担国家重大科技任务的科研人员，在专业技术职称评审和岗位聘用中给予倾斜。三是探索建立全面覆盖、结果导向、责任清晰的内部绩效管理评价体系。

  在激励举措方面，一是强化使命和贡献激励。以薪酬绩效改革为契机，建立基于使命任务、分类考核评价和聘期考评相结合的绩效工资分配机制。二是建立高层次人才薪酬政策。对于承担国家重大科技任务的科研骨干，探索试行项目工资制或协议工资制；按国家规定执行高层次人才绩效工资总量单列政策，加大研究所本级对从事基础研究科研人员的绩效工资保障力度。

  此外，在人才招聘、内设机构调整、职称评聘等方面积极开展充分放权、放管结合、监督联动、内控外察相结合的试点工作探索。

  （本文刊登于 2023 年 12 月 19 日《科技日报》，作者吴红军系中国林业科学研究院亚热带林业研究所党委书记、所长）

向森林要食物,保障国家粮油安全

粮食安全是"国之大者"。党的二十大报告指出,要"树立大食物观"、"构建多元化食物供给体系"。

林业是生态文明建设的主体。广袤的森林在为人类提供丰富生态产品的同时,更为人类的生存繁衍提供了多样的食物资源。木本粮油作物包括板栗、枣、核桃、油茶等500多种,具有不与农争地、不与人争粮的独特优势和发展潜力。加强木本粮油产业科技创新,支撑引领产业快速发展,对于保障国家粮油安全具有重要意义。

作为林业科技工作者,应该积极践行向森林要食物的大食物观,通过持续加强科技创新,研发新产品、新技术,不断夯实粮食安全基础,向人民群众不断提供种类更丰富、营养和健康价值更高的木本粮油产品,满足人民群众日益增长的对更高品质生活的需要。为此,应该做好以下三个方面的工作。

一是要加强科学规划和宏观布局。我国不同区域间的气候类型、立地环境多样,木本粮油树种的分布也有较大差异。从确保产业持续健康发展的角度出发,应该加强对产业发展的宏观规划,为各地产业发展提供科学依据。要确定重点培育或潜在树种发展区域,科学评价主要树种发展潜力、优势,确定发展总量与区域布局。对于重要树种,应根据区域发展基础和各省产业发展优势,进行产业科学区划,划分产品商业化优势区、资源重点培育区、潜在产业发展区,实现优势互补,协调发展。同时,对于特色资源类木本粮油树种,要注重平衡生产与市场需求,分区域提倡适度发展,有效保障山区林农经济效益和产业健康发展的持续动力。

二是着力加强关键技术环节科技攻关。通过整合国家科技力量,发挥综合性科技创新平台的人才和成果聚集效应,贯通产学研用全链条,准确聚焦产业发展关键技术问题,利用数字育种等新技术,重点研究创制具有高产、高抗、宜机等特性的战略性新品种;着力攻克高效精准育种、高效授粉和土壤微环境修复等关键技术;总结提出轻简、适机、精准的栽培模式;开发高端功能性产品,创新研发高附加值产品。要加强技术装备研发与应用,研发栽培水肥一体化、无人植保、智能运输、高效采收和清洁烘干等省力化、轻简化技术和智能装备,构建"天地人机"一体化的智慧生产和运行体系。

三是延长木本粮油产业链,提高产业总产值。植物资源的利用是多样化的,以木本粮油树种为例,除可直接利用的果实、种子外,其树根、树叶、树皮、花、茎干等还具有食用、药用、化妆品用、工业原料用等多种经济利用价值,如果利用得当,这些附加功能的价值甚至会超过直接价值。因此,要开展木本粮油树种全树利用研究,重点加强功能性代谢产物和副产物的基础研究。在此基础上,通过与食品、医药等领域开展科技合作,开展功能性产品的技术研发,提升木本粮油产业的综合价值,延长产业链条,全面提升产品数量和质量,促进循环经济和低碳经济发展。

(本文刊登于 2022 年 11 月 4 日《科技日报》,作者江阳东系中国林业科学研究院亚热带林业研究所所长、研究员)

探索藏粮于林，践行大食物观

民以食为天，粮食安全是"国之大者"。2023年中央一号文件首次将"树立大食物观"纳入"抓紧抓好粮食和重要农产品稳产保供"章节，强调要加快构建粮经饲统筹、农林牧渔结合、植物动物微生物并举的多元化食物供给体系。

森林是陆地生态系统的主体，蕴含着丰富多样的食物品种。树立大食物观，利用好森林蕴含的食物资源，对于保障国家粮食安全，培育好、保护好、利用好森林资源具有重要意义。根据第九次全国森林资源清查结果，我国现有林地42.6亿亩，森林33亿亩。目前，已知被利用的森林食物达500多种。其中，板栗、柿、枣等大宗木本粮食栽培面积已达4050万亩，总产量达170万吨。核桃、油茶等木本油料种植面积达2.46亿亩左右，年产食用油约104万吨。这些树种为人类生存繁衍提供了淀粉、油脂、蛋白等必要的物质资源。

森林是一座天然粮库，"向森林要食物"潜力巨大。我国森林中仅木本植物就有8000多种，而作为食品被我们所开发利用的只是极少部分，许多"养在深闺"的资源尚待发掘利用。同时，广袤的森林为发展林下种植、养殖产业提供了优质生态空间。据统计，我国林下经济经营和利用林地面积已达6亿亩，林下经济总产值达9563亿元。据预测，到2030年，我国将实现林下经济总产值1.3万亿元。林下食用菌、林下畜禽等产品具有广阔的市场空间，通过产业化挖掘将会为森林食品产业提供更多资源。

森林还丰富了食品的多样性，对拓展生物资源开发利用意义重大。我国森林食物主要包括森林粮食、森林油料、森林香料等12大类，多样化的食品供给丰富了人们的饮食结构，也更好满足了人民日益增长的美好生活需要。例如，以油茶为代表的木本粮油因不饱和脂肪酸含量高，具有预防高血压、心血管系统疾病等功能；板栗等木本粮食富含蛋白质、维生素、膳食纤维素等多种营养物质；森林果蔬富含糖、维生素、矿物质、有机酸和果胶等物质，能满足人体消耗热能的需要……如今，多样化的森林食品使人们的饮食结构从吃饱向吃好、"吃精"转变。

挖掘森林"粮库"潜力，发展森林食品产业，不仅是做大"粮库"的需要，也是发挥森林"钱库"效益的需要。一方面，发展森林食品产业具有"不与农争地、不与人争粮"的优势，通过合理配置林木，发展林下经济作物，能够缓解耕地紧张矛盾，提高土地利用率；另一方面，森林资源还是山区、林区居民的重要经济来源，对助力乡村振兴、实现共同富裕具有重要的经济价值。

大食物观跳出了"粮油肉蛋奶"的传统范畴，将视角从田间地头向山林枝头延伸，赋予了森林"粮库"的重要意义。然而，目前我国在森林食品产业发展中，还面临种质资源储备与开发不足、种植采收机械化率低、产品深加工技术和产业链不健全等短板，制约了规模化、产业化发展。因此，要进一步强化科技资源投入，让科技创新成为践行大食物观、促进森林"粮库"高质量发展的关键因素。

要强化种质资源创制和研发，深入挖掘资源潜在价值。尽快开展基础资源野外调查，摸清底数，筛查优质高效品种品系，建立种质资源大数据库；通过种质资源数字化评价等新技术，开展多性状聚合杂交育种，精准定向选育高产、优质、多抗的品种，以实现种质研发的新突破。

要持续开展关键技术研发与技术应用推广。加强森林食品化学成分、生态特性等研究，分析其对人体健康的影响和价值；加强园艺化栽培关键技术的研发，因地制宜推广"良种＋良法"和水肥一体化栽培管理技术；研发高效采收和清洁烘干等省力、轻简的技术和智能装备，构建"天地人机"一体化智慧生产和运行体系。

要着力提升产业附加值，打造全链条协同发展体系。引导龙头企业广泛引进现代加工技术和设备，加快生物、环保、信息等技术的集成应用，促进林产品实现多次加工、多次增值；重点研发具有独特风味、高营养价值、高资源化利用的林源产品，拓展森林食品应用领域，如林源木本香料不仅可以用于食物，因其含有多种挥发油和香气成分，具有良好的抗氧化、抗炎、抗菌等功效，还可广泛用于医药、化工等领域；打通各产业壁垒，拓展森林食品产业链、价值链、供应链，通过全链条"吃干榨尽"式开发，增加产品附加值，提高全产业链的整体经济效益。

（本文刊登于 2023 年 5 月 11 日《光明日报》，作者汪阳东系中国林业科学研究院研究员、副院长，陈益存系中国林业科学研究院亚热带林业研究所研究员）

我科学家破译油茶遗传密码

从中国林业科学研究院亚热带林业研究所获悉，该所研究团队成功组装了全球首个高质量油茶基因组，揭示了油茶物种的进化历史。对油茶基因组的破译，实现了油茶从传统育种向基因组育种的跨越，为提高良种的选育效率、保障我国粮油安全奠定了重要基础。相关成果于1月10日在线发表在国际期刊《基因组生物学》上。

油茶是我国特有的、种植历史悠久的木本油料作物，至今已有2300多年的栽培和食用历史。其茶籽可通过压榨等方式加工为山茶油，具有很高的保健价值，近年来备受市场欢迎。因此，油茶已成为农民增收和助力乡村振兴的重要法宝。但油茶从开花到果实成熟需要整整1年时间，育种年限偏长，导致新品种选育缓慢，无法满足产业发展需求。

为破解油茶育种难题，研究团队克服油茶基因组相对复杂、重复序列占比大等困难，经过4年多的努力，通过三代测序技术，成功组装了全球首个染色体级别的高质量油茶基因组图谱，同时建立了遗传标记连锁图谱。这一研究结果，如同打开了油茶生命活动的"黑匣子"。

研究发现，油茶基因组共发生了两次全基因组复制事件。这一重大发现解开了油茶物种起源和演化机制的奥秘。研究表明，油茶在长期的栽培驯化中，区别于以叶用为目的的茶和以观赏为目的的山茶，在人工选择作用下，进化成以种子油脂为主要栽培目的的木本油料树种，使得油茶成为研究植物种子油脂性状驯化的绝佳材料。由此，研究团队进一步揭示了油茶的油脂性状驯化分子机制，并首次构建出油茶油脂性状的早期选择技术体系，有望有效缩短油茶育种周期，提高油茶育种效率。

中国科学院院士钱前评价，油茶基因组的破译，实现了油茶从传统育种向基因组育种的跨越，开启油茶精细育种时代，为分子设计高产抗性强的油茶新品种提供了基础。

（本文刊登于2022年1月13日《光明日报》，作者系光明日报记者杨舒）

利用科技手段，
让木本油料树变为脱贫致富林

木本油料树具有产量高、收益期长、不占耕地、抗灾力强、管理简便等特点。大力发展木本油料树，不仅可增产油脂，满足人民健康的更高需求，还有利于山区经济的发展，促进乡村振兴。因此，大力发展木本油料种植，"藏油于树"，建造"地上活油库"，是提高我国食用植物油自给率、增加高端优质食用油源、增加农民收入、建设美丽中国的重要举措之一。

油茶林

木本油料产业具有哪些独特优势？如何通过科技创新，大力发展木本油料产业？针对上述问题，本报记者专访了中国林业科学研究院亚热带林业研究所所长、研究员汪阳东。

记者：目前，我国木本油料树的种植情况怎样？

汪阳东： 我国现有木本油料树种200多种，其中50多种种仁含油量超过50%，油茶、核桃、油橄榄、文冠果等是我国主要的木本油料树种。

党的十八大以来，国家对发展木本油料产业高度重视，相继出台了一系列利好政策，木本油料种植面积迅速扩大。截至2021年底，全国木本油料树的种植面积已达2.46亿亩左右，其中核桃为1.2亿亩，油茶为6800万亩。根据规划目标，预计到2025年，木本油料树的种植面积达2.7

亿亩，产油量为250万吨，可替代22%的进口植物油。以每年人均食用油消费量28.4公斤计，可解决近8800万人的食用油问题。

记者：在保障木本油料全产业链健康发展方面，科技研发手段发挥了哪些作用？

汪阳东：在一系列国家和地方科技计划项目的支持下，广大科研工作者围绕木本油料产业共性关键技术问题开展科技攻关，基本形成了贯穿种质收集、良种选育、高效栽培、产品加工、副产物利用等全产业链的科技支撑体系。

研究成功破译了油茶、核桃等木本油料树种基因组，为木本油料从传统育种向基因组育种的跨越奠定基础。累计育成木本油料树种良种近500个，其中油茶主推品种121个，实现15个省（市、区）全域覆盖。由第一代优良单株选育良种到第二代杂交良种，油茶的平均亩产油从30~50公斤提高到50~70公斤，油橄榄则由当初平均亩产油不到30公斤提高到50公斤以上。

建立了比较完善的木本油料优质丰产栽培和低产林改造技术体系，进一步研发了以品种配置栽培为核心的高效轻简栽培技术，为新造林中良种产量和品质潜力发挥提供了基本保障。

研创油茶绿色高效制油技术，成本下降12%以上；实现核桃青皮、油橄榄、仁用杏中黄酮、苦苷、角鲨烯等活性提取物的高效利用，可广泛应用于化妆品和医药行业。

在加工方面，建立采后处理系列技术，构建定向制油和废弃物连续提取纯化技术，延长了产品链条。

在技术标准方面，建设油茶产业标准体系，形成良种选育、栽培技术、果实采收、原料处理、粗加工技术、油脂产品和副产品的多层标准格局，推动油茶技术升级。打造国家标准7项、行业标准26项、地方标准128项、团体标准51项，联合国粮油组织食品法典委员会将 camellia seed oil 列入特定植物油标准，推动了油茶籽油走向世界。

记者：如何让木本油料产业更好地维护国家粮油安全，助推精准扶贫？

汪阳东：2012年以来，随着一系列支持木本油料发展的利好政策相继出台，如《国务院办公厅关于加快木本油料产业发展的意见》，国家发展改革委、农业部、国家林业局联合印发的《全国大宗油料作物生产发展规划（2016—2020年）》等，木本油料产业发展在维护国家粮油安全、助推贫困地区精准扶贫、促进生态文明建设中的重要作用日益凸显。2016年，国家发展改革委、国家粮食局发布的《粮食行业"十三五"发展规划纲要》中提出，建立中国特色食用植物油产业体系，加快油茶、油核桃、油橄榄、油用牡丹、文冠果、椰木果等木本油料产业发展。2021年，国家林草局发布《全国油茶产业高质量发展规划（2021—2035年）》。湖南、江西、四川、贵州、陕西等省区也相继出台专门意见，支持油茶、核桃、油橄榄等木本油料产业发展。

以油茶为例，全国油茶面积由2008年的3000多万亩增加到现在的6800万亩，许多地方茶油亩产量由3~5公斤提高到20~30公斤，茶油产量由2008年的20万吨增长到现在的90万吨左右，占国产植物食用油生产总量的6%。全国油茶加工企业达到2990家，产值达到1529亿元，规模以上企业554家，加工能力在500吨以上的企业有178家，具有精炼能力的企业达到200多家。油茶产业逐步成为许多贫困山区的支柱产业，为近200万贫困人口提供了稳定的增收渠道。

油橄榄方面，截至2021年底，甘肃陇南油橄榄产业面积发展到50.6万亩，涉及28个乡镇，惠及4.5万农户、21万多人，生产初榨油6200吨，综合产值达24亿元。

记者：新形势下，木本粮油产业的发展迎来哪些新机遇？

汪阳东：根据《"十四五"林业和草原保护发展规划纲要》，到2025年茶油的产量将超过200万吨，其他木本油料超过50万吨。届时木本食用油占国内食用油的比例将达到17%左右。

新形势下，木本粮油的发展迎来了新机遇。从构建新发展格局、保障人民高品质健康生活、维护国家粮油安全的角度来看，发展木本油料产业立足国家发展全局，具有战略性和紧迫性。从政策上看，发展木本粮油需要加强土地要素保障，同时加大科技与金融政策的融合力度，构建创新资金要素保障体系。在科技攻关核心任务上，我们要持续开展高产优质良种选育、轻简高效栽培、绿色高值加工利用技术研发、产业装备研发以及低产林改造等。

为了打通绿水青山向金山银山转化的有效渠道，实现稳定脱贫与乡村振兴有机衔接，我们要大力发展木本油料产业，将生态优势转化为经济优势，使之成为乡村经济绿色发展的长效机制。

（本文刊登于2022年10月31日《光明日报》，作者系光明日报记者张蕾）

漫天杨絮年年来,只能任其飘扬?(节选)

……

随着我国经济水平的不断提高,人们对环境绿化、美化的要求和期望也越来越高,选择有益健康的生态景观树种尤为重要,这同样也是新农村建设的重要基础。我们需要科学评价不同绿化树种花粉、花絮的情况,择优选取过敏原含量低的绿化树种进行重点推广。

中国林业科学研究院亚热带林业研究所研究团队专门针对林木花粉、花絮过敏等问题开展系列研究,以国家林业行业公益类重大专项为依托,以杨树、悬铃木和柏木为材料,对杨树飞絮及花粉进行调查。通过比较不同杨树品种花枝分布、结实、种子产量、杨絮量及花粉量等,筛选出少絮、少花粉或无花粉杨树新种质;通过野外实地调查,收集到6个株系其开花量和结果量均明显低于普通植株。研究团队还筛选出杨树、悬铃木和柏木候选过敏原蛋白15个,分离杨树、悬铃木关键开花基因10个,利用转基因方法获得了两个不育转基因杨树,这两个转基因不育杨树自2007年田间种植后一直没有开花,顶芽花芽受到严重抑制。

虽然初步筛选和培育出一批低致敏新品种,但由于林木育种周期相对较长,还需进一步观察和比较。所以目前花絮和花粉引发的过敏还需依赖于化学物质抑制林木开花,同时提高个人防护。

针对绿化树种开花产生的花粉、花絮,各地目前主要采用喷洒或注射药物抑制花芽形成,如郑州采用注射一种花芽抑制剂,抑制花芽分化过程,可使花絮球败育,促进花和幼果萎缩脱落,减少或者杜绝结球,以达到减少飘絮的目的。杭州自2019年起开展飞絮抑制试验,对主城区的580棵梧桐树,注射对植物花果有催熟脱落作用的化学药剂乙烯利、赤霉素等,结果显示试验路段悬铃木所结球果减少90%以上,甚至有全株无果的情况。

……

(本文刊登于2023年4月24日《中国青年报》,作者卓仁英系中国林业科学研究院亚热带林业研究所研究员,杨莹莹系该所工程师)

新配方就地转化：
经济林剩余物"变废为宝"

近日，安徽万秀园生态农业集团有限公司董事长詹长生在苗圃里种下了新油茶苗。他告诉《中国科学报》："我们由常规基质培育油茶苗改为林业废弃物研发的基质新配方后，油茶苗长得更快更壮了。油茶果壳等剩余物研制的育苗基质不仅可以替代泥炭基质，而且生根效果特别好。"

"基质新配方"是中国林业科学研究院亚热带林业研究所（以下简称亚林所）木本油料育种与培育团队研发的技术成果。这项技术对油茶果壳等经济林剩余物进行高温有氧发酵、脱毒和灭菌等系列处理，并复配成适合幼苗生长的基质。

这一成果通过林业废弃资源再利用，进一步实现了经济林产品的"吃干榨尽"，解决了企业大量林农剩余物无法处理的技术难题，同时提高了经济林综合效益，实现资源循环利用，有效降低碳排放量。

经济林剩余物何去何从

据统计，我国经济林种植面积约6亿多亩，每年在采集、加工过程中会产生大量剩余物，如果壳、果渣等，仅油茶、核桃、板栗果壳年产量就有2930万吨。

该团队负责人、亚林所研究员姚小华告诉《中国科学报》，因处理技术欠缺，这些剩余物大多被随意丢弃在山谷、河滩、公路边，雨水冲刷后流入水域，严重污染水体；或作为燃料燃烧，成为污染源，造成大量生物质资源的浪费和生态破坏，严重制约经济林产业的可持续健康发展。

作为林业科研"国家队"，如何将经济林剩余物资源化和无害化处理，实现资源循环利用，促进产业健康发展，维护国家粮油安全，成为摆在亚林所木本油料研究团队案头迫切想解决的难题。

从2012年开始，该团队开启了经济林剩余物再利用的科技攻关。

十年攻关 变废为宝

"其实，这些剩余物富含纤维素、半纤维素、木质素和矿物质元素，与食用菌基料和泥炭形成的原材料成分相近，是食用菌和植物栽培基质的良好原料。"亚林所副研究员张金萍说。

经过十年攻关，张金萍带领的研究小组探明了果壳废弃物的主要化学成分及其含量，并重点围绕油茶果壳、山核桃果壳、板栗果壳等剩余物脱毒处理栽培食用菌和高温有氧发酵、基质化栽培花卉苗木等，开展了系统研究与示范。

该团队最终攻克了油茶、核桃、山核桃、板栗果壳等经济林剩余物基质化核心生产关键技术，以及将生产基质在花卉、苗木、食用菌、蔬菜栽培中应用的关键技术；构建了就地、就近、短期处理果壳废弃物的低成本、低污染、低能耗和安全稳定的果壳废弃物生产食用菌和花卉苗木基质工艺，为经济林产业提质增效和健康可持续发展提供了技术支撑。

新基质打通经济林产业"最后一公里"

"瞄准现实问题，实现精准对接。"张金萍说，"用实用技术解决企业生产中的现实问题，是我们做科研的最终目的。"

为解决企业困境以及成果示范推广的需求，张金萍多次深入一线企业和林场，指导企业利用果壳、林木修剪枝条等废弃物进行高温有氧发酵，并用发酵产品完全替代草炭培育油茶苗、薄壳山核桃种苗、铁皮石斛以及多种花卉和蔬菜；用果壳废弃物栽培香菇、大球盖菇和秀珍菇等食用菌。

经济林经营剩余物规模化栽培大球盖菇

其中，发酵产品100%替代泥炭培育的油茶苗成活率达99%~100%，比常规基质提高了5%~10%，油茶苗地径和高度比常规基质分别提高了36.6%和46.7%，生长周期则缩短了3~6个月。

姚小华说，这项基质化生产技术成果填补了经济林产业链的重要环节。我国经济林在经营和加工过程中，每年产生废弃物约7000万吨。将经济林剩余物基质化，并用于育苗和栽培食药用菌，可以充分利用废弃资源，降低基质成本25%以上，减少碳排放约2800万吨。

目前该技术受到企业的广泛欢迎和认可，已在安徽、浙江、江西等地10余个企业和林场推广应用，建立果壳废弃物脱毒处理和栽培食用菌生产线3条、果壳废弃物高温有氧发酵和基质复配生产线4条，累计处理果壳废弃物1万余吨，基质替代杂木栽培食用菌1095万棒、5万瓶，林下示范50余亩；生产花卉苗木栽培基质2万立方米，基质100%替代泥炭培育花卉、苗木、蔬菜30余种。

该技术对打通经济林产业可持续发展的"最后一公里"、实现经济林全产业链发展具有重要意义。

张金萍说，未来该技术将用于经济林地复合经营，实现油茶等经济林基质就地利用，提高经营效益。"下一步，我们将通过生物转化途径，开展经济林剩余物经济林下种菇或就地、就近高温有氧发酵，实现菌渣或发酵产品就地还林，解决经济林剩余物利用、提高土壤有机质和固碳增汇等瓶颈问题；研发基于经济林剩余物的经济林专用育苗基质和专用有机肥，将高质精准产品推向市场。"

（本文刊登于 2022 年 6 月 13 日《中国科学报》，作者系中国科学报记者李晨）

科技为林长制改革添砖加瓦

"谢老师，现在光靠种竹子很难挣钱了，林下空间那么大，有没有好的套种项目？"在安徽省安庆市岳西县菖蒲镇"竹林下食用菌生态栽培和太秋甜柿优质高效栽培"培训现场，当地林农对专家实地"把脉问诊"充满期待。

近日，中国林业科学研究院亚热带林业研究所（以下简称亚林所）专家走进菖蒲镇的"竹林下适生食用菌高效培育基地"和"甜柿种植基地"，以林间为课堂，耐心细致地就林农提出的问题一一解答，并不时示范操作，让林农看得懂、学得会、用得上。

此次活动也是亚林所为安庆市林长制改革提供全方位科技支撑的一个侧影。

支撑林长制改革，为群众办实事

林长制是指按照"分级负责"原则，构建省市县乡村五级林长制体系，各级林长负责督促指导本责任区内森林资源保护发展工作，协调解决森林资源保护发展重大问题，依法查处各类破坏森林资源的违法犯罪行为。今年年初，中共中央办公厅、国务院办公厅印发了《关于全面推行林长制的意见》，发出通知要求各地区各部门结合实际认真贯彻落实。

"要想林常治，先增林长智。要全面提升'长'的治林水平，就必须充分发挥科技创新这个第一生产力的驱动作用，首先要提升的就是人（即林长）这一最活跃要素的科学管理和决策水平。"亚林所副所长吴统贵告诉《中国科学报》，开展培训是提高林长素养的一种最直接手段。

同时，以林长制改革推进活绿用绿，将绿色生态资源转化为实实在在的经济效益，让林长制改革红利惠及广大林农群众。盘活绿色资源，实现绿水青山向金山银山转化，不断满足人民群众对优美生态环境、优良生态产品、优质生态服务的需求。

安庆市是全国最先推行林长制改革的地方，早在2019年11月，亚林所就与安庆市委市政府签署了林业产学研战略合作协议，迈出了"林长制改革+创新驱动"的第一步，为林长制改革提供全方位科技服务，系统搭建了以"一院一站一联盟"为核心的支撑体系及工作机制。

得益于前期合作的良好基础，今年3月，安庆市人民政府与中国林科院在京签署全面战略协议，将双方的合作推进到更高层次。截至目前，亚林所与安庆市7个县（市、区）达成了战略合作协议，围绕成果精准推广，攻关合作发力，为全面推行林长制改革共同打造科技支撑示范样板。

传统产业"旧貌换新颜"

"林下空地种菌菇,亩产效益超一万。"岳西县港河村的林农刘锋高兴地说。

亚林所研究员谢锦忠聚焦激发护绿潜能,将生态资源转化为经济效益,筛选出竹荪、大球盖菇这两个竹林下适生食用菌种类,推广毛竹林下适生食用菌高效培育模式。

他们在安庆市建立竹荪、大球盖菇、羊肚菌和黑皮鸡枞种植示范基地30余亩,亩均产值近3万元。通过项目实施,首次将竹林复合经营技术体系在安徽推广,助农增收的成效有力夯实了林长制群众根基。

菖蒲镇镇长王启兵表示,下一步将在全镇范围内因地制宜推广林下食用菌技术,充分利用万亩竹林资源,打造食用菌产业特色小镇。

岳西县是中国茯苓生产加工集散地,无工业污染,地理环境十分适合安徽茯苓生长发育。当地已有600多年的茯苓生产历史,占全国茯苓购销总量的一半以上。

然而,传统段木栽培茯苓需要砍伐大量松木,资源消耗的瓶颈阻滞了产业的持续发展。

亚林所高级工程师张金萍与当地大户全面深入合作,通过反复试验,建立加工剩余物高效利用与微生物发酵技术,突破了茯苓代料栽培新模式,形成了资源节约与废物利用的良性互动。

项目合作建立试种基地100平方米,根据试验数据分析,以岳西县推广用松树伐剪等废弃物生产茯苓菌棒6000万棒为例(每棒装干料1.5公斤),能产出鲜茯苓3000万吨(每袋产鲜茯苓0.5公斤),产值3.56亿元,每年将节约砍伐松木材18000吨。

张金萍表示,聚焦关键技术问题合作攻关,支撑岳西茯苓产业可持续发展,为护绿用绿提供了新的思路。

新品种应用示范,助推活绿用绿

亚林所近年选出的'亚林36号(太秋)'甜柿品质优良,得到市场高度认可。

山桐子是近年新开发的新型能源树种,果实含油率30%以上,油脂中不饱和脂肪酸含量70%以上,油脂品质高。

山桐子、甜柿生态效益高,且适于在安庆山区发展,对于丰富当地树种组成,提高经济生态效益具有特殊作用。

龚榜初将'太秋'甜柿和四川种源高产高油的3号、7号等20个山桐子优株(系)引进潜山等地。同时,通过项目实施改变农户粗放经营的观念,进行集约经营,走林业精品化的道路,促进了林长制改革持续向纵深推进。

在技术成果应用上,亚林所在安徽支撑木本油料产业增绿增效,培育"长林"系列油茶高品质良种300万株,范围辐射潜山、宿松、怀宁、桐城和岳西等。

高产培育技术应用于安庆地区油茶林面积61.7万亩,高产林分产量达到1100公斤以上,为全国最高产量水平,有效提升油茶产业全产业链发展水平。

在吴统贵看来,虽然油茶产量提高了,但是受到加工水平的限制,产业效益不高、产业链条短等问题,仍然制约了地区油茶产业发展和农民增收。

对此，亚林所高级工程师方学智对油茶生产线进行优化，推广应用了茶油绿色加工及副产物高效利用相关技术，有效提高茶油加工质量，满足市场食品安全和营养需求，真正让山川披上了"绿被子"、产业织就了"钱袋子"、群众腰包装进了"红票子"，为林长体系装备上了现代智力引擎。

科技创新，点绿成金。吴统贵说，亚林所与安庆市战略合作对深化林长制改革、强化林业产业化科技支撑、提升改革"含金量"意义重大。"林业科技创新成果的推广应用，是林业产业发展的核心要义，是支撑林长制改革推深做实的动力源泉。"

（本文刊登于 2021 年 8 月 31 日《中国科学报》，作者系中国科学报记者李晨）

大事记

2014 年

1月7日，中国林学会组织开展先进学会工作者、先进学会和先进挂靠单位评选活动。谢锦忠副研究员获得先进学会工作者；中国林学会竹子分会获得先进学会；亚林所获得先进挂靠单位。

4月14日，黔东南州陈应勇副州长一行7人到访亚林所，所长王浩杰、副所长汪阳东，相关专家、相关部门负责人热情接待。

4月29日，浙江省召开全省科学技术奖励大会。依托国家林业局杭州湾湿地生态系统定位观测研究站，由亚林所湿地生态研究团队吴明博士主持的"杭州湾典型湿地资源监测与恢复技术研究"获得浙江省科学技术进步二等奖。

5月6日，国家林业局批复，依托国家林业局竹子研究开发中心和亚林所等建立国家林业局竹家居工程技术研究中心。

5月14日，国家林业局科技发展中心主任胡章翠、人事司副司长蓝增寿等来所专题调研行业质检机构改革发展。

7月16—30日，由汪阳东研究员、顾小平研究员、谢锦忠副研究员和杨清平助理研究员组成的项目专家组赴巴西执行"中国援助巴西-竹子栽培与竹材产业化利用技术输出"项目任务。

8月4日，中国林科院储富祥副院长、东台市崔文军副书记、金学宏副市长及市农委相关领导出席中国林科院华东沿海防护林研究中心授牌仪式。

8月，挂靠亚林所的浙江省林学会湿地专业委员会获批成立，亚林所王浩杰研究员任首届主任委员，吴明副研究员为秘书长。

8月28日，亚林所召开青年联合会成立大会和第一届委员会。

9月10日，我所青年职工袁志林同志荣获第四届"中国林科院杰出青年"称号。

9月13日，浙江省直机关工委组织开展"我和我的祖国"合唱大赛，亚林所代表浙江省林业厅参赛，荣获三等奖。

10月16—17日，中国林科院组织开展"同心共筑林科梦"演讲比赛，赵艳同志获得演讲比赛第一名。

10月25日，亚林精神恳谈会暨纪念亚林所成立五十周年活动在亚林所新落成的实验大楼举行，原林业部副部长刘于鹤、国家林业局党组成员、科技司司长彭有冬、浙江省林业厅副厅长吴鸿，院分党组书记叶智、副院长李岩泉，中国林学会秘书长陈幸良、校友代表等出席会议。

10月26日，以亚林所为依托单位的省级重点实验室"浙江省林木育种技术研究重点实验室"获批，并在富阳召开学术委员会第一次会议。

11月5日，中国林科院举行两年一次的"十佳党群活动"评选，亚林所获得第二届"十佳党群活动"评选总分第一名。

12月15—16日，中国林科院副院长李岩泉在亚林所王浩杰所长、资昆所石雷副所长及费学谦研究员、任华东副研究员等陪同下，考察国家油茶科学中心腾冲红花油茶实验站的建设与运行，并开展科技支撑项目对接工作。保山市副市长丁昌吉、腾冲县常务副县长杨存宝及保山市及腾冲县林业局相关领导热情接待。

2015年

1月14日，由贵州省黔东南州政府副秘书长姜永柱、扶贫办主任杨黎等一行7人组成的考察组到访亚林所，开展对口帮扶考察调研。

1月29日，国家林业局副局长刘东生一行莅临亚林所考察调研并进行了座谈。

2月2日，国家林业局副局长张永利一行莅临亚林所考察，并召开座谈会。

4月18—19日，国家林业局经济林产品质量检验检测中心（杭州）（中国林科院亚热带林业研究所）顺利通过由中国合格评定国家认可委员会（CNAS）评审组专家组的复评审。

5月13日，中纪委监察部驻国家林业局纪检组监察局周洪副局长、综合室干部朱涛一行到亚林所开展关于中介事项调研，并召开座谈会。

5月29日，中南林业科技大学曾思齐书记一行来所，商讨深化科技合作事宜。亚林所所长王浩杰等热情接待并召开座谈会。

5月29—30日，江苏省东台市农委李荣根副主任率市农委、林业站、黄海森林公园负责人及有关人员到访亚林所，交流加强市所科技合作。

6月2日，根据中国林科院批复，同意我所工会转让持有浙江亚林生物科技股份有限公司25%股权。

6月3日，江西省林业厅党组书记、厅长阎钢军，巡视员魏运华，党组成员、总工程师胡跃进等率领造林处、林政处等一行8人到亚林所考察调研。

6月4日，湖北省林业科学研究院院长曾祥福研究员、副院长唐万鹏研究员等一行5人到亚林所考察交流。

6月16日，国家林业局科技发展中心李明琪副主任、王琦处长和中国林科院林研所张川红副研究员一行，来所调研植物新品种特异性、一致性和稳定性测试指南编制和测试站工作。

7月24日，为加强中国林科院亚林所妇女组织建设和妇女工作，结合我所实际，特制定《中国林科院亚林所妇女委员会工作条例》。

9月11日，浙江省直属机关工委组织开展纪念中国人民抗日战争胜利70周年合唱大赛，主题为"铭记历史、缅怀先烈、珍爱和平、开创未来"，共有28个合唱队参赛。亚林所代表浙江省林业厅参加比赛，演唱曲目为《保卫黄河》和浙江治水之歌《明日更辉煌》，并获得本次比赛银奖。

9月14日，卓仁英研究员、舒金平副研究员分别荣获第一届"浙江林业科技标兵"奖。

10月9日，亚林所应邀组队参加富阳区第八届全民运动会，选报羽毛球和气排球两个比赛项目。最终获得羽毛球男子单打第五名和气排球团体赛第五名的优良成绩。

10月10日，浙江省科技厅曹新安副厅长、农村处钱玉红处长到亚林所富阳永安山甜柿基地进行考察。

10月11日，山东省日照市林业局臧克峰局长、崔发良副局长及下辖区县林业局长和有关企业负责人一行12人到我所考察调研，并签订市所林业科技战略合作框架协议。

10月12日，为进一步做好信息宣传工作，实现宣传工作管理制度化、规范化，我所出台了《中国林科院亚热带林业研究所信息宣传管理办法（试行）》。

10月28日，为进一步加强科研项目执行和经费使用管理，我所出台了《中国林科院亚热带林业研究所科研项目信息公开暂行办法》。

10月28日，国家林业局副局长彭有冬，局科技司司长胡章翠、计资司副司长杨冬等一行5人前往位于云南省腾冲市的国家油茶科学中心腾冲红花油茶实验站调研指导，我院院长、国家油茶科学中心主任张守攻，亚林所所长、国家油茶科学中心副主任王浩杰陪同调研。

11月1日，国家林业局彭有冬副局长、中国林科院张守攻院长、国家林业局对外合作项目中心胡元辉副主任、国家林业局速丰办黄采艺副主任、科技司谢春华副处长等一行到浙江钱江源森林生态系统定位观测研究站考察指导，亚林所领导班子及相关部门负责人等陪同考察。

11月2日，广东省林业厅副厅长陈亚广率领厅相关部门负责人及河源、梅州、韶关和清远林业局领导10余人到亚林所考察调研，浙江省林业厅产业处陈湘副处长陪同调研。

11月6日，为进一步完善我所青年人才结构，加快应用研究专业技术人员的发展，发挥他们的骨干作用，特制订《亚林所中级职称科研人员竞聘专家岗位实施办法》。

11月6日，为促进我所人才的快速成长，提升科研和管理队伍的整体实力和业务水平，本所设立人才培养专项基金（简称人才基金），特制订《亚林所中青年人才培养专项基金管理办法》。

11月9日，根据财政部、教育部、中国林科院的文件要求，特制订《亚林所研究生学业奖学金评定细则》。

11月11日，国家林业局马尾松工程技术研究中心授牌仪式在亚林所举行。仪式由国家林业局科技司宋红竹处长主持。科技司杜纪山副司长向中心依托单位中国林科院亚林所所长兼中心主任王浩杰、广西林科院副院长马锦林授牌。

11月16日，为优化我所人才队伍结构，有计划地培养各岗位的业务骨干，适应新形势的要求，进一步规范职工在职学位教育的管理，特对《亚林所在职攻读学位管理办法》进行修订。

11月20日，为深化我所科研体制改革，全面、客观、公正地评价我所科技人员的工作业绩，调动科技人员的工作积极性，特对《中国林科院亚热带林业研究所科研绩效津贴管理办法》进行了修订。

11月24日，中国科学院院士唐守正研究员到浙江钱江源森林生态系统定位观测研究站考察指导。

11月25日，《亚林所联合培养研究生管理暂行办法》修订出台。

11月25日，经研究决定，成立亚林所公共实验平台管理办公室，负责公共实验平台日常运行管理，挂靠科研处管理。

2016年

1月8日，亚林所第七届工会换届选举大会召开。

1月22日，林智敏副部长代表中央统战部发来贺信，祝贺亚林所姚小华研究员等代表单位参与完成的科技成果荣获2015年度国家科学技术进步奖二等奖。

1月29日，浙江省科技厅曹新安副厅长在科技厅农村处处长钱玉红、浙江省科技信息研究院刘信副研究员等一行的陪同下到亚林所调研。

2月21日，日本长野县永田生物研究所永田荣一教授、沈阳农业大学秦嗣军教授来我所进行学术交流和果树栽培技术指导培训。

3月9日，科技部创新发展司机构评估与管理处刘树梅处长、科技部科技评估中心评估一处柳春副处长一行5人到亚林所开展试点调研。

3月10日，埃塞俄比亚环境、林业和气候变化部及州长代表团一行11人在国际竹藤副总干事李智勇、浙江省林业厅总工程师蓝晓光等陪同下到亚林所访问。

3月15日，富阳区侨联主席郑金林和副主席张卫华一行专程来亚林所指导侨联工作。

3月18日，国家林业局计财司王前进巡视员、计财司统计处处长刘建杰、国家林业局经济发展研究中心蒋立等一行到亚林所调研。

3月23日，"笋用林钻蛀性害虫监测及综合治理技术研究与示范"获浙江省2015年度科学技术进步奖二等奖。

3月24日，国家林业局造林司王剑波副司长、杨淑艳处长考察调研中国林科院薄壳山核桃科研与生产示范基地。

4月28日，亚林所组队参加浙江省林业厅2016年首届"森林浙江杯"足球比赛，亚林所代表队获得了本次比赛的亚军。

5月26—28日，国家林业局科技发展中心龙三群副主任、生物安全管理处李启岭处长一行来所检查指导亚林所主持的"全国油茶遗传资源调查编目"项目，王浩杰所长等全程陪同调研并参与有关活动。

6月23日，上海市浦东新区环保局林业站金海站长、浦东园林景观设计院王桂萍高工等一行五人在富阳区农林局章永乐局长的陪同下到访亚林所。

6月25—28日，依托腾冲市新型农业社会化服务体系试点县建设项目，腾冲高黎贡山生态食品发展有限公司成立姚小华专家工作站，中国林业科学研究院亚热带林业研究所费学谦研究员、任华东副研究员和曹永庆博士参加了工作站成立大会。

6月26日，国际竹藤组织总干事Friederich Hans一行5人在杭州市林业水利局副局长陈勤娟、富阳区农林局副局长潘朝宏等人陪同下到访亚林所，与我所所领导及竹类相关专家进行座谈交流。

6月，中国林科院石漠化研究中心、亚热带污染环境生态修复研究中心批复筹建。亚林所科技创新平台再添新成员

7月12日，上海市农科院林果所党委书记苏振洪研究员、朱建军研究员、李秀芬研究员、关媛博士等一行四人到亚林所。

7月13日，江西省林业厅党组书记、厅长阎钢军在江西省林业厅造林处、科技处、抚州市林业局、东乡县政府和林业局等单位负责人陪同下到亚林所北美橡树江西试验基地考察。

7月16—19日，巴西圣保罗州农业研究所Tombolato Antonio Fernando研究员以及巴西戈亚斯联邦大学Lajovic Carneiro Luciano博士来我所交流竹笋加工以及竹林高效培育技术。

7月22日，由江西省林业厅科技与国际合作处胡加林处长带队，省林业厅推广总站、省林科院、宜春市袁州区油茶局以及相关企业代表组成的科技考察团到访亚林所。

7月28日，浙江省森林公安局蒋国洪局长一行来亚林所督查森林消防工作。

7月30—31日，亚林中心主任谭新建、党委书记张殿松、副主任袁小军及研究室主任、职能部门及直属林场负责人等一行到访亚林所。

7月31日至8月5日，中央统战部组织专家服务团赴贵州晴隆、望谟、赫章等地开展技术支持、对接精准服务，我所专家应邀参加。中央统战部六局发来感谢信。

9月10日，浙江省政协农业和农村工作委员会楼国华主任、文史资料委员会孙勤明专职副主任、农业和农村工作委员会办公室张淦副主任一行到亚林所考察。

9月10—11日，中国合格评定国家认可委员会（CNAS）评审组专家4人，对国家林业局经济林产品质量检验检测中心（杭州）（中国林业科学研究院亚热带林业研究所）进行了CNAS实验室认可、检验检测机构资质认定现场监督评审。实验室顺利通过监督评审。

9月18日，浙江省农业科学院杨华副院长率队访问亚林所。

9月26日，全国绿化委员会副主任、中国林学会理事长赵树丛一行到亚林所调研指导。

9月，我所吴明副研究员入选国家林业局第三批"百千万人才工程"省部级人选。

11月9日，浙江省丽水市松阳县林业局阙伟亮局长、枫坪乡叶金亮乡长等一行六人到访亚林所。

11月10日，四川省阿坝州林科所刘千里所长、周旭副研究员等一行四人到访亚林所。

11月25日，浙江省常山县林业局胡乾平局长、周丽丽副局长一行到访亚林所。

11月29日下午，中共亚林所第十届委员会和第四届纪律检查委员会选举大会在所实验楼会议厅隆重召开。

12月14—15日，桐乡市农经局到亚林所商讨林业科技合作

12月，亚林所刘青华副研究员当选为杭州市富阳区第十六届人大代表。

2017年

1月11—12日，安徽省宿州市林业局张宝平局长带领推广站及各区县林业局长到访亚林所，洽谈薄壳山核桃科技合作事宜。

1月12日，亚林所谢锦忠副研究员当选为第九届杭州市富阳区政协委员。

1月，亚林所"竹子培育与利用浙江国际科技合作基地"顺利获批，实现了亚林所在该类省级科技平台建设上的突破。

2月9日下午，浙江大学农业与生物技术学院党委副书记金敏等一行三人应邀到亚林所开展研究生教育经验交流。

2月22—23日，安徽省南陵县马成名副县长带领县农委（林业局）黄长江主任及县林业局绿化科、丫山林场等单位负责同志到访亚林所，洽谈对接科技合作事宜。

2月24日下午，浙江省林产品质量检测站孙孟军站长、食品检测部柴振林主任一行六人到亚林所国家林业局经济林产品质量检验检测中心交流林业行业质检工作。

3月1日，泡桐中心乌云塔娜副主任、实验室李福海主任、基建处刘楠主任、实验室管理员张悦等4人一行到访亚林所，考察交流实验室建设与管理情况。

3月18—19日，贵州省玉屏县杨德振县长一行到访亚林所。

3月28日，亚林所组织召开"深化省级文明创建暨'最美行为大倡导'"动员会。

3月28日，杭州海关富阳办事处主任翁豹林、加工贸易科科长朱轶来所检查指导进口免税设备管理工作。

3月30日，亚林所组织召开了"亚林之声"合唱团成立大会。

4月24—25日，林业新技术所党委书记白建华、副所长孙佳哲等一行到访亚林所。

5月3日，山东临沂市园林局来所洽谈"三引一促"工作。

5月9日，国家林业局基金总站领导来所调研项目资金安全运行监管情况。

5月11日，浙江省林业厅副厅长胡侠一行到亚林所调研。

5月19日，浙江松阳县林业局领导到访亚林所，双方签订了木本油料产业科技合作协议。

5月23日，亚林所与山东临沂市园林局签署科技合作协议。

5月26—28日，亚林所与贵州省玉屏县开展林业科技合作，双方签订了林业科技战略合作协议和油茶产业发展科技合作协议。

5月27日至6月10日，巴西圣卡塔琳娜联邦大学Thiago博士等2人应邀到亚林所访问交流。

6月8—9日，上海市林业局、林业总站到亚林所洽谈科技合作事宜。

7月11日，杭州市富阳区区委书记朱党其一行到亚林所调研走访。

7月19日，浙江青田县林业局局长金利荣，局党组成员、林业总场场长夏建敏一行到访亚林所。

7月25日，贵州省黔东南锦屏县林业局龙令炉局长一行6人到访亚林所洽谈科技合作事宜。

7月28日，江苏省东台市委副书记、市长王旭东、市委常委邱海涛以及市农委、政府办、经信委等部门负责同志到访亚林所，并与亚林所领导班子成员交流座谈。

8月14日，云南省林业科学院副院长刘云彩、林产工业研究所所长赵一鹤、副所长冯武一行3人到访亚林所。

8月30日，中国林科院研究生部林群主任、蒋煜副主任等一行4人来亚林所开展研究生教育工作调研。

9月21日，亚林所代表省林业局参加浙江省直机关工委组织开展的"喜迎十九大，永远跟党走"合唱大赛，获得银奖。

9月26日，贵州省黔东南州林业局一行到访亚林所。

9月28日，由浙江省林业厅工会组织的2017年在杭林业系统"湿地杯"篮球赛在浙江大学华家池校区体育馆胜利闭幕，亚林所获得本次比赛的季军。

10月10日，浙江省政协农业和农村工作委员会楼国华主任、孙勤明专职副主任、办公室张淦主任一行到亚林所考察。

10月13日，浙江省科技厅党组书记、厅长周国辉、办公室主任严明潮、厅条财处调研员郑寅、农村处处长钱玉红等一行五人到访亚林所。

11月14—15日，埃塞俄比亚农业部国务部长卡巴.约格萨博士一行在国际竹藤组织东非办事处主任傅金和博士陪同下到访亚林所。

11月21日，安徽省滁州市林业局薛玉苍局长带领滁州市林科所所长祝山等一行4人到访亚林所商讨科技合作。

11月21—22日，德国德累斯顿工业大学森林植物与动物研究所Ulrich Pietzarka博士到亚林所进行学术交流。

11月22—23日，河南羚锐集团熊维政董事长、河南省信阳市新县李良斌副县长等一行九人到访亚林所。

11月24日，九三学社亚林所支社举行换届选举会议。

2018年

1月4日，海南省琼海市市委常委陈涛、市委农办黄循崖主任、市农林局和市热作服务中心等一行八人到访亚林所。

1月11日，国家林业局科技发展中心龙三群副主任到亚林所考察国家林业局植物新品种DUS测试站（杭州）和知识产权转化运用工作，亚林所王浩杰所长、汪阳东副所长，科研处吴统贵处长等陪同考察并参加座谈会。

1月23日，福建省沙县林业局副局长乐代明、竹业发展中心主任林华等一行4人到访亚林所，洽谈科技合作事宜。

2月8日，杭州市林水局、市绿委办会同杭州文广集团举行寻找杭州"最美森林公园、最美湿地"活动揭晓仪式，面向社会隆重推介杭州"最美森林公园、最美湿地"各10个，亚林所黄公望森林公园榜上有名。

2月8日，中国林科院亚林所和杭州市富阳区人民政府正式签订战略合作协议。中国林科院副院长李岩泉专程参加签约仪式，协议由亚林所所长王浩杰和富阳区区委副书记、区长吴玉凤主签订。

3月2日，江苏省常州市武进区农业局副局长顾文、林业站站长潘林、书记卞亚文、副站长施燕平等一行来亚林所洽谈林业科技合作。

3月18日，国家林业局科技司司长郝育军一行到亚林所考察调研，并在亚林所召开座谈交流会。

4月22日，贵州省普定县副县长杨大盛一行到亚林所洽谈林业科技合作事宜，双方就深化和落实林业全面科技合作与生态站共管协议等事宜达成共识。

4月24日，亚林所研究生会举办了主题为"亲近乡村，感受美好"的摄影比赛。

4月，汪阳东研究员入选浙江省首批"万人计划"科技创新领军人才。

5月4日，中国林科院科技处王军辉处长一行到访亚林所，调研科技创新及团队建设工作。

5月11日，浙江省政协委员走进基层、走进群众活动月活动在浙江龙游启动，亚林所分别以签订协议、支撑项目、培训授课、技术指导、现场咨询、赠送物资等形式送出了"林业科技大礼包"。

5月31日，亚林所召开了青年联合会换届大会和第二届委员会第一次会议，选举产生第二届青年联合会委员、副主席、主席。

6月12日，浙江省丽水市庆元县科技局组织召开了省市科技特派员工作表彰座谈会。亚林所科技特派员杨清平和江锡兵分获"庆元县优秀科技特派员"和"庆元县科技特派员特殊贡献奖"。

6月15日，杭州市富阳区农林局党委副书记兼农技中心主任俞兴军等一行三人到亚林所庙山坞试验林场开展竹林资源可持续经营专题调研。

7月11日，贵州省黔东南州锦屏县党政代表团一行20余人在县委副书记、县长刘明波带领下到访亚林所。

7月12—13日，湖北省林业厅总工程师、党组成员夏志成带领厅科技合作处处长袁玉涛，省林业科学研究院院长张维、副院长赵虎等一行10人到亚林所考察交流。

8月18—19日，国家林业局经济林产品质量检验检测中心（杭州）顺利通过国家认可委、国家认监委复评审及扩项评审。

9月14—16日，国家林草局科技发展中心领导一行来亚林所调研指导植物新品种DUS测试工作。

9月26日，国家林业和草原局科技司黄发强副司长、标准处程强副处长到亚林所调研经济林产品标准化和质量安全监测工作。

10月19日，国家林业和草原局科技司领导一行考察杭州湾生态站。

11月7日，中国林科院领导一行考察杭州湾生态站。

11月9日，史久西荣获浙江省"千万工程"和美丽浙江建设突出贡献个人奖。

11月15日，埃塞俄比亚农业部考察团一行到访亚林所。

12月14日，中国林科院分党组书记叶智到亚林所指导工作。

2019 年

1月21日，亚林所召开七届四次职工代表大会。

2月21—22日，国家林草局科技发展中心巡视员杜纪山、执法处处长周建仁，中国林科院副院长孟平，产业处处长崔国鹏一行到亚林所考察调研国家林业局植物新品种 DUS 测试站（杭州），指导新品种测试工作并座谈。

2月25日，湖南省林木种苗管理站站长宋自力、副站长殷文民、副站长唐强，湖南省林科院徐清乾研究员，浙江省林业种苗管理总站站长洪兆龙等一行到亚林所考察交流。

2月26日，国家林草局科技司副司长王连志、推广处处长吴世军、吴初平博士，中国林科院副院长储富祥、科技处处长王军辉，浙江省林业局科技处处长何志华等一行到亚林所考察调研。

2月28日，安徽省铜陵市农业委员会（林业局）副主任王良书、铜官山森林公园（国有林场）主任张平选、绿化办副主任王玉珊等一行到亚林所洽谈科技合作事宜。

3月1日，贵州省林业局科技处处长江萍、贵州省林科院院长罗扬、贵州六盘水市林业局副局长吴开燕等一行6人到亚林所调研座谈。

3月2日，国家林草局华东调查规划设计院刘道平副院长等一行5人到亚林所座谈交流。

3月3日，湖南省林科院院长吴振明，党委委员、副院长陈永忠，及重点办主任刘红军、科技处处长梁军生、油茶所博士后何之龙一行5人到亚林所交流座谈。

3月13日，亚林所召开领导干部任职宣布会，中国林科院院长刘世荣出席会议并讲话，院人教处副处长陈川主持会议。会上任命汪阳东同志为亚林所党委书记（副司级），试用期一年。

3月27日，国家林业和草原局基金管理总站副总站长杨锋伟、处长单晓臣、黑龙江林业和草原局高级会计师李晓东一行到亚林所调研。

4月1日，浙江省衢州市常山县林业水利局局长胡乾平、常山县油茶产业办公室主任徐俊等一行到亚林所洽谈油茶产业科技支撑与合作事宜。

4月18日，亚林所召开七届五次职工代表扩大会议。

4月28日，中国林科院副院长孟平带领院人事工作调研组到亚林所开展调研。

4月30日，浙江省林业局副厅长级领导陈跃芳一行到亚林所调研党风廉政建设工作。

5月17日，亚林所、中航集团、广西昭平县人民政府三方战略合作签约仪式在亚林所举行。

5月23日，浙江省林业局局长胡侠、办公室副主任沈国存、自然保护地管理处处长吾中良等一行到黄公望森林公园调研自然保护地工作情况。

6月20日，亚林所组织召开主题教育动员部署会，对全所开展主题教育工作进行全面部署。中国林科院主题教育第一指导组成员、院人事处处长梅秀英出席会议并讲话，亚林所党委书记汪阳东作动员部署。

6月21日，安徽省安庆市科技局副局长鲁长江、林业局副局长朱文中、安庆师范大学科研处处长陈二祥等一行到亚林所洽谈林业科技创新平台建设和木本油料、特色经济林、林下经济等产业科技合作事宜。

7月，经中国林科院批准，吴统贵、李生晋升为研究员。

7—11月，浙江省杭州市富阳区举办第九届全民运动会，亚林所职工累计151人参加集训，89人正式参加机关组，并取得了团队总分第八名及多个项目的集体荣誉。

7月2—3日，国家林草局科技发展中心巡视员祁宏、引智管理处处长陈光一行到亚林所开展引智工作调研。

7月4日，浙江省开化县农业农村局党委委员何华林带领林业局、水利局、生态环保局开化分局、招商局、池淮镇政府及相关企业负责人等一行到亚林所洽谈科技合作。

7月8日，陈光才入围第六批"百千万人才工程"省部级人选。

7月18—19日，湖北省武汉市园林和林业局副局长柯艳山率考察团到访亚林所，考察团由局办公室、计财处、生态修复处、资源处，以及新洲、黄陂、江夏、蔡甸4个区园林和林业局等部门负责人组成。

7月30日至8月1日，国家林草局科技发展中心主任王永海、执法处处长周建仁、引智处处长陈光一行到亚林所调研。

8月7日，浙江省衢州市开化县林业局局长李德兴、副局长沈汉及造林科、办公室等部门相关同志到访亚林所，就机构改革后加强林业科技合作相关议题开展座谈交流。

9月2日，浙江省发改委山海协作处副处长赵黎、九三学社浙江省委社会服务部林群霞调研员到亚林所开展山海协作工作专题调研对接。

9月5日，亚林所木本油料树种研究组荣获全国生态建设突出贡献奖先进集体；舒金平荣获全国生态建设突出贡献奖先进个人。

9月11日，"亚林之声"合唱团代表浙江省林业局参加浙江省委直属机关工委主办的"歌唱新中国 奋进新时代"庆祝新中国成立70周年合唱大赛，演唱曲目为《太行山上》，获得银奖。

9月12日，陈光才入选第一批林业和草原科技创新领军人才。

9月27日，亚林所举行"庆祝中华人民共和国成立70周年"纪念章颁发仪式，韩森英、朱德俊、徐天森、傅懋毅、方敏瑜、庄瑞林、马乃训、陈连庆、姚小华、韩宁林、李纪元、赵路等13人获此荣誉。

10月31日，湖北省黄石市经济技术开发区·铁山区政府副区长石斌、铁山区农业农村局局长明复林、大王镇党委书记武艺和副书记肖慧娟等一行到访亚林所，并签署合作共建"博士工作站"协议。

11月，亚林所青年职工李彦杰博士获批2019年度人社部高层次留学人才回国工作资助，人社部一次性提供资助金30万元，这是亚林所首次获得该资助。

11月1日，全所职工顺利参加浙江省级医保，并邀请省医保中心参保征缴科科长董晓燕、陈迅楠，医疗服务科副科长徐立生及网络工程技术人员为大家做医保政策宣讲培训。

11月5日，国家林草局科技发展中心龚玉梅副主任、李启岭处长一行到亚林所检查指导工作，并组织专家对亚林所承担的林业知识产权转化运用项目进行了验收。

11月6日，亚林所与安庆市林业产学研战略合作签约暨创新研究院揭牌仪式在安庆市政府举行。

11月28日，国家林业和草原局科学技术司副司长黄发强带队到质检中心开展"双随机、一公开"检查。

11月29日，第十一届"全国农村青年致富带头人"表彰活动暨乡村振兴青年先锋首场事迹报告会在北京举行，徐阳博士荣获"全国农村青年致富带头人"荣誉称号。

12月16日，浙江省政协副主席陈小平，省政协农业和农村委员会主任姚少平、副主任孙勤明、办公室主任何明亮、办公室调研员潘健等一行来亚林所调研。

12月19日，中国林科院副院长崔丽娟一行到亚林所调研森林资源管护和国际合作工作。

12月19日，中国林科院亚林所与亚林中心战略合作框架协议签约仪式在杭州富阳举行。

12月20日，国家林业和草原局科技司司长郝育军率创新处处长宋红竹、标准处调研员程强到亚林所调研指导工作，并就亚林所落实全国林业和草原科技工作会议精神、人才激励政策等情况组织专题座谈。

12月20日，国家林业和草原局科技司郝育军司长带队到中国林科院亚林所调研食用林产品质量安全监测工作，并对国家林业和草原局经济林产品质量检验检测中心（杭州）进行"审查认可"评审。

12月25—26日，安庆市科技局党组书记、局长吴曙，副局长鲁长江、农社科科长饶玉胜和安庆师范大学教授魏和平一行到亚林所洽谈安庆市林业科技创新平台建设和木本油料、特色经济林、林下经济等产业科技合作事宜。

12月28—29日，由中国水利水电科学研究院和中国林科院共同承担的中国工程院重大咨询课题"长江经济带水安全保障与生态修复战略研究"研讨会在亚林所召开。

2020年

2月初，新型冠状病毒感染肺炎疫情暴发后，社会各界都在积极防控。眼看着其他小区都在严加防范，强化管理。亚林嘉苑小区作为亚林所职工的聚居地，虽然已经实行社会化管理，但由于物业公司人手不够、地方社区支持有限、新的业主委员会还没成立，在管理方面还有一些不足。在小区"群龙无首"的情况下，亚林所职工组成志愿服务队，杨清平、郭子武、李纪元、袁志林等一大批志愿者参与志愿活动，管好小区彰显社会责任。

2月6日，椿树国家创新联盟（椿树联盟）第二批价值5万元的713箱香椿产品顺利运抵武汉，该批物资是联盟成员郑州市三一香椿食品有限公司捐赠的。这是继2月4日运送一万斤香椿等蔬菜物资之后，椿树联盟的又一次献爱心行动。

3月20日，在2020年林学会系统秘书长工作会议上，中国林学会竹子分会被授予"优秀分支机构"荣誉称号，本次评选共有5个分支机构获得优秀。竹子分会已连续多年获得此殊荣。

4月3日,浙江省林业局公益林和国有林场管理总站站长蒋仲龙、副站长刘海英一行3人前往亚林自然教育学校开展科普教育调研。

5月21日,浙江省十二届人大常委会党组副书记、副主任、浙江省农村发展研究中心理事长程渭山一行来亚林所调研种业创新和林业种质资源保护利用等工作。

6月12日,亚林所召开妇委会换届选举大会。

7月14—15日,中国林科院分党组书记叶智、院党群部主任贺顺钦、院人教处副处长郤光发和人教处干部刘天阳一行到亚林所调研学科优化及科研创新情况。

7月17日,浙江省2019年度科学技术奖励大会在杭州举行,本次共有297项科技创新成果获奖,其中科学技术进步奖240项、一等奖20项、二等奖73项、三等奖147项。亚林所周志春研究员带领林木遗传育种与培育研究团队主持完成的"木荷育种体系构建、良种选育和高效培育技术"成果荣获2019度浙江省科学技术进步奖二等奖。

7月,浙江省林业局发布表彰浙江省林业产业先进集体和先进个人的通知,中国林科院亚林所榜上有名,荣获先进集体荣誉称号;上榜的先进个人有江锡兵和曹永庆两位同志。

8月11日,黔东南州委书记桑维亮,州委副书记、州长罗强带领黔东南州党政代表团到亚林所考察调研,并进行座谈交流。座谈会由杭州市副市长王宏主持,黔东南州领导沈翔、吴明、秦扬远,杭州市富阳区区长吴玉凤,亚林所所长王浩杰及相关专家等共60余人参加座谈会。

8月15日,中国林科院副院长黄坚、办公室张炜银等一行到亚林所,就意识形态和安全生产等方面开展调研,并召开工作座谈会。

8月25日,安徽省安庆市委书记魏晓明,市委常委、政法委书记、公安局局长黄杰,市人大党组副书记、副主任、市委秘书长宋圣军等一行到亚林所考察调研,并进行座谈交流。

8月27日,国家林草局国际合作司副司长戴广翠、双边一处处长肖望新一行到亚林所调研国际合作工作,中国林科院副院长崔丽娟主持调研座谈会。

9月3日,长三角生态保护修复科技协同创新中心成立筹备会在中国林科院亚热带林业研究所召开。

9月7日,国家林草局北京林业机械研究所党委书记邢红、机械研究室主任张伟研究员一行到亚林所调研,并进行座谈交流。

9月27日,浙江省医保中心副主任寿晓斌、参保征缴科科长董晓燕、医疗服务科副科长徐立生等一行6人到亚林所调研了解参加省级医保以来的情况及遇到的问题,并带来最新的医保政策。

11月23日,国际竹藤组织总干事阿里·穆秋姆、副总干事陆文明等一行8人在国家林业和草原局国际合作司副司长胡元辉等人陪同下到访亚林所,双方就竹资源利用、竹产业发展及森林健康与保护等领域开展座谈交流。

12月11日,浙江省委宣传部、浙江省文明办、浙江省民政厅组织开展"文明浙江,志愿同行"2020年度全省志愿服务最美(最佳)典型展示交流活动。活动现场表彰了2020年度最美志愿者、最美志愿工作者、最佳志愿服务组织代表、最佳志愿服务项目代表、最美志愿服务社区

（村）代表、疫情防控最美志愿者代表等全省志愿服务最美（最佳）典型各20人。经亚林所组织推荐，毛秋娟同志荣获"最美志愿者"荣誉称号。

2021年

1月，亚林所森林健康与保护研究组获"森林浙江"建设工作突出贡献集体，张亚波助理研究员获"浙江省森林生态保护突出贡献先进个人"称号。

1月，亚林所工会通过省级"先进职工之家"复验。

1月14日，浙江省科技厅副厅长吴卿、农村处处长钱玉红、高新处调研员沈维强、浙江省科技信息研究院农社所副所长李明珍等一行到来亚林所调研工作。

1月19日，浙江省金华市林业局党委副书记、副局长陈昌华带领金华市林业局国土绿化处、防火处、种苗站、森防站、林业技术推广站等部门负责人到亚林所考察调研，并进行座谈交流。

2月2日，亚林所与宁波市自然资源和规划局在宁波杭州湾国家湿地公园举行"宁波市湿地研究中心"共建签约及揭牌仪式。

2月5日，亚林所所长王浩杰主持了亚林所与钱江源国家公园战略合作推进会。浙江省林业局副局长王章明、自然保护地处处长吾中良、钱江源国家公园管理局执法大队队长钱海源、丽水市生态林业发展中心总工何小勇、亚林所副所长盛能荣及相关专家等参会。

2月24—25日浙江省江山市林业局局长周克俊、林技推广站站长李建新、种苗站站长周庆及江山市保安乡党委书记陈晓峰一行到亚林所开展科技对接，并举行座谈交流。

3月9日，安徽省铜陵市自然资源和规划局党组副书记、副局长汪海涛和铜陵市国有林场主任张平选等一行到亚林所考察调研，并进行科技合作洽谈。

3月11日，安徽省林业局党组成员、副局长张令峰带领省林业局森林防火处、森林资源管理处、政策法规处等部门负责人到亚林所考察调研，并进行座谈交流。

3月17日，浙江省林业局胡侠局长一行调研亚林所科技支撑的油橄榄示范基地，亚林所所长王浩杰、富阳农业农村局领导等陪同调研。

3月19日，中国林学会副秘书长沈瑾兰、科普部处长郭建斌一行到亚林所调研林业科普工作开展情况，亚林所党委书记汪阳东主持召开座谈会。

3月31日，亚林所和浙江省航空护林管理站地空联防协议签约仪式在亚林所试验林场举行。

5月7日，亚林所科技扶贫工作获得广西壮族自治区党委、人民政府表彰。

5月10—11日，中国林科院分党组书记叶智带队，由国家林草局人事司人才劳资处处长刘庆红、院人事处副处长郏光发等4人组成调研组到亚林所、中国水稻所调研薪酬绩效改革工作情况。

5月17日，北京林业大学林学院副书记、副院长李扬一行到亚林所调研人才培养和人才引进工作，并进行座谈。

5月17日，东北林业大学林学院副院长杨光、研究生院副院长王新政一行来亚林所洽谈研究生联合培养工作。

5月25日，中国林科院副院长黄坚、院办公室副主任张晋宁等一行4人到亚林所就实验室安全、保密及意识形态等工作进行调研，并召开座谈交流。

5月28日，广西林科院副院长马锦林一行到亚林所调研交流，并召开座谈会，亚林所党委书记汪阳东主持会议，亚林所管理部门相关人员参加座谈会。

6月23日，亚林所召开领导干部任免宣布大会，中国林科院分党组书记叶智出席会议。

7月6日，中国林科院分党组成员陈绍志带队到亚林所、竹子中心开展调研并在亚林所召开座谈会，院研究生部主任林群、院产业处副处长孙钊陪同调研。

7月8日，亚林所与东北林业大学研究生创新实践基地签约及授牌仪式顺利举行。

8月6日，亚林所召开第八届工会委员会换届选举大会。

8月16日，杭州市富阳区领导到亚林所调研，并召开座谈会。双方有关人员分别就合作内容进行了交流发言。

8月19日，浙江省省直机关工委常务副书记郑才法到亚林所调研，并召开座谈会。

9月1日，安庆市委常委、副市长吕栋，市政府副秘书长何健，市科技局局长吴爱德等一行到访亚林所，就科技支撑林长制工作进行调研，并召开座谈会。

9月15日，浙江省林业局党组成员、副局长李永胜，计财处处长叶晓林等到亚林所走访调研。

9月26日，富阳区人民政府与亚林所正式签订新一轮战略合作协议。亚林所党委书记、代所长汪阳东和富阳区委副书记、区长王犖代表双方签署协议，富阳区委书记吴玉凤等参加签约仪式。

10月15日，亚林所与安徽省宣城市泾县马头国有林场共建现代林业研究示范基地签约及揭牌仪式在泾县举行。

10月29日，"长三角生态保护修复科技协同创新中心"揭牌仪式在亚林所举行。

10月29日，建德市林业局到亚林所交流林场发展经验。

11月17日，西湖大学工学院到亚林所调研交流科技创新等工作。

2022年

1月21日，亚林所赴西湖大学工学院商讨深化科技创新合作等事宜。

2月11日，亚林所召开领导干部任职宣布会。院人事处郄光发处长宣读任命文件，亚林所汪阳东所长作表态发言，院领导叶智书记讲话。

2月18日，亚林所召开与安庆市新一轮林长制科技合作对接座谈会，安庆市委常委、副市长吕栋，亚林所所长、党委书记汪阳东等相关部门负责人参会。

2月22日，西湖大学工学院到亚林所开展学术交流。

2月24日，财政部浙江监管局党组成员、副局长王佳一行到亚林所调研。

3月11日，浙江农林大学食品与健康学院院长斯金平、委书记兼副院长汪和生、副院长邵清松等一行6人到亚林所考察调研，并进行座谈交流。

3月17日，亚林所与安徽农业大学联合申报的"长三角林业生态建设研究生联合培养示范基地"正式获批。

3月31日，亚林所召开全国文明单位动员大会，正式全面启动全国文明单位创建工作。

4月15日，杭州市富阳区人民政府副区长俞小康一行7人到亚林所走访，就新一轮战略合作等有关事宜进行调研。

4月19日，浙江省农业科学院院长林福呈到亚林所调研交流。双方围绕种业振兴战略科技需求，打造新时期共通共促共享合作机制等事宜开展交流。

4月19日，亚林所谢锦忠研究员获评国家林草局公布的第二批"最美林草科技推广员"。

4月28日，中国水稻研究所所长胡培松院士一行来所调研交流。

5月10日，安徽省岳西县委书记江春生一行14人到亚林所考察调研，就全面深化林长制科技合作进行座谈交流。

5月12日，亚林所与浙江省松阳县"共同推进松阳建设共同富裕示范区战略合作框架协议"签约仪式在松阳举行。

5月20日，浙江省文明办副主任刘如文到亚林所调研指导全国文明单位创建工作。

5月27日，钱江源国家公园管理局常务副局长汪长林、开化县林业局局长朱建平一行5人到访亚林所，就加强国家公园科技支撑、所地科技合作进行座谈交流。

5月30日，岳西县人民政府与亚林所乡村绿色振兴战略合作协议签约仪式在富阳区举行。

5月31日，资助贫困学子圆了大学梦的亚林所退休党员王培蒂，被评为第十七届富阳十大百姓新闻人物。

6月27日，亚林所与富阳区农业农村局签订所区战略合作项目协议。

6月29日，亚林所所长兼党委书记汪阳东、副所长吴统贵、纪委书记贾兴焕等一行8人赴钱江源国家公园管理局推进战略合作工作。

7月5日，浙江省林业种苗管理总站站长吕爱华一行到亚林所，围绕林木振兴等工作开展调研交流。

7月19日，安庆市委常委、副市长吕栋到亚林所推进所地科技合作工作。

7月27日，亚林所参加2022浙江省乡村振兴战略林业论坛，并与青田县林业局签订油茶产业合作协议。

9月3—4日，国家林草局经济林产品质量检验检测中心（杭州）进行资质认定扩项现场评审。

9月6日，国家林草局副局长李树铭一行到亚林所调研。

9月9日，浙江省安吉县科学技术局、安吉绿色竹产业创新服务综合体到亚林所洽谈科技合作，并签订中国林业科学研究院亚热带林业研究所安吉技术转移中心合作共建协议书。

9月19日，浙江省台州市天台县政协副主席张卫平、农业农村局副局长曹伟强、自然资源规划局副局长袁伟强及相关企业负责人等一行到亚林所考察交流。

9月21日，湖北黄石市农业农村局党组成员、总农艺师张经伦一行到亚林所考察交流。

9月26日，亚林所应邀参加黄石市2022年现代农业金秋招商引智推介会暨重点项目集中签约活动，并与黄石市人民政府签订科技合作战略框架协议。

9月27日，亚林所正式印发《"国家队"再认识再提升大讨论共识》。

10月9日，浙江农林大学竹子研究院院长宋新章、副院长余学军及各研究团队专家等一行6

人到访亚林所，就深化院所合作、推进竹产业发展等事宜进行座谈交流。

10月19日，亚林所组织参加院"十佳党群活动"评选，荣获第一名。

10月21日，浙江省绍兴市自然资源与规划局韩柏昌巡视员一行到亚林所洽谈科技合作。

11月8日，国家林业和草原局管理干部学院党委书记、局党校副校长刘春延来所调研。

12月7日，亚林所报送的"樟科植物萜类化合物多样性形成机制"获批中国林科院重大科技成果奖。

2023年

1月5日，中国林科院在亚林所召开领导干部任职宣布会，院分党组叶智书记出席会议并讲话，院人事处郤光发处长主持会议并宣读任免文件，汪阳东和吴红军分别作表态发言。

1月7日，浙江省政协十二届二十九次常委会会议在杭州举行。会议审议通过政协第十三届浙江省委员会委员名单，亚林所森林健康与保护研究组组长、首席专家舒金平研究员当选为浙江省政协委员（农业和农村届）。

1月31日，浙江省金华市自然资源与规划局陈昌华副局长带队到亚林所，就深化2023年科技合作事宜开展调研对接，吴统贵副所长等参加有关活动。

2月3日，亚林所召开使命导向管理改革试点工作方案讨论会，根据局人事司、规财司意见，逐条对方案文本进行了讨论和修改。中国林科院汪阳东副院长、亚林所吴红军所长、吴统贵副所长等工作组成员参加。

2月10日，安徽省铜陵市林业局一行到亚林所洽谈科技合作。

2月17日，国家林草局科技司一级巡视员李世东到亚林所，围绕院所改革、科技创新主要工作、项目和平台建设等重点内容开展调研，并举行座谈会。

2月22日，教育部教育技术与资源发展中心、浙江省教育技术中心教育装备部、杭州市富阳区教育局等到亚林所试验林场（亚林自然教育学校），开展黄公望森林公园亚林科普劳动实践基地调研。

3月3日，安徽省宁国市林业事业发展中心到访亚林所，就油茶等木本油料科技合作和林下经济产业发展科技支撑等开展合作交流。

3月7日，国家林草局科技司郝育军司长一行到亚林所，通过召开专家座谈会等方式，围绕科技体制改革、科技创新、人才培养等工作开展调研，并实地走访了实验室、质检中心、示范基地等。

3月9日，广西壮族自治区柳州市人民政府到亚林所，就油茶产业发展三年行动科技支撑合作开展专题对接。

3月11日，国际植物新品种保护联盟理事会主席、农业农村部科技发展中心总农艺师崔野韩一行到亚林所考察新品种测试工作，中国林科院科技管理处副处长张炜银陪同调研。

3月17日，亚林所联合杭州市富阳区防灭火指挥部、杭州市富阳区农业农村局等部门在黄公望森林公园开展"筑牢防火墙 护航亚运会"为主题的森林消防扑火技能实战演练。

3月21日，国家林草局湿地司杨锋伟副司长一行到亚林所调研，围绕湿地学科及生态站建设、服务湿地高质量保护与修复等方面开展座谈交流。

3月23日，富阳区政协主席张霖一行到亚林所调研，围绕科技成果转化、服务乡村振兴等方面开展座谈交流。

4月4日，亚林所赴西湖大学工学院开展调研并举行科技合作协议签约仪式。

4月10日，亚林所组织召开干部任职宣布大会，袁志林担任中国林业科学研究院亚热带林业研究所副所长。

4月24日，中南林业科技大学朱道弘副校长一行到亚林所走访交流，并就开展科技合作事宜开展座谈研讨。

5月5日，以"聚焦林草科技前沿，助力青年成长成才"为主题的首届全国林草青年科学家50人高端对话会在亚林所召开。

5月5日，东北林业大学林学院赴亚林所开展研究生联合培养工作调研。

5月12日，亚林所青年职工代表中国林科院参加国家林草局"学用新思想，奋进新征程"青年主题演讲比赛，以优异的表现荣获一等奖。

5月12日，亚林所代表中国林科院课题组参加全国党建政研会成果交流会并做成果交流，"如何增强林草科技工作者的自信和担当"成果荣获全国党建政研会优秀课题成果二等奖。

5月16日，黑龙江林科院副院长佟立君一行三人到访亚林所，就林下经济和科技成果转化等方面内容进行座谈交流。

5月23日，国家竹产业研究院院长于文吉研究员，国家林草局发改司原副司长李玉印，国家林草局华东院副院长刘道平等一行到亚林所，围绕竹产业高质量发展开展专题调研。

5月24日，贵州省林业学校夏忠胜校长一行到访亚林所，围绕林业产业发展科技合作开展对接交流。

5月27日，青海林草局科技和对外合作处、省林木种苗站到访亚林所，围绕"林草科技进青海"活动开展专题对接。

5月30日，亚林所与江西省林业科技推广和宣传教育中心战略合作框架协议签订暨博士工作站揭牌仪式在永修县举行，江西省林业局党组书记、局长邱水文，亚林所党委书记、所长吴红军等为博士工作站揭牌。

6月5日，亚林中心党委书记张殿松带队到亚林所，就干部交叉挂职锻炼、科研院所党建、科技成果转化等开展调研交流。

6月7日，湖北省林业局总工程师张维等一行7人到亚林所访问并洽谈油茶、用材林、国家公园等领域科技合作相关事宜。

6月8日，山东省泰安市林业局副局长王玉坚带队到亚林所，就人才交流、科技合作等事宜开展调研交流。

7月24日，海南省林科院副院长田蜜一行4人到亚林所调研新品种测试站建设运行事宜。

7月25日，亚林所陈益存研究员荣获浙江省"三八红旗手"荣誉称号。

7月25日，亚林所与国家竹产业研究院签署了共建竹林高效培育中心合作协议，吴红军所长和谢锦忠研究员受聘为国家竹产业研究院智库专家。

7月30日，浙江省交通厅一级巡视员夏炳荣、富阳区区长谢淅升一行来亚林所调研，就杭州湾湿地的保护和开发等议题开展沟通交流。

8月14日，国家林草局国际竹藤中心党委书记、副主任尹刚强等一行5人到亚林所就事业单位绩效评价、薪酬绩效改革等工作开展沟通交流。

8月28日，安徽扬子鳄国家级自然保护区管理局三级调研员孙四清一行到亚林所就林下经济和甜柿等经济林产业发展进行实地调研。

8月29日，中国绿化基金会主席陈述贤一行4人到亚林所就单位职责定位、人才队伍建设、科技创新及成果转化等开展调研并召开座谈会。

9月6日，中国林科院副院长陈绍志一行3人到亚林所，围绕科技成果转化及科学科普等相关工作开展调研交流。

9月13日，湖南省林科院一行到亚林所调研，就科技项目联合申报实施、平台共建、研究生培养等方面开展科技合作研讨。

9月13日，安徽省广德市林业发展中心一行到亚林所调研，就竹类种质资源库建设、生物多样性调查等科技合作事宜进行交流。

9月20日，中国热带农业科学院椰子研究所一行8人到亚林所调研，双方围绕科技项目联合申报实施、平台共建、研究生培养等方面开展科技合作研讨。

10月29日，中国林学会竹子分会第七次会员代表大会暨第十八届中国竹业学术大会在浙江农林大学举行，亚林所所长、党委书记吴红军，竹子分会常务副理事长傅懋毅等10人参加开幕式。

11月1日，国家林草局生物灾害防控中心主任郭文辉等到亚林所，就共建协同创新平台和开展松材线虫等重大森林病虫害预测预警和防控等科技合作开展专题对接。

11月2日，国家林草局副局长唐芳林一行到亚林所检查工作，中国林科院分党组成员、副院长陈绍志，国家林草局生物灾害防控中心主任郭文辉，国家林草局华东院党委书记、院长吴海平，浙江省林业局党组书记、局长胡侠等陪同调研。

11月7日，中国科学院西双版纳植物园、国科大杭州高等研究院一行到亚林所进行调研，双方围绕植物资源开发利用、生物医药等领域开展科技合作进行深入交流。

11月13日，中国中医科学院中药研究所党委书记宋丽娟一行4人到亚林所考察调研并就使命导向管理改革、科研团队设置及人才队伍建设等开展座谈交流。

11月13日，国际食品法典农药残留委员会副主席段丽芳处长、农业农村部农药检定所残留评审处、国家农药残留标准审评委员会秘书处李贤宾处长等一行5人到访亚林所，就小宗作物农药用药情况及我国农药使用及管理等事宜开展了座谈交流。

11月14日，浙江省种苗站一行3人到亚林所调研交流，双方围绕合作建设浙江省林木种质资源评价中心开展深入讨论。

11月15日，浙江省宁波市生态环境局一行4人到访亚林所对接联合共建宁波市生物多样性监测站事宜。

11月30日，江西省九江市林业科学研究所到亚林所调研交流，就研究生创新实践基地建设、科研项目合作等方面达成初步合作意向。

11月30日，浙江省林科院院长一行到亚林所，围绕科研项目实施成效、科技成果转化、科研平台运行等方面开展交流。

12月4日，国家林草局党组书记、局长关志鸥一行到亚林所调研。浙江省副省长柯吉欣、中国林科院分党组书记叶智、亚林所吴红军所长等陪同调研。

12月12日，亚林所赴杭州湾国家湿地公园与宁波市生态环境局签署宁波市杭州湾湿地生物多样性综合观测站共建合作协议。

12月12日，亚林中心谭新建主任一行到亚林所研究推进战略合作事宜，亚林所所长吴红军及党政班子成员参加有关活动，双方还就交叉挂职干部期满成效进行了交流。

12月27日，四川省阿坝州林草研究所一行到亚林所调研，围绕科研项目合作、科研平台建设等相关工作开展交流。

12月28日，国家林草局副局长谭光明到亚林所考察调研。局科技司司长郝育军，中国林科院院长储富祥，副院长汪阳东，亚林所党委书记、所长吴红军等陪同调研。

附 录

附表1 亚林所历任行政领导班子成员

时间(年·月)	所长	班子成员
2010.01—2018.12	王浩杰	马力林、汪阳东、盛能荣
2019.01—2021.05	王浩杰	汪阳东、盛能荣
2021.05—2021.12	汪阳东(代所长)	盛能荣、吴统贵、贾兴焕
2021.12—2022.06	汪阳东	盛能荣、吴统贵、贾兴焕
2022.06—2023.02	吴红军	盛能荣、吴统贵、贾兴焕
2023.03—2023.11	吴红军	盛能荣、吴统贵、贾兴焕、袁志林
2023.12—	吴红军	贾兴焕、袁志林

附表2　亚林所历任党组织主要领导

党委			
时间（年·月）	书　记	副书记	委　员
第九届 2010.04—2016.11	马力林		马力林、盛能荣、汪阳东、吴　明、田　敏
第十届 2016.11—2019.01	马力林		马力林、汪阳东、盛能荣、李纪元、吴　明
第十届 2019.01—2021.08	汪阳东		汪阳东、盛能荣、李纪元、吴　明
第十届 2021.08—2021.10	汪阳东		汪阳东、盛能荣、李纪元、吴　明、贾兴焕
第十一届 2021.10—2022.06	汪阳东		汪阳东、盛能荣、吴统贵、贾兴焕、刘　泓
第十一届 2022.06—2023.09	吴红军		盛能荣、吴统贵、贾兴焕、刘　泓
第十一届 2023.09—	吴红军	贾兴焕	吴红军、贾兴焕、袁志林、刘　泓、田晓堃

纪委		
时间（年·月）	书　记	委　员
第三届 2010.04—2016.11	盛能荣	盛能荣、张守英、李纪元
第四届 2016.11—2021.05	汪阳东	汪阳东、李纪元、赵　艳
第四届 2021.05—2021.10	贾兴焕	贾兴焕、李纪元、赵　艳
第五届 2021.10—	贾兴焕	贾兴焕、张守英、莫润宏

附表3 亚林所历届学术委员会

时间（年）	主任	副主任	委员	秘书
第七届 2010—2020	王浩杰	姚小华 周志春	马力林、王浩杰、田 敏、李纪元、汪阳东、杜孟浩、吴 明、张建锋、卓仁英、周志春、姚小华、费学谦、姜景民、顾小平、虞木奎	范妙华
第八届 2020—	汪阳东	周志春 姚小华 吴 明	陈光才、陈双林、方学智、龚榜初、姜景民、李纪元、盛能荣、汤富彬、王浩杰、汪阳东、吴 明、姚小华、虞木奎、袁志林、周本智、卓仁英、周志春	范妙华

附表4　亚林所历届工会委员会、共青团、妇女委员会

工会委员会				
时间（年）	主　席	副主席	委　员	备注
第六届 2010—2016	李纪元	杨校生	李纪元、杨校生、胡瓌珲、王东彪、丁　明、饶龙兵、格日勒图	
第七届 2016—2021	李纪元	吴统贵 欧阳彤	格日勒图、范妙华、王树凤、王开良、叶　华、王东彪、王树凤	
第八届 2021—	刘　泓（2021—2023）、贾兴焕（2024—）	莫润宏（2021—2023）、林长春（2024—）	吕文勇、张　振、李彦杰、周　方、张涵丹（2021—2024）、赵　艳、李正翔	
共青团				
时间（年）	书记（主席、组长）	副书记	委　员	备注
2023—	赵　艳		赵　艳、王舒琦、魏祯倩、张宇薇、刘晓晨	团委
2010—2023	赵　艳		赵　艳、钟冬莲、俞　君	团总支
2014—2018	李　生（主席）		李　生、吴统贵、王　斌、吕文勇、赵　艳	青年联合会
2018—2022	刘毅华（主席）		刘毅华、殷恒福、张　振、吕文勇、赵　艳	青年联合会
2022—	高　暝（组长）		高　暝、李彦杰、彭　龙、张　威、李　妞、王衍鹏、周　方、赵　艳、李正翔	青年理论学习小组
妇女委员会				
时间（年）	主　任	副主任	委　员	备注
第五届 2010—2015	乔桂荣	俞　君	陈益存、张　蕊、钱素文	
第六届 2015—2019	刘　泓	杨莹莹	刘青华、屈明华、罗　凡、王树凤	
第七届 2019—2025	杨莹莹	范正琪	李渝婷、高　暝、张涵丹（2019—2024）	

附表5　亚林所承担的主要国家重点科研项目

序号	项目类型	项目编号	项目名称	负责人	起止时间（年）	备注
1. 国家重大专项项目						
1	科技创新2030	2022ZD04016	抗松材线虫病松树新品种设计与培育	汪阳东	2022—2025	项目
2	科技创新2030	2023ZD04059	优质高产松树新品种设计与培育	殷恒福	2023—2025	项目
3	科技创新2030	2023ZD0405805	华东地区氮磷高效利用高产松树新品种设计与培育	栾启福	2023—2025	课题
2. 国家科技攻关（重点研发、科技支撑）项目						
1	科技支撑专题	2015BAD15B02-3	山桐子高产、高含油良种选育与栽培示范	徐　阳	2015—2019	
2	科技支撑专题	2015BAD04B01-5	丛生竹高效繁殖技术与示范	谢锦忠	2015—2019	
3	"十三五"国家重点研发专项	2016YFD0600903	笋用竹林精准培育及高效利用技术集成示范	王浩杰	2016—2020	课题
4	"十三五"国家重点研发专项	2016YFE0126100	金花茶开发利用关键技术研究	李纪元	2017—2019	项目
5	"十三五"国家重点研发专项	2017YFC0505500	南方低效人工林改造与特色生态产业技术	虞木奎	2017—2021	项目
6	"十三五"国家重点研发专项	2017YFD0600300	马尾松高效培育技术研究	周志春	2017—2021	项目
7	"十三五"国家重点研发专项	2019YFD1001600	特色经济林生态经济型品种筛选及配套栽培技术	姚小华	2019—2022	项目
8	"十三五"国家重点研发专项	2019YFD1001204	柿种质创制与优良品种选育	龚榜初	2019—2022	课题
9	"十三五"国家重点研发专项	2019YFD1001005	山茶花高效育种技术与品种创制	李纪元	2019—2022	课题
10	"十三五"国家重点研发专项	2020YFD1000702	油茶和板栗优质轻简高效栽培技术集成与示范	王开良	2020—2022	课题
11	"十三五"国家重点研发专项	2020YFC1807704	锑矿生态破坏区土壤基质改良材料与生态修复技术研究	陈光才	2020—2024	课题
12	"十三五"国家重点研发专项	2020YFD1000504	山茶轻简高效栽培技术集成与示范	李辛雷	2020—2022	课题
13	"十四五"国家重点研发专项	2021YFD2200201	林木重要性状分子标记辅助选择育种技术	卓仁英	2021—2026	课题
14	"十四五"国家重点研发专项	2021YFD2200305	椿树新品种选育	刘　军	2021—2026	课题

续表

序号	项目类型	项目编号	项目名称	负责人	起止时间（年）	备注
15	"十四五"国家重点研发专项	2021YFD2200302	栎树新品种选育	施翔	2021—2026	课题
16	"十四五"国家重点研发专项	2022YFD2200401	油茶、元宝枫和沙棘优质高产新品种创制与精准栽培技术	王开良	2022—2027	课题
17	"十四五"国家重点研发专项	2022YFD2200200	南方速生林木新品种选育研究	周志春	2022—2027	项目
18	"十四五"国家重点研发专项	2023YFD2200900	马尾松人工林多功能培育技术	吴统贵	2023—2028	项目
19	"十四五"国家重点研发专项	2023YFD2200600	林木良种智能化高效繁育技术	姜景民	2023—2028	项目
20	"十四五"国家重点研发专项	2023YFD2200902	马尾松林提质增汇高效培育技术研究	王斌	2023—2028	课题
21	"十四五"国家重点研发专项	2023YFD2201305	木本油料加工剩余物生物发酵饲料化肥料化关键技术和产品研创	方学智	2023—2027	课题
22	"十四五"国家重点研发专项	2023YFD2200703	热带木本油料作物新品种培育及高效配套关键技术研究与示范	任华东	2023—2027	课题
23	国家科技基础资源专项	2019FY100800	主要木本油料植物种质资源调查	姜景民	2020—2023	项目
24	国家科技基础资源专项	2019FY100801	传统食用油料树种种质资源调查收集	任华东	2020—2023	课题
3. 国家自然科学基金项目						
1	国家基金	31722014	森林土壤微生物	袁志林	2018—2020	优青
2	国家基金	31470619	土壤淹水抑制柳树根系 Cu 转运的作用机制研究	陈光才	2015—2018	面上
3	国家基金	31470632	石漠化裸岩引发环境异质响应及其对植被恢复的影响	李生	2015—2018	面上
4	国家基金	31470670	抗性马尾松松脂对松材线虫病的防卫应答	刘青华	2015—2018	面上
5	国家基金	31470635	湿地松非结构性碳水化合物分配对松脂产量的调控机制研究	孙洪刚	2015—2018	面上
6	国家基金	31470697	基于混合线性模型山茶花种质资源核心库构建	李辛雷	2015—2018	面上
7	国家基金	31570583	区域尺度上麻栎叶片氮磷化学计量特征变异机制及其内稳性	吴统贵	2016—2019	面上
8	国家基金	31570658	基于景观遗传学研究毛红椿群体适应性遗传变异分布格局	刘军	2016—2019	面上
9	国家基金	31570668	湿地松大群体活立木材性和松脂性状无损评估及其联合选择研究	栾启福	2016—2019	面上
10	国家基金	31670660	黄脊竹蝗趋泥行为激发的驱动力机制研究	舒金平	2017—2020	面上

续表

序号	项目类型	项目编号	项目名称	负责人	起止时间（年）	备注
11	国家基金	31670607	支撑竹子高速生长的根系拓扑学基础	周本智	2017—2020	面上
12	国家基金	31770719	基于高密度遗传图谱的油茶含油率和油酸含量QTL定位及其遗传分析	林 萍	2018—2021	面上
13	国家基金	31770756	海岸梯度上水杉叶片性状协同变化及其权衡机制	吴统贵	2018—2021	面上
14	国家基金	31770578	富钾入侵植物调控根系分泌物和根际解钾菌联合解钾机制研究	叶小齐	2018—2021	面上
15	国家基金	31770653	重金属诱导的柳树离子组变异及其元素稳态重建机制	王树凤	2018—2021	面上
16	国家基金	31770447	竹子水分生理整合特征及其脱落酸信号调控机制	郭子武	2018—2021	面上
17	国家基金	31872168	热激转录因子HsfA4c调控伴矿景天镉耐受性的机理解析	韩小娇	2019—2022	面上
18	国家基金	31870596	海涂围垦区杨树人工林地深层土壤团聚体有机碳固存机制	成向荣	2019—2022	面上
19	国家基金	31870597	滨海湿地水鸟传输下磷素反向迁移及累积通量研究	邵学新	2019—2022	面上
20	国家基金	31870583	盐肤木根系细胞壁果胶修饰对质外体空间铅分布的影响	施 翔	2019—2022	面上
21	国家基金	31870578	山茶miR156及其靶基因SPLs调控重瓣花发育的分子机制	殷恒福	2019—2022	面上
22	国家基金	31870647	SaREFl基因参与超积累型东南景天镉抗性的分子机理研究	刘明英	2019—2022	面上
23	国家基金	31971685	抗病油桐根木质部三萜化合物阻断枯萎病菌侵染的调控机制	陈益存	2020—2023	面上
24	国家基金	32071785	基于"药效"为木姜叶柯引种成功评价标志及其响应UV-B辐射的机理研究	杨志玲	2021—2024	面上
25	国家基金	32071756	干旱驱动毛竹新碳分配的"押注对冲"策略及新竹死亡机制研究	葛晓改	2021—2024	面上
26	国家基金	32071736	竹炭促进沙柳镉转运和积累的生理生态机制	陈光才	2021—2024	面上
27	国家基金	32071804	LcTPS基因簇对山鸡椒精油单萜化合物合成的调控机理	汪阳东	2021—2024	面上
28	国家基金	32171774	干旱驱动下毛竹水力传输障碍及碳饥饿研究	曹永慧	2022—2025	面上
29	国家基金	32271839	山茶BPC转录因子介导的基因表达抑制参与调控花型发育的机制	殷恒福	2023—2026	面上

续表

序号	项目类型	项目编号	项目名称	负责人	起止时间（年）	备注
30	国家基金	32271855	杉木+闽楠复层异龄混交林种间土壤氮磷养分协调机制研究	成向荣	2023—2026	面上
31	国家基金	32171516	基于秋冬季根系物候的入侵植物优先效应及其形成机理	叶小齐	2022—2025	面上
32	国家基金	32371842	金花茶 CnCDPK5 磷酸化修饰 CnAP2.3 调控黄酮醇合成的分子机理	刘伟鑫	2024—2027	面上
33	国家基金	31400577	油茶籽拮抗黄曲霉侵染及其毒素积累的机制研究	王亚萍	2015—2017	青年
34	国家基金	31400580	基于 LD 作图的油茶不饱和脂肪酸含量变异位点研究	林 萍	2015—2017	青年
35	国家基金	31400378	草甘膦对杂草残株化感作用的影响及其次生代谢机理	叶小齐	2015—2017	青年
36	国家基金	31400526	柳树根系重金属的微区分布特征、赋存形态及其耐性机制研究	王树凤	2015—2017	青年
37	国家基金	31500551	基于体细胞胚胎发生的毛竹遗传转化体系构建	袁金玲	2016—2018	青年
38	国家基金	31600504	基于芽苗砧嫁接技术油茶砧穗愈合机制研究	龙 伟	2017—2019	青年
39	国家基金	31600551	基于叶片离子组特征的油茶氮磷钾营养状态评估	曹永庆	2017—2019	青年
40	国家基金	31600492	生物质炭—根系互作驱动土壤碳矿化激发效应的 C 源敏感性	葛晓改	2017—2019	青年
41	国家基金	31600503	毛竹冠层叶片氮素梯度分布的光驱动及水力调节机制	曹永慧	2017—2019	青年
42	国家基金	31600586	外源高钙调控喜钙植物短叶黄杉抗干旱胁迫的生理及分子机制	薛 亮	2017—2019	青年
43	国家基金	31600533	马尾松种源长期生产力形成及对水热因子的响应	张 振	2017—2019	青年
44	国家基金	31700523	雌雄异株精油植物山鸡椒花器官退化分子基础研究	高 暝	2018—2020	青年
45	国家基金	31700605	适度热处理提高油茶籽油氧化稳定性机理研究	罗 凡	2018—2020	青年
46	国家基金	31800575	利用关联作图法挖掘薄壳山核桃种仁单宁含量关键等位变异	张成才	2019—2021	青年
47	国家基金	41807151	基于氮氧双同位素解析大气沉降氮在典型水源林的迁移转化过程	张涵丹	2019—2021	青年
48	国家基金	31901290	腐生型共生菌 Clitopilus hobsonii 促进杨树不定根和侧根发育的生长素通路解析	彭 龙	2020—2022	青年

续表

序号	项目类型	项目编号	项目名称	负责人	起止时间（年）	备注
49	国家基金	31901323	基于近红外光谱研究林木主要材性性状遗传变异规律	李彦杰	2020—2022	青年
50	国家基金	32101569	利用全转录组关联分析挖掘柿果顶腐病差异敏感性分子标记	徐阳	2022—2024	青年
51	国家基金	32101370	微纳米富磷生物炭强化苏柳修复矿区重度镉污染土壤机制研究	肖江	2022—2024	青年
52	国家基金	32101597	喀斯特露石土壤斑块优势灌木火棘实生苗定居机制研究	王佳	2022—2024	青年
53	国家基金	32101561	山鸡椒醇脱氢酶LcADHs基因调控柠檬醛高效合成的分子机制研究	赵耘霄	2022—2024	青年
54	国家基金	32200097	一种盐碱地DSE真菌生境偏好性及种群适应性机制	李忠风	2023—2025	青年
55	国家基金	32201632	水杉不同功能模块细根氮、磷计量关系对氮沉降的响应及机制	童冉	2023—2025	青年
56	国家基金	32301637	油茶CoERF5/1负调控CoOleosin3调节种子油脂积累过程的分子机制	王民炎	2024—2026	青年
4. 公益性行业专项						
1	行业专项	201504101	林木顶端分生组织发育及环境适应性机制研究	汪阳东	2015—2019	
2	行业专项	201504707	金花茶保育及花叶兼用新品种选育技术与示范	李辛雷	2015—2018	
5. 引进国际先进农业科学技术计划（948项目）						
1	948引进	2015-4-29	沿海防护林风流场数值模拟技术引进	吴统贵	2015—2018	
6. 林业科研计划						
1	局软科学	2023131002	科研院所使命导向改革路径研究	吴红军	2023—2024	
2	林业软科学		山水林田湖草沙一体化保护修复和系统治理——典型案例分析与评价体系构建	吴红军	2023—2023	
3	局软科学		我国主要木本油料产业高质量发展模式及路径研究	吴红军	2024—2025	
7. 林业科技成果推广应用类						
1	局推广	［2015］38	毛竹林下多花黄精复合经营技术示范推广	杨清平	2015—2017	
2	局推广	［2015］39	典型石漠化地区植被恢复技术集成示范	李生	2015—2017	

续表

序号	项目类型	项目编号	项目名称	负责人	起止时间（年）	备注
3	局推广	[2015] 40	杉木人工林功能提升关键技术推广	成向荣	2015—2017	
4	局推广	[2016] 03	甜柿优良新品种及园艺化栽培技术示范	龚榜初	2016—2018	
5	局推广	[2016] 05	竹加工剩余物液化技术在聚氨酯泡沫的应用推广	张金萍	2016—2018	
6	局推广	[2016] 04	毛竹林下药用植物复合生态系统构建技术示范	陈双林	2016—2018	
7	局推广	[2017] 27	夏季茶花新品种推广	李纪元	2017—2019	
8	局推广	[2019] 46	滇西甜柿良种扩繁与高效栽培示范推广	吴开云	2019—2021	
9	局推广	[2019] 47	油茶籽采后规模化快速处理及特色制油技术示范推广	方学智	2019—2021	
10	局推广	2020133115	火炬松材用林良种良法培育技术示范推广	姜景民	2020—2022	
11	局推广	2020133116	滇西贫困山区甜柿良种高效栽培示范	龚榜初	2020—2022	
12	局推广	2020133148	油茶丰产栽培与采后处理技术推广	王亚萍	2020—2022	
13	局推广	2023133102	锥栗优良品种与高效生产关键技术示范推广	江锡兵	2023—2025	
14	局推广	2023133129	油茶籽油精准、高效制取关键技术及产品示范推广	罗凡	2023—2025	
15	局推广	2023133103	油桐抗枯萎病高产优良品系繁育及栽培示范	陈益存	2023—2025	
8. 浙江省重点项目						
1	省育种专项（"十三五"林木）	2016C02056	"十三五"浙江省林木新品种选育	汪阳东	2016—2020	
2	省育种专项（"十四五"林木）	2021C02070	"十四五"浙江省林木新品种选育	汪阳东	2021—2025	
3	省育种专项（"十三五"果品）	2016C02052	柿枣新品种选育	龚榜初	2016—2020	课题
4	省育种专项（"十四五"果品）	2021C02066	柿枣新品种选育	江锡兵	2021—2025	课题
5	省育种专项（"十四五"花卉）	2021C02071	山茶、杜鹃新品种选育和育种技术研究	范正琪	2021—2025	课题
6	省重点研发计划	2017C02022	主要经济林废弃物基质化利用关键技术研究与示范	张金萍	2017—2020	
7	省重点研发计划	2017C02003	山茶油功能评价与精深加工	杜孟浩	2017—2020	

续表

序号	项目类型	项目编号	项目名称	负责人	起止时间（年）	备注
8	省重点研发计划	2018C03047	重金属污染土壤修复材料与技术的研发与应用	陈光才	2018—2020	
9	省重点研发计划	2020C02007	松材线虫病防控与防治关键技术研究与示范	刘青华	2020—2023	
10	省重点研发计划	2021C02014	林特产品加工剩余物资源高值化利用—油茶加工剩余物高值化利用与新产品研创	方学智	2021—2023	
11	省重点研发计划	2021C02038	国土绿化关键技术研发与应用—浙江沿海和平原高效绿化技术研发与应用	吴统贵	2021—2024	
12	省重点研发计划	2023C02034	浙江优势木本粮油植物病虫害绿色防控关键技术研究与应用示范	舒金平	2023—2025	
13	省重点研发计划	2023C02045	油茶功能因子研究与开发利用—油茶籽抑脂、降糖功能因子发掘及作用机制研究和高值产品研创	杜孟浩	2023—2025	
14	省重点研发计划	2024C02009	林源天然染料成分代谢机制及合成研究——林源染料主效成分生物代谢及合成关键技术研究与应用	赵耘霄	2024—2026	
15	省重点研发（科技对口）	2024C04034	科技对口支援和东西部协作项目——薄壳山核桃良种引进及丰产栽培技术研究与示范	常君	2024—2026	
16	省公益（创新团队自立）		沿海防护林防风效益监测与评价	吴统贵	2014—2016	
17	省公益（创新团队自立）		水源区坡地经济林健康保育技术	陈光才	2014—2016	
18	省公益项目	2014C32122	油茶壳绿色水解制备糠醛研究	胡立松	2014—2016	
19	省公益项目	2014C32092	浙江省竹笋质量安全风险评估技术研究	丁明	2014—2016	
20	省公益项目	2015C32072	板栗药材高效复合经营技术研究示范	徐阳	2015—2017	
21	省公益项目	2015C32074	基于酚类成分保全的茶油适度加工及品质控制技术	罗凡	2015—2017	
22	省公益项目	2015C32071	覆盖雷竹林中复合污染成因与调控关键研究	刘毅华	2015—2017	
23	省公益项目	2015C32011	处理农村生活污水的人工湿地生态构建技术研究与示范	吴明	2015—2017	

续表

序号	项目类型	项目编号	项目名称	负责人	起止时间（年）	备注
24	省公益项目	2015C32090	淳木瓜种质资源收集保存与新品系选育	邵文豪	2015—2017	
25	省公益项目	2015C32012	毛竹林植被保护与生态复合经营技术研究与示范	顾小平	2015—2018	
26	省公益项目	2016C32029	三叶青小叶新品种选育及高效繁育技术研究	杨旭	2016—2017	
27	省公益项目	2016C32027	馒头柳响应镉胁迫的关键基因筛选与功能研究	韩小娇	2016—2018	
28	省公益项目	2016C32031	竹林金针虫绿僵菌微生物农药研发及应用技术研究	张亚波	2016—2018	
29	省公益项目	2016C32032	浙江省特色富油干果油脂酶法制取及副产物回收关键技术研究	方学智	2016—2018	
30	省公益项目	2016C32028	浙西石灰岩地区山核桃人工林生态经营技术研究	薛亮	2016—2018	
31	省公益项目	2016C33043	重金属污染土壤的植物组合定向修复模式研究	王树凤	2016—2017	
32	省公益项目	2016C32030	浙江省野生蜡梅资源评价及繁殖技术研究	田敏	2016—2017	
33	省公益项目	2017C32055	早竹造瘿害虫的生态调控研究	耿显胜	2017—2019	
34	省公益项目	2017C32062	持久性有机污染物在竹笋中的富集过程与影响因素研究	沈丹玉	2017—2019	
35	省公益项目	2017C33083	浙江沿海地区芦苇湿地珍稀鸟类的生境需求、评价及其保护对策	焦盛武	2017—2019	
36	省公益项目	LGN18C160007	麻竹未成熟胚诱导植株再生及遗传转化体系的建立	乔桂荣	2018—2020	
37	省公益项目	LGN18B070002	油茶籽产地环境重金属演变特征及累积效应研究	屈明华	2018—2020	
38	省公益项目	LGN18C160007	珍稀兰科植物白及种质资源收集评价与创新	王彩霞	2018—2021	
39	省公益项目	LGN18D030001	宁波鄞州区地表水中抗生素高通量筛查分析及风险评估研究	丁明	2018—2021	
40	省公益项目	LGN19C160003	基于信号物质和绿僵菌的竹林金针虫诱杀技术研究及应用	张威	2019—2021	
41	省公益项目	LGN19C160002	竹林废弃物在食用菌与毛竹林培育中的循环利用技术研究与示范	陈胜	2019—2021	
42	省公益项目	LGF20C160001	基于生理整合理论的竹林碳氮调控关键技术研究	曹永慧	2020—2022	
43	省公益项目	LGN20C160006	茶梅核心种质构建及其利用	李辛雷	2020—2022	

续表

序号	项目类型	项目编号	项目名称	负责人	起止时间（年）	备注
44	省公益项目	LGN21C160011	基于虫粪的树木/木材钻蛀性害虫无损精准鉴定技术研发与应用	舒金平	2021—2023	
45	省公益项目	LGN21C160010	杉木纯林转变为复层混交林提高土壤磷有效性的微生物调控机制	成向荣	2021—2023	
46	省公益项目	LGN21C030002	基于生物质炭和氮肥配施的雷竹笋品质提升关键技术研究	葛晓改	2021—2023	
47	省公益项目	LGN22C160014	基于DSE真菌提高典型亚热带林木扦插成活率的新技术	杨预展	2022—2024	
48	省公益项目	LGC22C160006	油茶籽油不同形态酚类化合物的精准定量分析及数据库构建（分析测试）	沈丹玉	2022—2024	
49	省公益项目	LGN22C160015	覆盖雷竹林过氧化钙土壤生态增氧技术研究及应用	郭子武	2022—2024	
50	省公益项目	LTGN23C160003	基于物候和优先效应的入侵植物综合治理技术	叶小齐	2023—2025	
51	省公益项目	LTGN23C160003	基于环境响应性材料的新型绿僵菌微胶囊制备技术研究	张亚波	2023—2025	
52	省公益	LTGS24C160001	互花米草治理下盐沼湿地碳库变化及植被—土壤协同增汇技术研究	邵学新	2024—2026	
53	省公益	LTGS24C160001	库区小流域面源污染风险识别与生态安全格局构建	张涵丹	2024—2026	
54	省基金	LY15C160001	激发黄脊竹蝗趋泥行为的驱动力研究	舒金平	2015—2017	
55	省基金	Y17C030014	除草剂草甘膦影响外来植物入侵群落物种多样性的机制研究	叶小齐	2017—2019	
56	省基金	LY18D010005	滨海湿地鹭鸟对水陆生态系统磷素转移的影响	邵学新	2018—2020	
57	省基金	LQ19C160002	年龄对木荷材质变异影响及短幼龄期林木早期鉴定	张蕊	2019—2021	
58	省基金	LY21C160005	调控白栎果仁单宁合成的MADS-box转录因子的挖掘及功能分析	吴立文	2021—2023	
59	省基金	LQ23C150005	金茶花CnMYB77调控黄酮醇代谢影响花色形成的分子机理	刘伟鑫	2023—2025	
60	省基金	LQ23C030003	入侵植物互花米草生物炭添加对滨海湿地土壤降氮固碳能力的影响	李妞	2023—2025	

续表

序号	项目类型	项目编号	项目名称	负责人	起止时间（年）	备注
61	省基金	LQ24C160001	基于空间代谢组学解析柿采前果皮褐斑中褐色物质的形成机理	刘翠玉	2024—2026	
62	省科技援助	2014C26004	黑果枸杞驯化繁育关键技术研究及高效示范	杨志玲	2014—2016	
63	省科技援助	2014C26001	核桃采后质量控制研究及产品开发与示范	杜孟浩	2014—2017	
64	省科技援助	2015C26002	猕猴桃产业提升关键技术研究与示范	舒金平	2015—2017	
65	省科技援助	2015C26001	阿坝高原湿地资源监测与生态管理技术试验示范	吴 明	2015—2017	
66	省科技援助	2016C26007	高原湿地生物多样性保护关键技术试验示范	焦盛武	2016—2018	
67	省科技援助	2016C26004	重庆三峡库区（涪陵）绿竹引种及其高效培育技术研究与示范	谢锦忠	2016—2018	
9. 省林业科技计划项目						
1	省院合作	2014SY03	浙江省油茶林地高效复合经营技术研究与示范	姚小华	2014—2018	
2	省院合作	2014SY12	浙江铁皮石斛中重金属安全评估及防控研究	倪张林	2014—2017	
3	省院合作	2014SY09	美国梧桐优良无性系定向选育研究	饶龙兵	2014—2017	
4	省院合作	2014SY07	珍稀兰科植物白及的高效繁育技术研究	王彩霞	2014—2017	
5	省院合作	2015SY05	浙江省林特产品竹笋山茶油产地溯源关键技术研究	丁 明	2015—2018	
6	省院合作	2015SY01	浙江省滨海湿地生态服务功能及其恢复技术研究	吴 明	2015—2017	
7	省院合作	2016SY09	台风干扰防护林生态系统快速修复技术研究	虞木奎	2016—2018	
8	省院合作	2016SY03	林改后分散经营林地生态增效关键技术研究与示范	周志春	2016—2018	
9	省院合作	2017SY18	薄壳山核桃病虫害数字化识别及高效控制技术研究	舒金平	2017—2019	
10	省院合作	2017SY19	红豆树和楠木类等珍贵树种种质选育和种苗高效繁育技术研究	金国庆	2017—2020	
11	省院合作	2018SY04	浙江平原地区薄壳山核桃种植技术研究与示范	王开良	2018—2021	
12	省院合作	2018SY03	浙江省湿地生态监测与评估预警体系构建技术研究	邵学新	2018—2020	

续表

序号	项目类型	项目编号	项目名称	负责人	起止时间（年）	备注
13	省院合作	2019SY04	山核桃、香榧籽规模化采后处理及高值利用关键技术研究与示范	方学智	2019—2022	
14	省院合作	2020SY06	钱江源国家公园和黄公望森林公园森林康养资源及保健效应	周本智	2020—2022	
15	省院合作	2020SY05	基于竹材废弃物的生物（食用菌）化利用技术研究与示范	谢锦忠	2020—2022	
16	省院合作	2019SY05	四倍体杨梅抗枯枝病株系选育与机理研究	杜孟浩	2019—2022	
17	省院合作	2021SY03	长三角一体化示范区河湖湿地生态修复关键技术研发与示范	吴明	2021—2023	
18	省院合作	2021SY12	钱塘江流域森林群落对沉降污染物的截留效益及功能提升技术	张涵丹	2021—2023	
19	省院合作	2021SY04	赤皮青冈良种繁育和生态修复造林技术研究	王斌	2021—2023	
20	省院合作	2021SY03	浙江省木本油料树种高危病虫害生防菌剂的研发与应用	舒金平	2022—2024	
21	省院合作	2021SY13	高产高品质单宁类染料植物新品种选育	赵耘霄	2022—2024	
22	省院合作	2023SY11	微塑料对长江口—杭州湾湿地沉积物厌氧氨氧过程的影响及其微生物机制	李妞	2023—2025	
23	省院合作	2023SY01	勃氏甜龙竹设施化生态栽培与笋品质的环境效应研究	张玮	2023—2025	
24	省院合作	2023SY10	林木种质资源表型多时相评价技术与表型组选择	李彦杰	2023—2025	
25	省院合作	2024SY02	古树名木健康精准评估与绿色修复应用示范	范正琪	2024—2026	
26	省院合作	2024SY13	覆盖雷竹林微塑料污染特征与生态治理技术研究	凡莉莉	2024—2026	
27	省院合作	2024SY15	畲药山苍子优良种质发掘与加工利用	李正翔	2024—2026	
28	省林业推广	2014B03	油茶新品种丰产栽培与低产林改造技术示范	王开良	2014—2016	
29	省林业推广	2014B02	薄壳山核桃品种配置与低产林改造技术应用与推广	常君	2014—2016	
30	省林业推广	2014B06	高效绿僵菌菌剂应用技术示范与推广	张亚波	2014—2016	
31	省林业推广	2014B04	茶油加工质量风险控制技术示范推广	罗凡	2014—2016	

续表

序号	项目类型	项目编号	项目名称	负责人	起止时间（年）	备注
32	省林业推广	2014B05	茶花嫁接砧木新技术推广示范	李辛雷	2014—2016	
33	省林业推广	2015B04	竹材液化技术及在聚氨酯泡沫的应用推广	张金萍	2015—2017	
34	省林业推广	2015B06	水源保护地林木植被过滤带构建技术推广及应用	王树凤	2015—2018	
35	省林业推广	2015B05	毛竹大径竹材培育及节水灌溉技术示范与推广	谢锦忠	2015—2017	
36	省林业推广	2016B02	浓香营养油茶籽油加工技术示范与推广	郭少海	2016—2018	
37	省林业推广	2016B01	绿竹笋用林提质增效关键技术示范与推广	岳晋军	2016—2018	
38	省林业推广	2017B03	浙中山区甜柿良种高效栽培技术示范推广	吴开云	2017—2019	
39	省林业推广	2017B04	功能性油茶籽油加工技术示范推广	胡立松	2017—2019	
40	省林业推广	2017B05	水源区毛竹林水土流失型面源污染控制技术推广示范	张建锋	2017—2019	
41	省林业推广	2017B06	退化雷竹林土壤生态改良技术推广	郭子武	2017—2018	
42	省林业推广	2018B01	四季竹高品质竹笋高效栽培技术示范	陈双林	2018—2020	
43	省林业推广	2018B02	毛竹林下竹荪仿野生栽培技术示范推广	陈胜	2018—2019	
44	省林业推广	2019B02	油茶主要隐蔽性害虫生态调控技术推广与应用	张威	2019—2021	
45	省林业推广	2019B01	优新珍贵彩叶树娜塔栎、河桦良种及培育关键技术推广示范	饶龙兵	2019—2021	
46	省林业推广	2019B03	大规格茶梅快速培育技术推广示范	李辛雷	2019—2021	
47	省林业推广	2020B05	油茶果采后处理加工技术示范推广	王亚萍	2020—2022	
48	省林业推广	2020B03	'太秋'甜柿高效栽培示范推广	徐阳	2020—2022	
49	省林业推广	2020B01	毛竹药用植物复合生态系统构建技术示范	郭子武	2020—2022	
50	省林业推广	2021B01	油茶截干复壮更新技术应用示范与推广	叶淑媛	2021—2022	
51	省林业推广	2021B03	茶油化妆品基础油加工技术推广示范	郭少海	2021—2022	

续表

序号	项目类型	项目编号	项目名称	负责人	起止时间（年）	备注
52	省林业推广	2021B02	薄壳山核桃黑斑病全程绿色防控技术示范与推广	张亚波	2022—2023	
53	省林业推广	2021B03	雷竹笋食味品质提升技术示范	何玉友	2022—2023	
54	省林业推广	2021B01	彩叶茶花新品种的推广及应用示范	李纪元	2022—2023	
55	省林业推广	2023B01	'太秋'甜柿标准化栽培技术示范推广	龚榜初	2023—2024	
56	省林业推广	2023B02	薄壳山核桃品种配置及高效栽培技术示范	常 君	2023—2024	
57	省林业推广	2024B03	锥栗品种配置及高效栽培关键技术示范推广	江锡兵	2024—2025	
58	省林业推广	2024B04	油茶采穗圃质量提升技术推广与示范	盛 宇	2024—2025	
10. 国际合作项目						
1	国际合作		丛生竹组培与竹笋加工技术输出	谢锦忠	2016—2018	
11. 院所基金项目						
1	院基金重点	CAFYBB2018ZA002	森林植被对空气负氧离子的作用及贡献潜力	周本智	2018—2021	
2	院基金重点	CAFYBB2020ZE001	毛竹碳素生理整合及其对干旱胁迫的响应	葛晓改	2020—2023	
3	院基金重点	CAFYBB2020ZC006	杉木良种与大径材培育技术与油茶高效栽培示范	何贵平	2020—2022	
4	院基金重点	CAFYBB2020ZB002	江西大岗山典型低效公益林增效经营技术研究	孙洪刚	2020—2024	
5	院基金重点	CAFYBB2020ZC010	罗城林下大球盖菇、竹荪栽培关键技术集成与示范	谢锦忠	2020—2021	
6	院基金重点	CAFYBB2021ZC001	龙胜油茶提质增效关键技术研究与示范	王开良	2021—2023	
7	院基金重点	CAFYBB2021ZH001	碳中和背景下长三角森林植被碳汇时空变化及预测	吴统贵	2021—2023	
8	院基金重点	CAFYBB2022ZA002	新型林源山苍子精油替抗特征组分合成机理	陈益存	2022—2026	
9	院基金重点	CAFYBB2023ZA001	油茶宜机化品种选育及配套栽培模式研究	曹永庆	2023—2028	
10	院基金	CAFYBB2014QB036	油茶籽拮抗黄曲霉侵染及其毒素积累的机制研究	王亚萍	2014—2017	
11	院基金	CAFYBB2014QB037	基于LD作图的油茶不饱和脂肪酸含量变异位点研究	林 萍	2014—2017	
12	院基金	CAFYBB2014QB014	旱柳SmPR-10基因的耐盐分子机制研究	韩小娇	2014—2017	

续表

序号	项目类型	项目编号	项目名称	负责人	起止时间（年）	备注
13	院基金	CAFYBB2014QA006	植原体引起的竹子丛枝病的传播机制研究	耿显胜	2014—2016	
14	院基金	CAFYBB2014QA007	茶油中多酚的碳纳米管SPE富集机理研究及含量分析	罗凡	2014—2016	
15	院基金	CAFYBB2014QB013	间伐对杉木人工林土壤有机碳及团聚体组分分子结构的影响	成向荣	2014—2017	
16	院基金	CAFYBB2014ZD002	沿海水杉叶片氮磷计量学时空变化及内稳性	吴统贵	2014—2017	
17	院基金	CAFYBB2014QA008	模拟干旱下凋落物对土壤呼吸温度敏感性的影响研究	葛晓改	2014—2016	
18	院基金	CAFYBB2014MA002	滨海湿地土壤有机碳组分变化对甲烷排放影响	邵学新	2014—2017	
19	院基金	CAFYBB2014QB034	草甘膦对杂草残株化感作用的影响及其次生代谢机理	叶小齐	2014—2017	
20	院基金	CAFYBB2014QB035	柳树根系重金属的微区分布特征、赋存形态及其耐性机制研究	王树凤	2014—2017	
21	院基金	CAFYBB2014QA005	山鸡椒性别决定的分子机制研究	高暝	2014—2016	
22	院基金	CAFYBB2014QB016	Pb胁迫下盐肤木根系对Pb^{2+}的吸收模式	施翔	2014—2017	
23	院基金	CAFYBB2014QB012	文心兰体细胞无性系叶色变异的生理机制研究	王彩霞	2014—2017	
24	院基金	CAFYBB2014QB015	杜鹃红山茶花芽发育基因表达谱研究	范正琪	2014—2017	
25	院基金	CAFYBB2016MA002	黄脊竹蝗趋泥行为激发的生理生态机制研究	舒金平	2016—2019	
26	院基金	CAFYBB2016QA004	杭州湾黑腹滨鹬隐孢子虫的时空尺度分析	焦盛武	2016—2018	
27	院基金	CAFYBB2016QA002	外源钙调控青冈栎叶片抗干旱胁迫的分子机制	薛亮	2016—2018	
28	院基金	CAFYBB2016QB008	基于体细胞胚胎发生的毛竹遗传转化体系构建	袁金玲	2016—2019	
29	院基金	CAFYBB2016QA003	文心兰香气形成及释放的细胞学基础研究	张莹	2016—2018	
30	院基金	CAFYBB2017MB006	腾冲红花油茶高效栽培水肥调控技术研究	曹永庆	2017—2019	
31	院基金	CAFYBB2017QA005	基于SSR、SNP标记的板栗和锥栗高密度遗传图谱构建	江锡兵	2017—2018	
32	院基金	CAFYBB2017ZY007	馒头柳镉离子高效转运和积累的分子机制研究	卓仁英	2017—2019	
33	院基金	CAFYBB2017MA003	南方栎类菌根资源及其微生物组功能	袁志林	2017—2019	

续表

序号	项目类型	项目编号	项目名称	负责人	起止时间（年）	备注
34	院基金	CAFYBB2017QA006	持久性有机污染物在油茶籽中的吸附富集研究	沈丹玉	2017—2018	
35	院基金	CAFYBB2017QC002	我国核桃综合品质评价的基础研究	刘毅华	2017—2019	
36	院基金	CAFYBB2017MA004	雪灾干扰下木荷萌生"驻留生态位"驱动机制	曹永慧	2017—2019	
37	院基金	CAFYBB2017MA001	石漠化斑块土壤生源要素特征及植物适应机制	李　生	2017—2019	
38	院基金	CAFYBB2017ZD001	北美栎树品系化培育及高效栽培技术产业化示范	孙海菁	2017—2019	
39	院基金	CAFYBB2017ZY004	全基因组解析山苍子精油合成分子机制	汪阳东	2017—2019	
40	院基金	CAFYBB2017MA002	土壤水分对竹林碳同化及碳转移的影响研究	谢锦忠	2017—2019	
41	院基金	CAFYBB2017MB007	黑色茶花新品种选育关键技术研究	李辛雷	2017—2019	
42	院基金	CAFYBB2017ZF001	金花茶特异金黄花色形成的调控机理	李纪元	2017—2019	
43	院基金	CAFYBB2017MC001	中国林科院公益性科研单位科技绩效评估机制研究	贾兴焕	2017—2019	
44	院基金	CAFYBB2018GC003	中国林科院公派留学项目	楚秀丽	2018—2019	
45	院基金	CAFYBB2019QB002	耐镉基因SaREFl的杨树转化与效果分析	刘明英	2019—2021	
46	院基金	CAFYBB2019ZB002	南方主要阔叶树高风险病虫生态防控技术研究	杜孟浩	2019—2021	
47	院基金	CAFYBB2019QD002	核桃中多元风险次生代谢产物的响应与转化	刘毅华	2019—2022	
48	院基金	CAFYBB2019GC001-4	中国林科院公派留学项目	张涵丹	2019—2020	
49	院基金	CAFYBB2019ZX002	山苍子单萜合成关键节点的分子调控研究	陈益存	2019—2021	
50	院基金	CAFYBB2019ZC002	特色经济植物精品高效培育模式示范	田　敏	2019—2021	
51	院基金	CAFYBB2020QB002	氮、钾依赖下的腐生型共生真菌与树木共生机制	彭　龙	2020—2024	
52	院基金	CAFYBB2020QA002	TGA10响应水杨酸调控山鸡椒性别分化机理研究	高　暝	2020—2024	
53	院基金	CAFYBB2021QD001	重测序发掘林木生长性状关联的遗传变异	殷恒福	2021—2024	
54	院基金	CAFYBB2022XE001	基于笋芽分化调控的竹笋培育技术示范与推广	岳晋军	2022—2024	

续表

序号	项目类型	项目编号	项目名称	负责人	起止时间（年）	备注
55	院基金	CAFYBB2023QA003	樟科类化合物生物合成的调控机制研究	赵耘霄	2023—2027	院优青
56	院基金	CAFYBB2023XB001	基于良种良法的龙胜摆竹产业提升技术示范	袁金玲	2023—2025	专项项目
57	院基金	CAFYBB2023MB005	CnPGK1介导的磷酸化修饰参与金花茶黄酮醇调控的分子机理	刘伟鑫	2023—2027	
58	院基金	CAFYBB2023MB004	基于环境异质性解析喀斯特溶丘功能灌木火棘繁殖权衡机制	王佳	2023—2028	
59	院基金	CAFYBB2023MA005	降水格局变化对喀斯特土壤种子库萌发性状和持久性维持的影响	罗超	2023—2026	
60	院基金	CAFYBB2023MA004	覆盖雷竹林微塑料赋存形态及迁移机制研究	凡莉莉	2023—2026	
61	院基金	CAFYBB2023MA006	板栗糖转运蛋白CmSWEET6在调控坚果中蔗糖和支链淀粉积累的功能研究	王衍鹏	2023—2026	
62	院基金	CAFYBB2023PA005	特色经济林木功能成分调控机制及品质改良	吴立文	2023—2027	
63	院基金	CAFYBB2022QA001	林木种质资源表型数字化评价	李彦杰	2023—2026	
64	院基金（所统筹）	RISF2014011	腾冲红花油茶资源发掘与创新利用研究	曹永庆	2014—2018	
65	院基金（所统筹）	RISF2014010	超积累树木馒头柳耐镉的分子机制研究	刘明英	2014—2017	
66	院基金（所统筹）	RISF2014005	暴雨径流对次生林集水区溪流有机碳输出的影响	王小明	2014—2016	
67	院基金（所统筹）	RISF2014009	生态风景林色彩量化分析与配置技术研究	张龙	2014—2016	
68	院基金（所统筹）	RISF2014007	西南喀斯特森林土壤呼吸对降雨格局的响应机制	薛亮	2014—2016	
69	院基金（所统筹）	RISF2014002	金衢盆地适生树种选择及关键培育技术研究	刘军	2014—2016	
70	院基金（所统筹）	RISF2014008	檫木速生用材林培育机理及关键技术研究	孙洪刚	2014—2016	
71	院基金（所统筹）	RISF2014003	基于RAD测序的山鸡椒性别相关SNP标记鉴定	高暝	2014—2016	
72	院基金（所统筹）	RISF2014004	枫香Pb耐性种源差异及积累解毒机制	施翔	2014—2016	
73	院基金（所统筹）	RISF2014001	竹细胞工程育种技术平台构建	袁金玲	2014—2017	

续表

序号	项目类型	项目编号	项目名称	负责人	起止时间（年）	备注
74	院基金（所统筹）	RISF2014006	升温、CO_2浓度倍增与水分胁迫对毛竹碳水化合物积累和转运的影响	李迎春	2014—2016	
75	院基金（所统筹）	CAFYBB2016SY008	东南景天HSF基因家族参与镉胁迫响应机制研究	韩小娇	2016—2018	
76	院基金（所统筹）	CAFYBB2016SY012	绿僵菌与金针虫免疫互作的分子机理研究	张亚波	2016—2018	
77	院基金（所统筹）	CAFYBB2016SY006	生物质炭添加对竹林土壤碳矿化激发效应的微生物机制研究	葛晓改	2016—2018	
78	院基金（所统筹）	CAFYBB2016SY010	加拿大一枝黄花入侵对钾素循环的影响及其机理研究	叶小齐	2016—2018	
79	院基金（所统筹）	CAFYBB2016SY009	赋石水库流域氮磷迁移转化机制及空间分异性	许华森	2016—2018	
80	院基金（所统筹）	CAFYBB2016SY007	竹子水分生理整合的根源化学信号调控机理	郭子武	2016—2018	
81	院基金（所统筹）	CAFYBB2016SY011	土壤水分格局对竹林碳积累及氮磷利用的影响	张玮	2016—2018	
82	院基金（所统筹）	CAFYBB2016SZ001	木本植物非编码RNA参与调控生长发育的研究	殷恒福	2016—2018	
83	院基金（所统筹）	CAFYBB2017SY016	基于沙床层积的油茶砧用种子萌发机制研究	龙伟	2017—2019	
84	院基金（所统筹）	CAFYBB2017SY015	柿果顶腐病发病过程中钙相关作用机理研究	徐阳	2017—2019	
85	院基金（所统筹）	CAFYBB2017SZ002	基于模糊数学综合评价研究竹笋、油茶籽品质数字化体系	汤富彬	2017—2019	
86	院基金（所统筹）	CAFYBB2017SY013	LcHMGS调控山苍子精油特征化合物合成的分子机理	吴立文	2017—2019	
87	院基金（所统筹）	CAFYBB2017SY014	毛竹林下竹荪仿野生栽培技术提升与示范	陈胜	2017—2019	
88	院基金（所统筹）	CAFYBB2017SZ001	基于全基因组解析山茶重要性状的选育机制	林长春	2017—2019	
89	院基金（所统筹）	CAFYBB2018SY013	薄壳山核桃种仁多酚代谢分子机制研究	张成才	2018—2020	
90	院基金（所统筹）	CAFYBB2018SY018	油茶加工品质提升关键技术研究	罗凡	2018—2020	
91	院基金（所统筹）	CAFYBB2018SY016	木瓜属分子系统学研究	邵文豪	2018—2020	
92	院基金（所统筹）	CAFYBB2018SY017	雷竹林氮素生理整合效应及应用研究	陈双林	2018—2020	

续表

序号	项目类型	项目编号	项目名称	负责人	起止时间（年）	备注
93	院基金（所统筹）	CAFYBB2018SY014	杜鹃红山茶 FT、TFL1 基因开花调控功能研究	范正琪	2018—2020	
94	院基金（所统筹）	CAFYBB2018SY015	亚热带次生林土壤生物对凋落物分解的影响	王小明	2018—2020	
95	院基金（所统筹）	CAFYBB2018SZ001	沿海特色耐盐树种资源收集评价及栽培示范	柴胜元	2018—2020	
96	院基金（所统筹）	CAFYBB2019SY016	民族珍贵药材木姜叶柯优质资源收集及评价	杨志玲	2019—2021	
97	院基金（所统筹）	CAFYBB2019SY015	不动杆菌在绿僵菌—金针虫免疫互作中的作用	张亚波	2019—2021	
98	院基金（所统筹）	CAFYBB2018SY019	庙山坞长期试验基地生物多样性本底调查及监测	张　威	2019—2020	
99	院基金（所统筹）	CAFYBB2019SY020	华东沿海防护林生态站基础建设及能力提升	成向荣	2019—2020	
100	院基金（所统筹）	CAFYBB2019SZ001	重金属污染土壤生态修复林高效构建及调控技术	陈光才	2019—2022	
101	院基金（所统筹）	CAFYBB2019SY015	水源区土壤氮、磷局地迁移与调控机理	张建锋	2019—2021	
102	院基金（所统筹）	CAFYBB2019SY019	石漠化生态系统长期定位观测研究能力提升	薛　亮	2019—2019	
103	院基金（所统筹）	CAFYBB2019SY015	北美橡树娜塔栎无性繁殖技术体系研究	饶龙兵	2019—2021	
104	院基金（所统筹）	CAFYBB2020SY014	薄壳山核桃抗黑斑病分子机制研究	常　君	2020—2022	
105	院基金（所统筹）	CAFYBB2020SY009	大别山区甜柿种质调查与评价利用	杨　旭	2020—2022	
106	院基金（所统筹）	CAFYBB2020SY016	伴矿景天 SpWRKY7 参与镉积累机制研究	邱文敏	2020—2022	
107	院基金（所统筹）	CAFYBB2020SY011	强耐盐苗木根系微生物群落的构建机制	杨预展	2020—2021	
108	院基金（所统筹）	CAFYBB2020SY013	经济林产品质量检验检测中心环境设施安全条件提升	倪张林	2020—2020	
109	院基金（所统筹）	CAFYBB2020SY010	钱江源森林生态站基础建设及能力提升	格日乐图	2020—2021	
110	院基金（所统筹）	CAFYBB2020SY017	喀斯特露石微生境优势灌木实生苗更新机制研究	王　佳	2020—2022	
111	院基金（所统筹）	CAFYBB2020SY015	赤皮青冈优质种质发掘和种苗高效繁育技术研究	王　斌	2020—2022	

续表

序号	项目类型	项目编号	项目名称	负责人	起止时间（年）	备注
112	院基金（所统筹）	CAFYBB2020SY008	采脂对湿地松树木解剖学及经济学性状的影响	李彦杰	2020—2022	
113	院基金（所统筹）	CAFYBB2020SZ004	香椿功能型品种选育及关键栽培技术研究与示范	刘　军	2020—2024	
114	院基金（所统筹）	CAFYBB2020SY012	山苍子精油高效提取及其活性成分应用研究	李正翔	2020—2022	
115	院基金（所统筹）	CAFYBB2022SY009	PhGPA1介导GA和BR协同促进毛竹茎秆伸长的机制	徐　静	2022—2025	
116	院基金（所统筹）	CAFYBB2022SY010	亚热带人工林土壤磷有效性对林窗干扰的响应	童　冉	2022—2024	
117	院基金（所统筹）	CAFYBB2022SY011	薄壳山核桃重大种实病虫害绿色防控技术研究	张　威	2022—2024	
118	院基金（所统筹）	CAFYBB2022SY012	含重金属林木生物质的水热特性及其安全利用	肖　江	2022—2025	
119	院基金（所统筹）	CAFYBB2022SY013	实心竹秆形态建成的碳制约性机制及应用研究	郭子武	2022—2025	

附表6 获所级及以上荣誉称号先进集体、个人（2014—2023年）

一、党组织、工会、九三学社等系统

（一）党组织

类别	获奖年度	获奖称号	获奖名单	授奖单位
集体奖	2016	先进基层党组织	行政管理支部	浙江省林业厅直属机关党委
	2018	先进基层党组织	综合处党支部	浙江省林业局直属机关党委
	2019	先进基层党组织	综合处党支部	浙江省林业局直属机关党委
	2019	先进基层党组织	条财处党支部	浙江省林业局直属机关党委
	2020	先进基层党组织	综合处党支部	浙江省林业局直属机关党委
	2021	先进基层党组织	综合办公室党支部	浙江省林业局直属机关党委
	2021	先进基层党组织	质检中心党支部	浙江省林业局直属机关党委
	2022	先进基层党组织	综合办党支部	浙江省林业局直属机关党委
	2022	先进基层党组织	计财处党支部	浙江省林业局直属机关党委
	2023	先进基层党组织	计划财务处党支部	浙江省林业局直属机关党委
	2023	先进基层党组织	生态保护与修复学科群党支部	浙江省林业局直属机关党委
	2021	中国林科院标准化规范化建设标杆党支部	亚林所综合办党支部	中国林科院分党组
个人奖	2021	浙江省直属机关优秀党务工作者	赵 艳	浙江省直属机关工会委员会
	2018	优秀党务工作者	赵 艳	浙江省林业局直属机关党委
	2020	优秀党务工作者	刘 泓	浙江省林业局直属机关党委
	2021	优秀党务工作者	田晓堃	浙江省林业局直属机关党委
	2022	优秀党务工作者	袁志林	浙江省林业局直属机关党委
	2023	优秀党务工作者	高 暝	浙江省林业局直属机关党委
	2014	优秀共产党员	吴 明、姜景民、岳晋军、李 生、范妙华、赵 艳	浙江省林业厅直属机关党委
	2015	优秀共产党员	姜景民、陈光才、胡瑗珲、范妙华	浙江省林业厅直属机关党委

续表

类别	获奖年度	获奖称号	获奖名单	授奖单位
	2016	优秀共产党员	陈光才、张守英、范妙华、吴 明、刘 泓、袁志林	浙江省林业厅直属机关党委
	2017	优秀共产党员	张守英、陈光才、吴 明、袁志林、田晓堃、陆应浩	浙江省林业厅直属机关党委
	2018	优秀共产党员	吕文勇、李正翔、张涵丹、田晓堃、林长春、贾兴焕	浙江省林业局直属机关党委
	2019	优秀共产党员	李纪元、刘 泓、陈光才、张守英、张建春、田晓堃、欧阳彤	浙江省林业局直属机关党委
	2020	优秀共产党员	李纪元、汤富彬、陈光才、陈益存、杨清平、童杰洁、葛晓改	浙江省林业局直属机关党委
	2021	优秀共产党员	王开良、刘 泓、陈光才、张守英、陈益存、杨清平、范妙华	浙江省林业局直属机关党委
	2022	优秀共产党员	杨清平、赵 艳、张嘉琳、葛晓改、陈益存、殷恒福、彭 龙	浙江省林业局直属机关党委
	2023	优秀共产党员	赵 艳、魏祯倩、范妙华、郭子武、张涵丹、江锡兵、胡瑷珲、应 玥	浙江省林业局直属机关党委

（二）工会组织

类别	获奖年度	获奖称号	获奖名单	授奖单位
集体奖	2020	"先进职工之家"（通过复验）	亚林所工会	浙江省直属机关工会委员会
	2022	浙江省直属机关工会工作成绩突出集体	亚林所工会	浙江省直属机关工会委员会

（三）九三学社

类别	获奖年度	获奖称号	获奖名单	授奖单位
集体奖	2019	浙江省社会服务工作先进集体	九三学社中国林科院亚林所支社	九三学社浙江省委员会
	2020	浙江省社会服务工作先进集体	九三学社中国林科院亚林所支社	九三学社浙江省委员会
	2021	浙江省社会服务工作先进集体	九三学社中国林科院亚林所支社	九三学社浙江省委员会
	2022	浙江省社会服务工作先进集体	九三学社中国林科院亚林所支社	九三学社浙江省委员会

续表

类别	获奖年度	获奖称号	获奖名单	授奖单位
个人奖	2017	浙江省社会服务工作先进个人	舒金平	九三学社浙江省委员会
	2020	浙江省社会服务工作先进个人	任华东	九三学社浙江省委员会
	2021	浙江省社会服务工作先进个人	张成才	九三学社浙江省委员会
	2022	浙江省社会服务工作先进个人	谢锦忠	九三学社浙江省委员会

二、行政系统

奖项	获奖年度	获奖称号	获奖名单	授奖单位
集体奖	2019	全国生态建设突出贡献奖先进集体	中国林科院亚林所木本油料研究组	国家林业和草原局
	2014、2015、2021	省级特派员工作先进单位	中国林科院亚林所	中共浙江省委、浙江省人民政府
	2021	"森林浙江"建设工作突出贡献集体	森林健康与保护研究组	中共浙江省委、浙江省人民政府
	2021	广西壮族自治区脱贫攻坚先进集体	中国林科院亚林所	中共广西壮族自治区委员会、广西壮族自治区人民政府
	2023	省级特派员工作先进单位	中国林科院亚林所科技管理处	中共浙江省委、浙江省人民政府
	2019	全省林业技术推广突出贡献集体	木本粮食研究团队	浙江省林业局
	2020	浙江省林业产业先进集体	中国林科院亚林所	浙江省林业局
	2022	全省林业科技工作成绩突出集体	中国林科院亚林所湿地生态（自然保护地）研究组	浙江省林业局
	2019—2021	森林草原防火先进单位	亚林所试验林场	中国林科院
	2020	中国林科院扶贫先进集体	中国林科院亚林所	中国林科院
	2014	亚林所先进集体	综合处、质检中心	亚林所
	2015	亚林所先进集体	质检中心、林木种质资源研究组	亚林所
	2016	亚林所先进集体	质检中心、林木育种与培育研究室	亚林所
	2017	亚林所先进集体	质检中心、经济林研究室	亚林所

续表

奖　项	获奖年度	获奖称号	获奖名单	授奖单位
集体奖	2018	亚林所先进集体	质检中心、林木遗传工程研究组	亚林所
	2019	亚林所先进集体	试验林场、木本油料树种研究组、医保参保工作组	亚林所
	2020	亚林所先进集体	质检中心、生态修复研究组	亚林所
	2021	亚林所先进集体	木本粮食育种与培育研究组、计划财务处	亚林所
	2022	亚林所先进集体	质检中心、科技处、生物育种重大专项申报专班	亚林所
	2023	亚林所先进集体	质检中心、林木种质资源研究组	亚林所
个人奖	2016	全国生态建设突出贡献奖先进个人	王开良	国家林业和草原局
	2016	浙江省农业科技突出贡献者	姚小华	浙江省人民政府办公厅
	2016	浙江省农业科技先进工作者	李纪元、王开良、吴　明	浙江省人民政府办公厅
	2016、2018、2023	浙江省优秀科技特派员	叶淑媛	中共浙江省委、浙江省人民政府
	2016	浙江林业科技标兵	陈光才	浙江省林学会
	2017	林业青年科技奖	袁志林	中国林学会
	2018	"千村示范、万村整治"工程和美丽浙江建设突出贡献个人	史久西	中共浙江省委、浙江省人民政府
	2018	研究生管理先进工作者	欧阳彤	中国林科院
	2019	第十一届"全国农村青年致富带头人"	徐　阳	共青团中央、农业农村部
	2019	浙江省优秀科技特派员	李正才	中共浙江省委、浙江省人民政府
	2019	浙江省优秀科技特派员	杨清平	中共浙江省委、浙江省人民政府
	2019	中国林科院科技扶贫先进工作者	龚榜初、王开良、陈益存、谢锦忠	中国林科院
	2019	全省林业技术推广突出贡献个人	常　君、张　龙	浙江省林业局

续表

奖项	获奖年度	获奖称号	获奖名单	授奖单位
个人奖	2020	中国林科院扶贫先进个人	姚小华、史久西、方学智	中国林科院
	2020	扶贫宣传优秀联络员	田晓堃	中国林科院
	2020	浙江省森林生态保护突出贡献个人	张亚波	浙江省林业局
	2020	浙江省林业产业先进个人	江锡兵、曹永庆	浙江省林业局
	2021	第一批最美林草科技推广员	龚榜初、江锡兵	国家林业和草原局办公室
	2021	浙江省农业科技先进工作者	周志春、舒金平、任华东、谢锦忠、方学智	浙江省人民政府办公厅
	2022	第二批最美林草科技推广员	谢锦忠	国家林业和草原局办公室
	2022	最美林草科技工作者	陈益存	中国林学会
	2022	全省林业科技工作成绩突出个人	罗 凡、郭子武、张 振	浙江省林业局
	2022	富阳好人榜	王培蒂	富阳宣传办（富阳文明办）
	2023	全国绿化奖章	周志春	全国绿化委员会
	2023	第三批最美林草科技推广员	郭子武	国家林业和草原局办公室
	2019、2023	浙江省优秀科技特派员	郭子武	中共浙江省委、浙江省人民政府
	2023	浙江省三八红旗手	陈益存	浙江省妇女联合会
	2024	浙江好人榜	龚榜初	浙江省委宣传部（浙江省文明办）
	2014	先进工作者	周志春、李纪元、姜景民、李 生、赵 艳、范妙华、叶 华	亚林所
	2015	先进工作者	姚小华、史久西、陈光才、吴统贵、韩小娇、贾兴焕	亚林所
	2016	先进工作者	虞木奎、任华东、殷恒福、韩小娇	亚林所
	2017	先进工作者	姚小华、周志春、汤富彬、袁志林、陈光才、田晓堃	亚林所
	2018	先进工作者	姚小华、吴 明、史久西、刘明英、张涵丹、诸葛天祥	亚林所

续表

奖 项	获奖年度	获奖称号	获奖名单	授奖单位
个人奖	2019	先进工作者	姚小华、吴 明、李纪元、吴统贵、刘青华、李渝婷	亚林所
	2020	先进工作者	陈光才、李纪元、陈益存、汤富彬、陆人方、杨清平	亚林所
	2021	先进工作者	陈光才、刘 军、张亚波、张守英、倪张林	亚林所
	2022	先进工作者	龚榜初、彭 龙、李迎春、赵耘霄、范妙华	亚林所
	2023	先进工作者	江锡兵、杨雪琼、陈光才、赵耘霄、诸葛天祥	亚林所

附表7 亚林所获得的授权专利

序号	年份	专利名称	专利权号	发明人
1. 发明专利				
1	2014	耐冬山茶愈伤组织再生植株的方法	ZL201310040315.9	李纪元等
2	2014	提高天然沸石离子交换能力和效率的方法	ZL201310055430.9	姜景民等
3	2014	调控植物油脂与脂肪酸的转录因子及其编码基因与应用	ZL201310141297.9	汪阳东等
4	2014	一种浓香营养油茶籽油的加工方法	ZL201310324096.2	郭少海等
5	2014	异丙威与喹硫磷复配农药	ZL201210240824.7	汤富彬等
6	2015	草酸青霉 BAM-1 及其分离纯化方法与应用	ZL 201310497471.3	郭子武等
7	2015	一种高效低廉快速的废弃尾矿植被修复方法	ZL 201310012381.0	潘红伟等
8	2015	一种毛竹林下栽培多花黄精的方法	ZL 201310119068.7	陈双林等
9	2015	一种提高高节竹笋品质的培育方法	ZL 201410385874.3	陈双林等
10	2015	一种用于苗木扦插的盐碱地土壤基质改良的方法	ZL 201310619554.5	陈光才等
11	2015	一种粘红酵母高产油脂及亚油酸基因工程菌的构建方法和应用	ZL 201310421519.2	汪阳东等
12	2015	一种竹炭猪粪堆肥高效去除抗生素的方法	ZL 201310321885.0	陈光才等
13	2015	一种自动灌溉装置	ZL 201310017102.X	卓仁英等
14	2015	植物内生蒙塔腔菌及其用途	ZL 201410045895.0	袁志林等
15	2016	柏木无性系扦插苗方法	ZL201410327347.7	金国庆等
16	2016	地被竹地毯式景观苗培育方法	ZL201410836908.6	郭子武等
17	2016	扩增植物组织中内生真菌ITS基因的方法及所用引物	ZL201410045774.6	袁志林等
18	2016	麻竹花药诱导体胚并获得再生植株的方法	ZL201110411575.9	乔桂荣等
19	2016	一种白及种子的包埋玻璃化超低温保存方法	ZL201410230993.1	王彩霞等
20	2016	一种富集块菌活性和风味的环糊精粉末的制作方法及应用	ZL201310607903.1	胡立松等
21	2016	一种块菌液体发酵生产块菌多糖的工艺	ZL201410263701.4	杜孟浩等
22	2016	一种利用油茶蒲制备亲水易降解聚氨酯泡沫的方法	ZL201410041715.1	张金萍等
23	2016	一种粘红酵母高产亚油酸基因工程菌的构建方法和应用	ZL 201310418736.6	汪阳东等
24	2016	以油茶果壳为原料液化制备植物基聚醚酯多元醇的方法	ZL201110134109.0	张金萍等
25	2016	皱皮木瓜乔化培育方法	ZL201410569082.1	邵文豪等
26	2016	竹加工剩余物微波液化产物制备聚氨酯硬泡的方法	ZL201410043459.X	张金萍等

续表

序号	年份	专利名称	专利权号	发明人
27	2017	N-取代-柠檬醛胺类化合物及其合成方法和应用	ZL201410436515.6	胡立松等
28	2017	多功能树干保护装置及制作、使用方法	ZL201510255235.X	孙洪刚等
29	2017	无患子种子大田育苗方法	ZL201410801142.8	邵文豪等
30	2017	一种无患子扦插育苗方法	ZL201410801140.9	邵文豪等
31	2017	一种压榨油茶籽油的适度加工方法	ZL201410268985.6	罗凡等
32	2017	一种建立湖滨防护林、营造良好湖滨生态环境的方法	ZL 201510211114.5	张建锋等
33	2017	一种建立湖滨人工湿地恢复生态的方法	ZL201510211267.X	张建锋等
34	2017	一种分根实验容器	ZL201510180266.3	张蕊等
35	2017	杜鹃红山茶叶片愈伤组织再生体系的建立方法	ZL201510147048.X	李纪元等
36	2017	杞柳矮林生物质能源林培育方法	ZL 201510265330.8	孙洪刚等
37	2017	无患子高位嫁接方法	ZL201410801405.5	邵文豪等
38	2017	一种阔叶树种基部包埋式扦插繁殖方法	ZL201510345407.2	刘军等
39	2017	一种绿化苗木切根方法	ZL201510338429.6	刘军等
40	2017	一种生物降解造林装置及造林方法	ZL 201510347318.1	邵文豪等
41	2017	毛竹原生质体培养的方法	ZL201510566124.0	袁金玲等
42	2017	一种毛竹胚乳培养的方法	ZL201510566151.8	袁金玲等
43	2017	一种经济林加工剩余物制备聚氨酯泡绵的方法	ZL 201510031073.1	张金萍等
44	2017	一种低成本茶皂素高效连续提取工艺	ZL201510902475.4	郭少海等
45	2017	一种海岸防护林带冠层结构优化方法	ZL201510749474.0	吴统贵等
46	2018	木麻黄嫩枝扦插育苗方法	ZL201610042221.4	何贵平等
47	2018	一种檫木种子处理及播种方法	ZL201510337779.0	刘军等
48	2018	一种含笑属树种扦插繁殖方法	ZL201510337028.9	刘军等
49	2018	一种简易薄壳山核桃人工辅助授粉方法	ZL201610556022.5	常君等
50	2018	一种茶皂素连续提纯的加工方法	ZL201610850548.4	郭少海等
51	2018	一种茶皂素连续提取溶剂高效回收工艺	ZL201610850277.2	郭少海等
52	2018	一种石斛栽培基质及其制备方法	ZL201510396387.1	张金萍等
53	2019	一种竹子杂交授粉的方法	ZL201710615389.4	袁金玲等
54	2019	一种毛竹林节水灌溉方法	Zl201610636000.X	张玮等
55	2019	一种与油茶种子油脂中花生烯酸含量相关的SNP分子标记及其应用	ZL201710100732.1	林萍等
56	2019	一种茶油化妆品基础油的加工方法	ZL201510670372.X	郭少海等
57	2019	一种抗菌除臭聚氨酯泡沫及其制备方法	ZL201710160440.7	张金萍等
58	2020	一种简易机械化高效采收的油茶栽培方法	ZL201810444469.2	王开良等
59	2020	一种复合微生物菌剂制备方法及其应用	ZL201810203791.6	张金萍等

续表

序号	年份	专利名称	专利权号	发明人
60	2020	一种松木屑作为食用菌栽培料的预处理方法	ZL201810922055.6	张金萍等
61	2020	一种油茶果壳制备栽培基质的方法	ZL201810170972.3	张金萍等
62	2020	一种降解皂素和单宁的复合微生物菌剂	ZL201810735903.2	张金萍等
63	2020	一种松节油降解微生物菌剂	ZL201810312540.1	张金萍等
64	2020	一种油茶籽中不同形态多酚的萃取方法	ZL201610994231.8	罗凡等
65	2020	一种石漠化红裸土植被快速恢复的方法	ZL201710387477.3	李生等
66	2020	鉴定高含油率油茶的方法	ZL201710100290.0	林萍等
67	2020	一种与油茶种子含油率相关的SNP分子标记及其应用	ZL201710100586.2	王开良等
68	2020	一种与油茶种子油脂中软脂酸、油酸、亚麻酸含量相关的SNP分子标记及其应用	ZL201710100615.5	林萍等
69	2020	一种丛生竹快速繁殖的方法	ZL201810523625.4	岳晋军等
70	2020	一种核桃精选加工工艺	ZL201811475509.6	郭少海等
71	2020	一种超高酸价毛油的高效精炼工艺	ZL201710595063.X	郭少海等
72	2020	用于鉴定山鸡椒性别的SNP标记及该SNP标记的筛选方法	ZL201710427301.6	高暝等
73	2020	一种竹林金针虫成虫引诱剂	ZL201710080884.X	张亚波等
74	2020	一种湿地松林中高产脂湿地松植株的鉴定方法	ZL201810949266.9	姜景民等
75	2020	利用外源物质提高无患子果序结实的方法	ZL201810087823.0	邵文豪等
76	2020	利用脱落酸疏花提高无患子果序结实的方法	ZL201810087561.8	邵文豪等
77	2021	一种超高酸价毛油的精炼工艺	ZL201710595050.2	方学智等
78	2021	一种磁性半纤维素基水凝胶	ZL201810338454.8	胡立松等
79	2021	一种清香油茶籽油脱胶工艺	ZL201410552148.6	郭少海等
80	2021	一种油茶籽精选加工工艺	ZL201811473745.4	郭少海等
81	2021	一种毛竹幼胚离体再生及遗传转化的方法	ZL202110025934.0	乔桂荣等
82	2021	一种提高镉抗性及镉含量的基因及其用途	ZL201810827621.5	刘明英等
83	2021	马尾松长叶烯合成酶基因和产品及应用	ZL201911254764.2	刘彬等
84	2021	马尾松α-蒎烯合成酶在制备萜烯类化合物及萜烯类化合物的产品中的应用	ZL201911253617.3	刘彬等
85	2021	南方红豆杉的嫁接方法及其杂交种子园的营建方法	ZL201911309082.7	楚秀丽等
86	2021	一种采脂方法	ZL201910749934.8	李彦杰等
87	2021	湿地松人工林改建方法	ZL201710660450.7	孙洪刚等
88	2021	一种低产低效毛竹林珍贵化、彩化整体改造方法	ZL201910998447.5	刘军等
89	2021	能够促进苗木不定根和次生根发育的根际真菌及用途	ZL201910704774.5	杨预展等

续表

序号	年份	专利名称	专利权号	发明人
90	2021	具抑菌能力和木质纤维素降解活性的新孢无柄盘菌及用途	ZL201910704502.5	杨预展等
91	2021	一种油橄榄体细胞胚胎发生及植株再生方法	ZL201811534184.4	龙伟等
92	2021	一种利用山核桃壳为原料制备栽培基质的方法	ZL201811187206.4	张金萍等
93	2021	一种单宁和皂素降解微生物菌剂	ZL201810586648.X	张金萍等
94	2021	一种林业废弃物制备的石斛栽培基质	ZL201810776491.7	张金萍等
95	2021	一种红花油茶幼胚的组培育苗方法	ZL201910988781.2	叶思诚等
96	2021	一种浙江红山茶花药离体培养获得再生植株的方法	ZL201910989543.3	叶思诚等
97	2021	一种油茶茎段离体培养再生植株的方法	ZL201910988832.1	叶思诚等
98	2021	一种油茶再生体系的再生方法	ZL201910988964.9	叶思诚等
99	2021	一种星天牛成虫的引诱剂	ZL202010966399.4	舒金平等
100	2021	作为生防菌的伯克氏菌的筛选方法及所用的分离培养基	ZL201911108766.0	陈益存等
101	2021	一种伯克氏农业生防菌株Ba1及其用途	ZL201911108997.1	陈益存等
102	2021	一种丛生竹全光照喷雾扦插快速繁殖方法	ZL201910201340.3	张玮等
103	2021	一种省力化竹林下种植竹荪的方法	ZL202010088801.3	张玮等
104	2021	一种散生型笋用竹的促成栽培方法	ZL201810524045.7	岳晋军等
105	2022	一种鉴定山茶花色芽变品种的方法	ZL201910438877.1	李辛雷等
106	2022	一种山茶花中多种花青苷的含量检测方法	ZL202111352064.4	李辛雷等
107	2022	一种用于黑色茶花杂种鉴定的SSR标记引物及应用	ZL202111503455.1	李辛雷等
108	2022	一种金花茶CnFLS+反义F3'H双基因载体构建促进植物黄酮醇合成的方法	ZL202011574583.0	李纪元等
109	2022	一种金花茶CnFLS+CnUFGT14双基因载体构建促进植物黄酮醇合成的方法	ZL202011574754.X	李纪元等
110	2022	一种提高本氏烟组培苗移栽成活率的方法	ZL201911113311.8	李纪元等
111	2022	一种麻竹未成熟胚离体再生的方法	ZL202110534787.X	乔桂荣等
112	2022	通过营建采穗圃培育扦插枝条的毛红椿扦插繁殖方法	ZL201910998287.4	刘军等
113	2022	一种厚朴繁殖技术	ZL201910743947.4	杨志玲等
114	2022	与油茶种子油中软脂酸含量相关的DNA片段、其紧密连锁的SNP分子标记及其应用	ZL202110839162.4	常君等
115	2022	一种工厂化茯苓栽培基质及茯苓栽培方法	ZL202110698857.5	张金萍等
116	2022	与油茶种子油中亚麻酸含量相关的DNA片段、其紧密连锁的SNP分子标记及其应用	ZL202110839167.7	王开良等
117	2022	一种索诺拉沙漠芽孢杆菌及其应用	ZL202110791190.3	张亚波等
118	2022	一种用于面源污染防治的水源区生态防护林营建方法	ZL201910168120.5	张建锋等

续表

序号	年份	专利名称	专利权号	发明人
119	2022	一种用于铜矿废弃地植被恢复的方法	ZL201811160034.1	张建锋等
120	2022	植物实时水势的测定方法	ZL202110623980.0	薛亮等
121	2022	山鸡椒醇脱氢酶 LcADH31 在制备柠檬醛或以其为活性物质的产品中的应用	ZL202011557706.X	赵耘霄等
122	2022	一种 Sir2 家族基因或蛋白在调控植物萜类物质产量中的应用	ZL202110267837.2	吴立文等
123	2022	一种 Sir2 家族基因或蛋白在调控植物器官大小中的应用	ZL202110267904.0	吴立文等
124	2022	一种竹笋液浸制标本的制备方法	ZL202110785187.0	郭子武等
125	2023	一种基于陈麦粒的羊肚菌开放式低成本制种方法	ZL202111622356.5	张玮等
126	2023	一种亚热带次生林恢复的抚育方法	ZL202210160482.1	曹永慧等
127	2023	转录因子 LCMYB4 在调控山鸡椒萜类合成中的应用	ZL202210071641.0	赵耘霄等
128	2023	转录因子 LcERF19 在调控山鸡椒精油合成中的应用	ZL202210066720.2	汪阳东等
129	2023	D6 蛋白激酶 D6PKL2 的新用途	ZL202111538383.4	汪阳东等
130	2023	一种飞行昆虫诱捕装置及其方法	ZL202111524480.8	张威等
131	2023	一种方便拆洗的便携式诱捕装置	ZL202111533326.7	张威等
132	2023	一种吉伦伯不动杆菌及其应用	ZL202111080365.6	张亚波等
133	2023	薄壳山核桃品种 Creek 的分子标记及其应用	ZL202111300949.X	张成才等
134	2023	薄壳山核桃 Mahan、Pawnee 和 Greenriver 的 SSR 分子标记及其应用 2023	ZL202111299783.4	张成才等
135	2023	薄壳山核桃品种 McMillian 的 SSR 分子标记及其应用	ZL202111300894.2	张成才等
136	2023	与油茶种仁油中亚麻酸含量相关的 SNP 分子标记及其应用	ZL202010442392.2	林萍等
137	2023	与油茶种仁油中亚麻酸含量相关的关键 SNP 分子标记及其应用	ZL202010442342.4	姚小华等
138	2023	与油茶种子油脂中棕榈油酸含量相关的 SNP 分子标记及其应用	ZL202010456767.0	王开良等
139	2023	与油茶种子油中二十碳烯酸含量相关的 SNP 分子标记及其应用	ZL202010457658.0	林萍等
140	2023	与油茶种子油中硬脂酸含量相关的 SNP 分子标记及其应用	ZL202010456775.5	林萍等
141	2023	与油茶种子油脂中油酸和亚油酸含量相关的 SNP 分子标记及其应用	ZL202010456770.2	林萍等
142	2023	与油茶种仁含油率相关的 2 个 SNP 分子标记及其应用	ZL202010479308.4	林萍等
143	2023	与油茶种仁含油率相关的 3 个 SNP 分子标记及其应用	ZL202010479322.4	林萍等

续表

序号	年份	专利名称	专利权号	发明人
144	2023	与油茶种仁含油率相关的SNP分子标记及其应用	ZL202010477542.3	林萍等
145	2023	与油茶种子油脂中软脂酸含量相关的SNP分子标记及其应用	ZL202010477521.1	林萍等
146	2023	与油茶种子出仁率相关的DNA片段、SNP分子标记及其应用	ZL202110843911.0	王开良等
147	2023	与油茶种子油脂中亚油酸含量相关的DNA片段、SNP分子标记及其应用	ZL202110843913.X	林萍等
148	2023	与油茶种子出仁率相关的DNA片段、其紧密连锁的SNP分子标记及其应用	ZL202110843913.X	林萍等
149	2023	与油茶单果质量相关的DNA片段、其紧密连锁的SNP分子标记及其应用	ZL202110837844.1	林萍等
150	2023	一种与油茶单果质量相关的DNA片段及其应用	ZL202110844658.0	常君等
151	2023	一种与油茶种子油脂中亚油酸含量相关的DNA片段及其应用	ZL202110846310.5	常君等
152	2023	杂合二倍体内生真菌菌株及其用途	ZL201911213441.9	杨预展等
153	2023	金花茶SSR标记引物及其在杂种鉴定中的应用	ZL201910929264.8	李辛雷等
154	2023	山茶品种春江红霞的多态性标记引物及山茶品种鉴定方法	ZL201910305146.X	李纪元等
155	2023	一种促进弗吉尼亚栎扦插生根的苗床加温方法	ZL202010807208.X	王树凤等
156	2023	一种油茶高效组织培养及植株再生的方法	ZL202211635153.4	邱文敏等
2. 国际发明专利				
1	2022	一种亚热带次生林恢复的抚育方法	LU502244	曹永慧等
2	2022	茯苓工厂化栽培用栽培基质及栽培方法	LU500527	张金萍等
3	2022	一种板栗砧木育苗基质配方及容器育苗方法	2022104009	江锡兵等
4	2022	一种甜柿亲和性砧木第一代种子园种子的选育方法	2022/08502	徐阳等
5	2023	石漠化红色裸露土壤植被快速恢复技术	2030980 en	李生等
6	2023	一种早期鉴定"富有系"甜柿的SNP分子标记鉴定方法及应用	N.102020000032273	徐阳等
7	2023	一种基于熵权TOPSIS模型的柿果品质综合评价方法	LU502641	徐阳等
8	2023	一种毛竹同位素原位标记装置	N.102020000032006	葛晓改等
3. 实用新型				
1	2014	一种采集悬铃木花粉的装置	ZL20142031159.8	潘红伟等
2	2015	便携式苗木切根机	ZL 201520419578.0	刘军等
3	2015	芽苗快速移栽器	ZL 201520151019.6	邵文豪等

续表

序号	年份	专利名称	专利权号	发明人
4	2015	一种安全无损果实采摘装置	ZL 201520151051.4	邵文豪等
5	2016	一种非损伤微测系统用微电极的多体支撑装置	ZL201520981354.9	韩小娇等
6	2016	甲醛及TVOC清除器	ZL201620281569.4	王亚萍等
7	2016	适用于拟南芥真空抽滤的转化装置	ZL201520999034.6	韩小娇等
8	2016	新型离心管架	ZL201620025949.1	邵文豪等
9	2016	一种非损伤微测系统用微电极的单体把持装置	ZL201520981481.9	张运兴等
10	2016	一种非损伤微测系统用微电极校正液密封保存盒	ZL201520981353.4	张运兴等
11	2016	一种植物种子培育箱	ZL201620345021.1	栾启福等
12	2016	植物组织表面消毒的简易装置	ZL201520638815.2	袁志林等
13	2017	一种监测装置及监测系统	ZL 2017204090932	邵学新等
14	2017	一种多用途树盘盖	ZL201720412968.4	王开良等
15	2017	松脂无污染收集装置	ZL201721813565.7	刘青华等
16	2017	基于超高频无线电波频段的动物定位数据收集系统	ZL201730405062.5	吴明等
17	2018	一种安全性高的野外人字梯	ZL201821276280.9	常君等
18	2018	一种人工授粉用授粉器	ZL201821310052.9	常君等
19	2019	涉禽类及游禽类水鸟捕捉工具	ZL201920575420.0	焦盛武等
20	2019	一种涉禽类及游禽类水鸟捕捉工具	ZL201920575419.8	焦盛武等
21	2020	一种用于林木监测的压力式自动延伸围尺	ZL202022363234.6	格日乐图等
22	2022	一种油橄榄渍水胁迫试验器具	ZL202221525334.7	龙伟等
23	2022	一种置入液氮罐的冻存架	ZL202201525311.6	龙伟等

附表 8 亚林所起草标准

序号	年份	名称	标准编号	主要完成人
		1. 国家标准		
1	2017	油茶籽饼、粕	GB/T 35131—2017	费学谦等
2	2019	油茶籽	GB/T 37917—2019	方学智等
3	2020	油茶良种选育技术规程	GB/T 28991—2020	姚小华等
4	2022	油茶皂素质量要求	GB/T 41549—2022	方学智等
		2. 行业标准		
1	2014	油茶遗传资源调查编目技术规程	LY/T 2247—2014	王浩杰等
2	2014	食用林产品产地环境通用要求	LY/T 1678—2014	费学谦等
3	2014	油茶容器育苗技术规程	LY/T 2314—2014	任华东等
4	2014	薄壳山核桃实生苗培育技术	LY/T 2315—2014	姚小华等
5	2015	山茶花盆栽技术规程	LY/T 2446—2015	李纪元等
6	2015	林木种质资源异地保存库营建技术规程	LY/T 2417—2015	周志春等
7	2015	马尾松种子园营建技术规程	LY/T 2427—2015	周志春等
8	2015	亚热带泥质海涂消浪林造林技术规程	LY/T 2481—2015	虞木奎等
9	2015	薄壳山核桃采穗圃营建技术规程	LY/T 2433—2015	王开良等
10	2016	植物特异性、一致性、稳定性测试指南 罗汉松属	LY/T 2739—2016	李纪元等
11	2016	笋用丛生竹培育技术规程	LY/T 2624—2016	顾小平等
12	2016	纸浆用丛生竹培育技术规程	LY/T 2625—2016	顾小平等
13	2016	毛竹林下多花黄精复合经营技术规程	LY/T 2762—2016	陈双林等
14	2016	薄壳山核桃坚果和果仁质量等级	LY/T 2703—2016	姚小华等
15	2016	植物新品种特异性、一致性、稳定性测试指南 油茶	LY/T 2742—2016	姚小华等
16	2016	植物新品种特异性、一致性、稳定性测试指南 油桐	LY/T 2741—2016	王开良等
17	2017	经济林产品质量安全监测技术规程	LY/T 2800—2017	刘毅华等
18	2017	薄壳山核桃遗传资源调查编目技术规程	LY/T 2804—2017	常君等
19	2017	喀斯特石漠化山地经济林栽培技术规程	LY/T 2829—2017	李生等
20	2017	柏木用材林栽培技术规程	LY/T 2834—2017	金国庆等
21	2017	山茶花嫁接技术规程	LY/T 2854—2017	李辛雷等
22	2018	金花茶栽培技术规程	LY/T 2956—2018	李纪元等
23	2018	山苍子苗木培育技术规程	LY/T 2942—2018	高暝等
24	2018	油茶主要性状调查测定规范	LY/T 2955—2018	姚小华等
25	2018	红豆树苗木培育技术规程	LY/T 3055—2018	楚秀丽等

续表

序号	年份	名称	标准编号	主要完成人
26	2018	竹卵圆蝽行业标准	LY/T 3031—2018	舒金平等
27	2018	锥栗栽培技术规程	LY/T 3051—2018	龚榜初等
28	2019	植物新品种特异性、一致性和稳定性测试指南 刚竹属	LY/T 3119—2019	马乃训等
29	2019	植物新品种特异性、一致性、稳定性测试指南 樟属	LY/T 3093—2019	任华东等
30	2020	喀斯特地区植被恢复技术规程	LY/T 1840—2020	李生等
31	2021	薄壳山核桃	LY/T 1941—2021	任华东等
32	2021	食用林产品质量追溯要求通则	LY/T 3262—2021	刘毅华等
33	2022	香榧	LY/T 1773—2022	姚小华等
34	2023	油茶	LY/T 3355—2023	姚小华等
35	2023	湿地松、火炬松培育技术规程	LY/T 1824—2022	栾启福等
3. 地方标准				
1	2015	毛竹材用林培育技术规程	DB33/T 959—2015	陈双林等
2	2015	柏木用材林培育技术规程	DB33/T 958—2015	周志春等
3	2015	绿竹笋（马蹄笋）栽培技术规程	DB33/T 343—2015	顾小平等
4	2016	毛竹林套种多花黄精栽培技术规程	DB33/T 2006—2016	陈双林等
5	2017	泥质海岸防护林建设技术规程	DB33/T 2075—2017	吴统贵等
6	2017	四季竹笋用林栽培技术规程	DB33/T 2074—2017	陈双林等
7	2017	薄壳山核桃生产技术规程	DB33/T 2077—2017	姚小华等
8	2017	杉木双系杂交种子园营建技术规程	DB33/T 2088—2017	何贵平等
9	2018	木荷营造林技术规程	DB33/T 2120—2018	周志春等
10	2017	松、杉低效林改造技术规程	DB33/T 2078—2017	成向荣等
11	2018	香椿和毛红椿用材林栽培技术规程	DB33/T 2161—2018	刘军等
12	2018	湿地公园生态管理技术规范	DB33/T 2093—2018	吴明等
13	2019	盆栽杜鹃红山茶生产技术规程	DB33/T 2206—2019	李辛雷等
14	2019	主要珍贵树种大规格容器苗培育技术规程	DB33/T 2213—2019	楚秀丽等
15	2021	木荷种子园营建技术规程	DB33/T 2325—2021	张蕊等
16	2021	耐寒木麻黄无性繁殖技术规程	DB33/T 2463—2022	何贵平等
17	2021	人工湿地处理分散点源污水工程技术规程	DB33/T 2371—2021	邵学新等
18	2021	彩色森林营建技术规程	DB33/T 2360—2021	史久西等
19	2021	竹荪仿野生栽培技术规程	DB33/T 2298—2020	谢锦忠等
20	2021	木姜叶柯栽培技术规程	T/CSF 001—2021	杨志玲等
21	2021	薄壳山核桃品种适应性评价技术规范	T/CFS 004—2021	常君等
22	2021	油茶品种适应性评价技术规范	T/CFS 005—2021	王开良等

续表

序号	年份	名称	标准编号	主要完成人
23	2021	沿海防护林生态效益监测与评估技术规程	DB31/T 310008—2021 DB32/T 310009—2021 DB33/T 310010—2021	吴统贵等
24	2022	重金属污染困难立地生态修复林营建技术规程	DB33/T 2401—2021	陈光才等
25	2022	弗吉尼亚栎育苗及造林技术规程	DB33/T 2448—2022	孙海菁等
26	2022	茶梅培育技术规程	DB33/T 2440.2—2022	李辛雷等
27	2022	珍贵彩色树种营林技术规程第1部分：楠木	DB33/T 825.1—2022	楚秀丽等
28	2022	毛竹林扩张控制技术规程	DB33/T 2533—2022	郭子武等
29	2022	自然灾害受损竹林恢复技术规程	DB33/T 2505—2022	陈双林等
30	2022	乡村人居林建设技术规程	DB33/T 2535—2022	张建锋等
31	2022	滨海湿地水鸟栖息地恢复技术规程	DB33/T 2504—2022	焦盛武等
32	2022	高杆山茶花栽培技术规程	DB33/T 2440.1—2022	李纪元等
33	2022	甜柿栽培技术规程	DB33/T 2500—2022	龚榜初等
34	2022	油茶丰产栽培技术规程	DB33/T 525—2022	姚小华等
35	2023	珍贵彩色树种营林技术规程 第2部分：红豆树	DB33/T 825.2—2023	张振等

附表9 主要林木品种、新品种

序号	年份	名称	证书号	主要完成人
1. 国家级审（认）定良种				
1	2017	长乐林场1代火炬松种子园种子	国 S-CSO(1)-PT-001-2017	姜景民等
2	2022	'黄秆'乌哺鸡竹	国 S-SV-PV-004-2022	袁金玲等
3	2022	'元宝'毛竹	国 S-SV-PED-005-2022	岳晋军等
2. 省级审（认）定良种				
1	2014	'富春早生'甜柿	浙 R-SC-DK-001-2014	龚榜初等
2	2014	'太秋'甜柿	浙 R-ETS-DK-002-2014	龚榜初等
3	2014	'亚优40'山核桃	浙 R-SC-CC-006-2014	王开良等
4	2014	'亚优7号'山核桃	浙 R-SC-CC-004-2014	姚小华等
5	2014	'亚优8号'山核桃	浙 R-SC-CC-005-2014	常君等
6	2014	紫花含笑'紫金袍'	浙 R-SC-MC-008-2014	刘军等
7	2014	紫花含笑'紫玉袍'	浙 R-SC-MC-009-2014	刘军等
8	2015	弗吉尼亚栎上虞母树林	浙 S-SS-QV-015-2015	王树凤等
9	2015	火加松'3104122'	浙 S-SF-PT-005-2015	姜景民等
10	2015	火加松'3106221'	浙 S-SF-PT-006-2015	姜景民等
11	2015	姥山马尾松二代无性系种子园种子	浙 S-CSO(2)-PM-001-2015	周志春等
12	2015	'早香栗'锥果	浙 S-SV-CH-008-2015	龚榜初等
13	2015	长乐林场1.5代火炬松种子园种子	浙 S-CSO(1.5)-PT-004-2015	姜景民等
14	2015	'大木竹贡后种源'	浙 R-SP-BW-007-2015	顾小平等
15	2015	兰溪苗圃木荷一代无性系种子园种子	浙 R-CSO(1)-SS-001-2015	周志春等
16	2015	木麻黄无性系'慈36'	浙 R-SC-CE-002-2015	何贵平等
17	2016	兰溪苗圃马尾松二代无性系种子园种子	浙 S-CSO(2)-PM-001-2016	周志春等
18	2016	上虞水紫树母树林	浙 S-SS-NA-007-2016	施翔等
19	2016	'亚林所185号'油茶良种	陕 S-SC-CH10-009-2016	任华东等
20	2016	'亚林所228号'油茶良种	陕 S-SC-CH-008-2016	姚小华等
21	2016	富阳河桦母树林	浙 R-CSO(1)-SS-001-2016	饶龙兵等
22	2016	龙泉林科院木荷一代无性系种子园种子	浙 S-SS-BN-002-2016	周志春等
23	2016	油茶'亚林ZJ01号'	赣 R-SC-CO-001-2016（5）	王开良等
24	2016	油茶'亚林ZJ02号'	赣 R-SC-CO-002-2016（5）	王开良等
25	2016	油茶'亚林ZJ03号'	赣 R-SC-CO-003-2016（5）	王开良等
26	2016	油茶'亚林ZJ04号'	赣 R-SC-CO-004-2016（5）	王开良等

续表

序号	年份	名称	证书号	主要完成人
27	2017	开化林场马尾松二代无性系种子园种子	浙 S-CSO(2)-PM-001-2017	金国庆等
28	2017	余杭檫木母树林	浙 S-SS-ST-002-2017	刘军等
29	2017	长乐林场火炬松二代无性系种子园种子	浙 R-CSO(2)-PT-001-2017	栾启福等
30	2017	长乐林场湿地松二代无性系种子园种子	浙 R-CSO(2)-PE-002-2017	栾启福等
31	2017	长乐林场湿地松高产脂无性系种子园种子	浙 R-CSO-PE-003-2017	姜景民等
32	2018	开化林场毛红椿一代无性系种子园种子	浙 R-CSO(1）CF-003-2018	刘 军等
33	2018	姥山柏木 1.5 代无性系种子园种子	浙 R-CSO（1.5）CF-002-2018	金国庆等
34	2018	庆元林场杉木 3 代种子园种子	浙 R-CSO(3)-CL-001-2018	何贵平等
35	2019	薄壳山核桃'亚优 YLC21'	浙 S-SV-CI-003-2019	任华东等
36	2019	薄壳山核桃'亚优 YLC28'	浙 S-SV-CI-004-2019	王开良等
37	2019	薄壳山核桃'亚优 YLC35'	浙 S-SV-CI-005-2019	姚小华等
38	2019	山核桃'亚优 GL8 号'	浙 S-SV-CC-002-2019	常君等
39	2019	山核桃'亚优 XK89 号'	浙 S-SV-CC-001-2019	任华东等
40	2019	甜柿'太秋'	浙 S-ETS-DK-007-2019	龚榜初等
41	2019	无患子'亚新 1 号'	浙 R-SV-SM-020-2019	邵文豪等
42	2019	锥栗'YLZ1 号'	浙 R-SV-CH-007-2019	龚榜初等
43	2020	春江红叶微连	浙 S-SV-CM-021-2020	李纪元等
44	2020	浙江杉木 3 代种子园种子	浙 S-CSO(3)-CL-001-2020	何贵平等
45	2020	杉木'龙 15×红心杉 28'	浙 R-SF-CL-002-2020	何贵平等
46	2020	红心杉木无性系'H11'	浙 R-SF-CL-003-2020	何贵平等
47	2020	木麻黄无性系'亚林 41'	浙 R-SC-CE-004-2020	何贵平等
48	2020	木麻黄无性系'亚林 50'	浙 R-SC-CE-005-2020	何贵平等
49	2020	安吉县龙山林场无患子母树种子	浙 R-SS-SM-001-2020	邵文豪等
50	2020	香椿'椿秋红'	浙 R-SV-TS-007-2020	姜景民等
51	2021	山苍子'香玲珑 1 号'	浙 S-SF-LC-010-2021	汪阳东等
52	2021	山苍子'香玲珑 2 号'	浙 S-SF-LC-011-2021	高暝等
53	2021	'亚林柿砧 6 号'	浙 S-SF-DK-005-2021	龚榜初等
54	2021	'亚林 46 号'	浙 S-SV-DK-006-2021	徐阳等
55	2023	毛红'椿家系 SC'	浙 S-SF-TC-002-2022	刘军等
56	2023	'金盾'油桐	黔 S-SC-VF-008-2022	汪阳东等
57	2023	毛红椿'家系 YF'	浙 S-SF-TC-001-2022	刘军等
58	2023	'红富椿'	浙 S-SV-TS-005-2022	刘军等

续表

序号	年份	名称	证书号	主要完成人
59	2023	'美人茶'	浙 S-SV-CU-020-2022	李纪元等
60	2023	'YLZ1 号'锥栗	浙 S-SV-CH-003-2022	江锡兵等
61	2023	'YLZ14 号'锥栗	浙 S-SV-CH-004-2022	江锡兵等
62	2023	杉木'B13-3 A74-3 家系'	浙 R-SF-CL-001-2022	何贵平等
63	2023	杉木'C25-3B109-3 家系'	浙 R-SF-CL-003-2022	何贵平等
64	2023	杉木'C25-3 B121-3 家系'	浙 R-SF-CL-003-2022	何贵平等
65	2023	杉木'YW12 YW155 家系'	浙 R-SF-CL-004-2022	何贵平等
3. 植物新品种				
1	2014	含笑'花好月圆'	20140045	刘军等
2	2014	'梦星'	20140056	邵文豪等
3	2014	'梦缘'	20140055	邵文豪等
4	2014	'梦紫'	20140057	姜景民等
5	2015	'梦荷'	20150047	邵文豪等
6	2015	'梦景'	20150048	姜景民等
7	2015	'梦舞'	20150049	邵文豪等
8	2018	'亚林柿砧 1 号'	20180034	龚榜初等
9	2018	'亚林柿砧 2 号'	20180033	龚榜初等
10	2018	'亚林柿砧 6 号'	20180077	龚榜初等
11	2018	'亚林柿砧 7 号'	20180078	龚榜初等
12	2021	'金富椿'	20210243	刘军等
13	2022	'亚青'马尾松	20220195	刘青华等
14	2023	'福广'	20220499	柴胜元等
15	2023	'福吉'	20220500	柴胜元等
16	2023	'春江丹珠'	20230799	李纪元等
17	2023	'春江风光'	20230791	李纪元等
18	2023	'春江虹蕊'	20230796	李纪元等
19	2023	'春江含香'	20230798	李纪元等
20	2023	'春江艳霞'	20230789	李纪元等
21	2023	'春江彤燕'	20230790	李纪元等
22	2023	'春江田园'	20230797	李纪元等

附表10　主要出版著作

序号	时间	著作名称	作者	出版单位
1	2014	人居生态学	张建锋等	中国林业出版社
2	2014	Coastal Saline Soil Rehabilitation and Utilization Based on Forestry Approach in China	张建锋	Springer
3	2014	林木遗传育种中平衡不平衡、规则不规则试验数据处理技巧	齐明等	中国林业出版社
4	2014	中国薄壳山核桃	姚小华等	科学出版社
5	2014	马尾松花粉研究及应用	高爱新等	浙江大学出版社
6	2015	昆虫采集制作及主要目科简易识别手册	徐天森等	中国林业出版社
7	2015	农业"走出去"战略与金融服务支持策略研究	楼一平等	中国农业出版社
8	2015	亚热带泥质海涂消浪林营造理论与技术	吴统贵等	中国林业出版社
9	2015	中国不同竹产区土地利用变化对生态环境影响的比较研究	谢锦忠等	金琅学术出版社
10	2016	Forestry Measures for Ecologically Controlling Non-point Source Pollution in Taihu Lake Watershed, China	张建锋	Springer
11	2016	北亚热带人工林培育对生态系统碳储量的影响	李正才	中国林业出版社
12	2016	全国油茶科技协作与创新进展	木本粮油树种组	浙江科学技术出版社
13	2016	中国油茶品种志	姚小华	中国林业出版社
14	2017	厚朴保育生物学	杨志玲等	科学出版社
15	2017	极端气候事件对亚热带典型森林的影响	周本智等	中国林业出版社
16	2017	浙江庆元香菇文化系统	王斌等	中国农业出版社
17	2017	马尾松种子园	秦国峰等	中国林业出版社
18	2017	杉木育种策略及应用	何贵平等	中国林业出版社
19	2017	弗吉尼亚栎引种研究与应用	陈益泰等	浙江科学技术出版社
20	2017	澳大利亚树木引种指南	王豁然等	科学出版社
21	2017	中国油桐（第二版）	方嘉兴等	中国林业出版社
22	2018	杭州湾湿地鸟类	吴明等	中国林业出版社
23	2018	竹林地下系统研究	周本智等	中国林业出版社
24	2019	Study of Ecological Engineering of Human Settlements	张建锋	Springer Nature
25	2019	扇脉杓兰生物学研究	田敏等	中国林业出版社
26	2019	油茶实用栽培技术	姚小华	中国林业出版社
27	2020	中国油茶遗传资源	姚小华等	科学出版社

续表

序号	时间	著作名称	作者	出版单位
28	2020	活立木无损检测技术与湿地松遗传育种	栾启福等	伊诺科学出版社
29	2020	杉木遗传育种与培育研究新进展	孙洪刚等	中国林业出版社
30	2020	中国木荷	周志春等	科学出版社
31	2020	浙江德清淡水珍珠传统养殖与利用系统	王斌	中国农业出版社
32	2021	南方红豆杉多元化培育与利用	周志春等	中国林业出版社
33	2021	林分结构调控对杉木人工林生态系统功能的影响	成向荣等	中国林业出版社
34	2021	杭州湾滨海湿地生态系统研究	吴明等	科学出版社
35	2021	林木主要钻蛀性害虫的鉴别与防控	赵锦年等	中国林业出版社
36	2022	马尾松抗松材线虫病遗传改良	刘青华等	中国林业出版社
37	2022	杭州湾湿地磷的迁移转化特征研究	邵学新等	中国林业出版社
38	2022	中国山苍子	汪阳东等	科学出版社
39	2022	森林色彩研究	史久西等	中国林业出版社
40	2022	油茶皂素	方学智等	中国林业出版社
41	2022	林木遗传育种中试验统计法新进展（续集）	齐明等	中国林业出版社
42	2023	生物质炭添加对亚热带主要树种的生理生态影响	葛晓改等	中国林业出版社
43	2023	无患子种质资源描述规范和数据标准	邵文豪等	中国林业出版社
44	2023	绍兴鉴湖国家湿地公园动植物资源	焦盛武等	浙江科学技术出版社

附表11 主要获奖科技成果

1. 国家科技进步奖

序号	获奖年度	成果名称	主要完成人员	奖励名称	单位排名
1	2015	南方特色干果良种选育与高效培育关键技术	黄坚钦、姚小华、戴文圣、吴家胜、王正加、王开良、李永荣、郑炳松、傅松玲、夏国华、曾燕如、喻卫武、彭方仁、黄有军、李金昌、刘广勤	国家科技进步奖二等奖	2
2	2016	三种特色木本花卉新品种培育与产业升级关键技术	张启翔、李纪元、张方秋、潘会堂、吕英民、程堂仁、孙丽丹、蔡明、潘卫华、王佳	国家科技进步奖二等奖	2
3	2017	竹林生态系统碳汇监测与增汇减排关键技术及应用	周国模、范少辉、姜培坤、杜华强、施拥军、钟哲科、楼一平、单胜道、李永夫、郑蓉、李金良、宋新章、桂仁意、吴家森	国家科技进步奖二等奖	2
4	2020	竹资源高效培育关键技术	范少辉、王浩杰、郑郁善、丁雨龙、辉朝茂、应叶青、官凤英、刘广路、苏文会、蔡春菊	国家科技进步奖二等奖	2

2. 省部级

序号	获奖年度	成果名称	主要完成人员	奖励名称	单位排名
1	2014	国外松优良种质创制及良种繁育关键技术研究与应用	姜景民、栾启福、张建忠、沈凤强、董汝湘、方晓东、徐永勤、邵文豪、徐金良	浙江省科学技术进步奖二等奖	1
2	2014	厚朴野生种群遗传多样性及繁育关键技术研究与示范	杨志玲、杨旭、于华会、谭梓峰、舒枭、何正松、刘道蛟、曾平生、王洁	浙江省科学技术进步奖三等奖	1
3	2015	笋用林钻蛀性害虫监测及综合治理技术研究与示范	王浩杰、舒金平、张亚波、张爱良、白洪青、黄照岗、华克达、黄继育、石坚、吴燕芬、陆银根	浙江省科学技术进步奖二等奖	1
4	2017	油茶籽品质变化规律和特色制油关键技术研究及产业化	方学智、罗凡、杜孟浩、郭少海、胡立松、费学谦、姚小华、钟海雁、金勇丰	浙江省科学技术进步奖二等奖	1
5	2018	亚热带泥质海岸防护林体系构建与功能提升技术	虞木奎、吴统贵、王宗星、成向荣、王小明、张建锋、潘士华	浙江省科学技术进步奖三等奖	1
6	2019	木荷育种体系构建、良种选育和高效培育技术	周志春、张蕊、徐肇友、楚秀丽、蒋泽平、杨汉波、张振、王帮顺、范金根、姚甲宝、肖纪军、徐金良、张东北	浙江省科学技术进步奖二等奖	1

续表

序号	获奖年度	成果名称	主要完成人员	奖励名称	单位排名
7	2020	主要经济林废弃物基质化利用关键技术研究及产业化	张金萍、姚小华、黄卫华、应 玥、陶祥生、李雪彬、罗洪平、胡士宏、郑文海、金新跃、陈 荣、沈伟东、王舟莲	浙江省科学技术进步奖三等奖	1
8	2021	杉木人工林提质增效关键技术及应用	成向荣、姜 姜、刘 林、虞木奎、吴统贵、凌高潮、李建华	浙江省科学技术进步奖三等奖	1
9	2023	亚林柿砧6号	龚榜初、吴开云、徐 阳、江锡兵	浙江省知识产权奖二等奖	1

3. 全国学会、协会

序号	获奖年度	成果名称	主要完成人员	奖励名称	单位排名
1	2015	毛竹材用林下多花黄精复合经营技术	陈双林、杨清平、樊艳荣、郭子武、李迎春	第六届梁希林业科学技术奖三等奖	1
2	2016	山茶花新品种选育及产业化关键技术	李纪元、刘信凯、倪 穗、邵生富、李辛雷、钟乃盛、范正琪、殷恒福、何丽波、楼君	第七届梁希林业科学技术奖二等奖	1
3	2016	短周期工业用毛竹大径材的培育技术集成与示范	谢锦忠、张玮、金爱武、高培军、雷海清、李雪涛、童品璋、吴柏林、高志勤、汤华勤	第七届梁希林业科学技术奖二等级	1
4	2016	覆盖雷竹林劣变土壤生态修复技术研究与示范	郭子武、陈双林、王安国、李迎春、俞文仙	第七届梁希林业科学技术奖三等奖	1
5	2016	茶油生产过程中质量安全控制	王亚萍、费学谦、罗凡、姚小华、王开良	第七届梁希林业科学技术奖三等奖	1
6	2017	基于农户脱贫的丛生竹资源开发及笋用林高效经营技术	顾小平、范少辉、高贵宾、岳晋军、苏文会、耿养会、朱如云、温从辉、袁金玲、童 龙	第八届梁希林业科学技术奖二等奖	1
7	2018	木荷育种体系构建和良种选育	张 蕊、周志春、范辉华、徐肇友、黄少华、杨汉波、刘武阳、汤行昊、肖纪军、马丽珍	第九届梁希林业科学技术奖二等奖	1
8	2018	长三角沿海防护林体系构建与功能提升关键技术	虞木奎、吴统贵、王宗星、成向荣、王小明	第九届梁希林业科学技术进步三等奖	1
9	2019	喀斯特石漠化山地人工促进植被恢复技术研究与应用示范	任华东、姚小华、李 生、王 进、王祖芳、薛 亮、张显松、兰应秋、钱小清、戴晓勇	第十届梁希林业科学技术奖科技进步二等奖	1

续表

序号	获奖年度	成果名称	主要完成人员	奖励名称	单位排名
10	2019	高品质油茶籽油安全、定向制取关键技术研究与示范	方学智、罗 凡、郭少海、杜孟浩、胡立松、费学谦、姚小华、钟海雁、沈立荣	第十届梁希林业科学技术奖科技进步二等奖	1
11	2021	金花茶种质资源高效培育及利用技术	李辛雷、李纪元、倪 穗、殷恒福、杨世雄、韦晓娟、范正琪、周兴文、李志辉、陈德龙	第十二届梁希林业科学技术奖科技进步二等奖	1
12	2021	油桐抗枯萎病家系选育技术及应用	陈益存、汪阳东、杨安仁、高 暝、俞文仙、田晓堃、吴立文、李柏霖、唐荣栋、李启祥	第十二届梁希林业科学技术奖科技进步二等奖	1
13	2021	经济林果壳废弃物基质化利用关键技术研究及产业化	张金萍、姚小华、黄卫华、应 玥、张甜甜	第十二届梁希林业科学技术奖科技进步三等奖	1
14	2021	特色笋用竹种发掘及高质培育关键技术	郭子武、陈双林、周成敏、江志标、林 华	第十二届梁希林业科学技术奖科技进步三等奖	1
15	2022	马尾松高生产力高抗良种选育和种子园矮化丰产技术	刘青华、徐六一、张 振、周志春、陈雪莲	第十三届梁希林业科学技术奖科技进步三等奖	1

4. 中国林科院重大科技奖

序号	获奖年度	成果名称	主要完成人员	奖励名称	单位排名
1	2014	国外松优良种质创制及良种繁育关键技术研究与应用	姜景民、赵奋成、吴际友、栾启福、张应中、程 勇、张建忠、李宪政、刘 球、邵文豪	中国林科院重大科技奖	1
2	2022	樟科植物萜类化合物多样性形成机制	汪阳东、陈益存、赵耘霄、高 暝、刘仲健、吴立文、许自龙	中国林科院重大科技奖	1

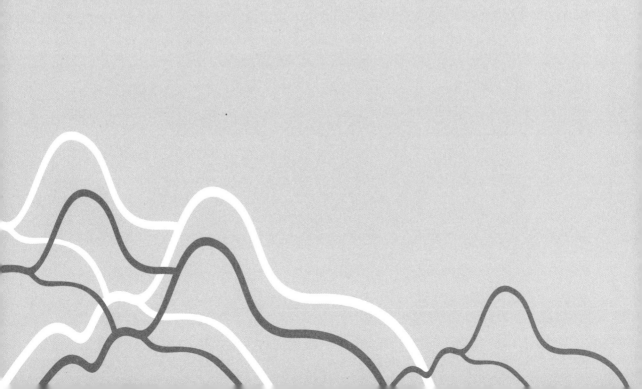